사례로 본 식품독성학

FOOD TOXICOLOGY

사례로 본 식품독성학

하상도

수학사

머리말

지금 우리는 인류 역사상 가장 먹을거리가 풍부하고 안전한 시대에 살고 있다. 그러나 아이러니하게도 사람들은 자신이 먹는 음식이 가장 불안한 것으로 느낀다고 한다. 한국소비자단체협의회가 조사한 소비자가 열망하는 키워드는 '물가 안정', '제품 안전', '소비자 피해구제' 세 가지로 모아졌다고 한다. 이렇듯 산업 성장과 함께 소비자의 안전에 대한 불안감은 더욱 더 커지고 있어 식품의 독성과 안전에 대한 객관적이고 정확한 평가와 안전관리가 반드시 뒤따라야 한다.

어느 한 나라에서 발생한 위험의 발생이 순식간에 지구 전체로 확산되어 더 이상 남의 집 불구경이 아닌 시대다. 최근 미국발 맥주와 와인에서 제초제 글리포세이트가 검출된 사건이 있었는데, 순식간에 전 세계로 퍼져 소비자들의 우려와 함께 맥주 소비가 급감한 적이 있었다. 또한 2011년 일본 후쿠시마 제1원전이 폭발하면서 인근 국가 바다의 방사능 오염 우려와 함께 수산물 소비 감소로 이어져 전 세계적으로 수산물 시장이 타격을 받았다. 2017년 살충제 달걀 광풍 또한 벨기에와 네덜란드, 독일 등 유럽에서 시작되어 우리나라를 포함한 전 세계로 급속히 확산된 경우이다.

향후 글로벌 식품산업 환경을 전망해 보면, 식량 증산을 위한 꾸준한 위해가능물질의 사용과 산업의 지속적 발전에 따른 환경오염으로 식품안전의 위협 요인이 지속적으로 증가될 것이다. 농수축산물의 증산을 위한 농약, 항생물질 등 인체 위해가능물질의 의도적 사용이 늘어날 것이고 산업 발달에 따른 중금속, 다이옥신, PCBs 등 산업 오염물질로 인한 토양 및 수질 오염으로 식품 원료의 오염 가능성도 커질 것이다. 게다가 대량 생산 및 유통을 위한 식품첨가물의 사용이 늘어나고 영세한 식품제조업소 종사자들의 위생·안전 의식 수준 및 전문성의 미흡으로 언제든 글로벌 대형 식품안전 사고 발생이 우려되는 상황이다.

불과 20년 전까지만 해도 우리나라의 식품안전 문제는 대부분 농약, 중금속 등 화학적 위해에 의한 것이었다. 1950년대 제2차 세계대전 종전 이후 부족한 식량 탓에 무분별한 농약의 사용으로 온 강토가 오염돼 농산물에 잔류하는 화학물질의 안전성이 주된 골칫거리였다. 그러나 1990년 이후부터 농약, 중금속 등 안전관리가 성공적으로 진행되면서 토양과 물에서 기인된 곰팡이, 병원성 세균, 바이러스 등 생물학적 위해가 새롭게 떠오르기 시작하였다. 2003년 사스, 2014년, 2018년의 에볼라, 2016년 지카 바이러스, 2012년부터 시작된 사우디아라비아의 메르스 사건, 최근 조류독감(AI), 아프리카 돼지열병, 신종 코로나 바이러스 등 당분간 바이러스와 같은 생물학적 위해가 인류를 괴롭힐 것이다.

본 『사례로 본 식품독성학』은 독성학의 기본 원리와 함께 독성학(毒性學)과 식품독성학(食品毒性學)의 차이, 독과 식품의 구분 원리와 방법, 천연(natural) 독소와 합성(systhetic) 독소, 독소의 체내 동태 등을 제시하였다. 또한 식품 분야에서 최근 발생한 82개 이슈와 사례를 분석하면서 식품독성학을 탐구하였다.

저자는 이 책을 통해 우리나라에서 뜨겁게 달아올랐던 식품독성 관련 이슈들을 분석해 객관적으로 논평하고자 하였다. 이 책이 식품안전 행정 관계자들에게 합리적 위해성 평가와 안전관리 규제를 펼치는 데 기여하고, 식품 전공자, 식품업계 종사자뿐 아니라 일반 소비자들에게도 식품안전의 가치와 중요성을 깨닫는 데 도움이 되었으면 한다.

2023년 8월

저자 하상도

차례

01 독성학 개론

02 천연독

03 식품 제조 · 가공 중 발생되는 독성물질

04 살충제(농약)

05 중금속

06 포장재

07 기타 독성물질

01
독성학 개론

:: 독의 역사

독(毒)의 역사는 인류의 시작, 전쟁의 역사와 함께하며, 천연독(天然毒)으로부터 시작된다. 식물이든 동물이든 살아 있는 생물체는 대부분 적이나 천적으로부터 자신을 보호하기 위해 태어나면서부터 독을 갖고 있다. 물론 때에 따라 그 정도가 달라지긴 하는데, 특히 알을 낳는 시기나 씨가 여무는 시기에는 독성이 강해진다. 사람은 이러한 독을 전쟁, 적과 죄인을 독살하여 제거하는 데 사용해 왔다.

독은 천연독과 합성독(合成毒)이 있는데, 천연독에는 식물, 동물, 미생물 유래의 생물독과 중금속 등의 광물독이 있다. BC 399년 소크라테스(Socrates)도 독당근(Conium maculatum)의 신경독(alkaloid인 conine)으로 만든 사약을 받았다. 프랑스의 영웅 나폴레옹의 사망도 비소에 의한 독살로 추정되고 있고, 미국 16대 링컨(Lincoln) 대통령의 어머니 낸시(Nancy)도 서양등골나물(white snakeroot, Eupatorium rugosum)에 중독된 젖소에서 짠 우유를 섭취하다가 중독사(milk sickness)한 것으로 알려져 있다.

독성학(toxicology)은 "화학물질의 생체 기능에 대한 유해 작용에 관한 학문"을 말하는데, 그 역사는 BC 1500년 에베르스 파피루스(Ebers Papyrus)로 거슬러 올라간다. 독당근의 코닌(conine), 고대 중국에서 사용한 아코나이트(aconite, Aconitum napellus : 미나리재비과의 식물에서 추출한 맹독약), 독과 해독제로 사용한 아편, 납, 구리, 창연 등의 중금속 관련 독성학적 정보를 수집하기 시작하면서 기틀을 잡았다.

BC 400년 '의학의 아버지'로 불리는 히포크라테스(Hippocrates)가 원시적인 독성학 설명서를 저술하였다. 그는 약물제제 중 찜질약, 습포제, 알약, 연고, 흡입제 등을 만들어 사용하였으며, 독을 취급하였다. AD 1세기 페다니우스 디오스코리데스(Pedanius Dioscorides)가 쓴 독의 분류서인 『약물지(De Materia Mmedica)』에서 독을 동물성, 식물성, 광물성으로 분류하였고, 아리스토텔레스(Aristotle)의 학생이었던 테오프라스투스(Theophrastus)가 독성 식물에 대한 문헌 『식물의 자연사((De Historia Plantarum)』를 저술하였다. 후에 네로(Nero)의 어머니인 아그리피나(Agrippina)가 아들을 황제로 만들기 위해 클라우디우스(Claudius)를 비소로 살해한 기록이 있다.

9~10세기에 와흐쉬이야(Ibn Wahshiya)가 『독소론(Book on Poisons)』을 저술하고 12세기에 이르러 독성학자인 마이모니데스(Maimonides)가 『독과 해독제(Poison and their antidotes)』를 저술하였다. 16세기에 이르러 스위스의 의학자 파라셀수스(Paracelsus, 1493~1541)가 독성학의 현재 구조를 갖추어 '독성학의 아버지'로 불린다. 그는 '모든 물질은 독임을 강조하고 독성물질의 작용을 검사하기 위해서는 실험을 해야 하며, 약(藥)이냐 독(毒)이냐를 구분하는 것은 용량(dose)'이라는 체계를 갖추었다.

독성학의 아버지 필리푸스 파라셀수스
(Philippus Aureolus Paracelsus)

18세기 퍼시벌 포트(Percival Pott)는 굴뚝청소부에게 고환암 발생이 높다는 사실을 알고 유독물질과 질병의 연관성을 밝혔다. 19세기에 접어들어 마티외 오르필라(Mathieu Orfila)가 법의학 및 병리학에서 본 광물과 식물 유래 독물의 일반독성에 관한 개념을 정립하고 독의 검출법을 고안함으로써 현대 독성학의 아버지가 되었다. 20세기에 접어들어 해밀턴(Hamilton)이 '화학물질의 독작용'을 발표하고 제1, 2차 세계대전의 영향으로 전쟁용 독가스, 농약 등이 개발되면서 빠르게 발전하였다.

1939년 스위스의 화학자 뮐러(Paul Hermann Müller)는 살충제 DDT(dichloro-diphenyl-trichloroethane)를 개발하였는데, 이는 제2차 세계대전 때 말라리아, 티푸스를 일으키는 모기 등 군대와 민간에서 곤충으로 인한 질병의 구제에 사용되었다.

그러나 1962년 미국의 해양생물학자 레이첼 카슨(Rachal Carson)이 발간한 『침묵의 봄(Silent Spring)』에서 미국 내에서의 무분별한 DDT 사용에 대한 환경적인 영향과 사람의 건강에 끼치는 악영향을 논리적으로 설명하면서 1972년도에 그 사용이 전면 중단되었다. 1996년 테오 콜본(Theo Colbon)이 발간한 『잃어버린 미래(Our stolen future)』에서는 환경오염에 의한 내분비 장애물질인 비스페놀 A(bisphenol A)의 문제를 제기하였다. 그 후 독일의 슈레더(Schrader) 등이 유기인계 살충제, 천연살충제(nicotine, rotenone 등)를 개발하면서 현재에 이르고 있다.

모든 물질은 독이다. 독이 아닌 것은 없다. 독과 약을 구분하는 것은 올바른 양(dose)이다. 어차피 우리가 섭취하는 음식은 모두 독이며, 독성 정도에 차이가 있을 뿐이다. 그 음식이 갖고 있는 영양 및 기능적 이익이 워낙 커 지금 당장 생명을 유지하기 위해 섭취하는 것일 뿐 모든 식품은 독성이 있다. 다만, 인체에 해를 끼치는 정도에 따라 그 독성이 안전한 수준인지 위험한 수준인지 구분될 뿐이며 모든 음식은 독이라는 사실을 명심하여야 한다. 소비자들은 앞으로 "이것은 먹어도 됩니까? 이것은 먹으면 왜 안 됩니까?"와 같은 우문을 던지는 일이 없었으면 한다.

:: 식품독성학의 기본 원리

독성학과 식품독성학의 차이

'독성(毒性, toxicity)'이란 물질 자체의 고유한 특성이며, 반수치사량(LD_{50}) 등 일반독성과 발암성, 생식독성 등 특수독성을 일컫는다. 독성물질(toxic compounds)은 "인체에 섭취될 때 인체에 해를 주거나 정상적인 건강 상태를 유지하는 데 지장을 주는 물질"을 말한다. 독성물질은 생명체에서 기인하는 것뿐만 아니라 광물이나 인간이 의도적으로 만들었거나 부산물로 생성된 것까지 포함한다. 이러한 독성물질은 성장 패턴의 교란, 질병, 죽음 등 살아 있는 생명체에 유해 효과를 일으킬 수 있다. 이러한 독성은 평가하는 과정 중에 주어진 독성물질의 상태나 숙주 및 기관에 따라 달라질 수 있기 때문에 투여 기간, 작용 기간, 발현 기간에 따라 급성, 만성, 아만성 독성으로 구분하며, 실험동물에 대한 일반적인 독작용을 일컫는 일반독성과 특수한 형태의 특수독성으로 나뉜다.

'독성학(毒性學, toxicology)'이란 라틴어 'Toxicum(독성물질)'과 'Logia(과학)'로부터 유래된 용어로 의약품에서 농약에 이르기까지 여러 독성물질의 생성과 이들의 독(毒)작용을 비롯, 독성을 일으키는 원인과 해독 기전을 포함하는 폭넓은 학문이다. 이 독성학을 한마디로 정리한다면 "생체 기능에 대한 화학물질의 유해 작용(adverse effect)을 연구하는 학문"이라고 말할 수 있다. 이러한 유해 작용은 급성인 즉사(immediate death)에서부터 수개월 또는 수년이 지나도 미묘한 변화를 알지 못하는 만성적인 형태로 일어날 수도 있다. 이 학문은 생물, 화학, 생화학, 약리, 면역, 공중보건, 생태, 유전학, 생리학 등 다양한 학문과 연계되어 있어 의약품에서 농약, 식품까지 광범위한 대상에 대한 독성을 다룬다.

독성학의 아버지로 불리는 스위스 의학자 파라셀수스가 "모든 물질은 독이다. 독이 아닌 것은 없다. 독과 약을 구분하는 것은 올바른 섭취량이다(All substances are poisons. There is none which is a poison. The right dose differentiates a poison from a remedy)."라고 했던 말이 독성학의 불문율이 되고 있다. 이는 모든 물질은 섭취량에 따라 독이 될 수도 있고 약이 될 수도 있다는 의미를 갖는다. 식품은 우리가 매일 섭취하므로 노출량이 높아 그 독성 연구는 인간에게 매우 중요한 학문이라 볼 수 있다.

'식품독성학(食品毒性學, food toxicology)'은 "식품으로부터 유발되는 독성물질의 생성과 발현 과정, 독작용 메커니즘을 연구하고 이들 물질의 분석과 독성 효과를 탐구하는 학문"이다. 간단히 말하면 식품독성학은 식품의 섭취와 관련된 독성을 연구하는 응용 학문이다. 독성물질은 식품 원재료로 사용되는 동물, 식물 또는 미생물의 대사 과정에서 만들어질 수 있고, 공기, 물, 토양 등 환경으로부터의 생물학적 및 화학적 오염, 식품첨가물, 식품 가공 과정 속에서도 만들어질 수 있다. 식품의 독성 잠재력, 식품 중 독성물질의 생성과 활성에 영향을 주는 조건 및 요인, 식이 영양소 및 장내세균과의 상호작용 등 식품 독소와 인체, 특히 소화기 내에서의 반응 및 예방과도 관련이 있다. 궁극적으로 식품독성학은 식품으로부터 인간의 안전을 확보하기 위해 독성을 규명하고 예방하기 위한 학문이다.

외적 요인으로 식품과 직·간접적으로 관련돼야 하고 내적 요인인 인체 작용도 소화기에 국한되므로 모든 화학물질의 인체 모든 부위의 유해 작용이라는 큰 틀을 갖고 연구하는 일반독성학에 비해 식품독성학은 좁고 깊게 접근한다는 차이점이 있다. 한편, 일반독성학은 특정 독소에 직접적으로 노출된 사람이나 연관된 직업 종사자만이 독성에 노출되는 폭로군으로 분류되지만 식품독성학은 모든 사람이 매일 섭취하는 음식과 관련되어 있기 때문에 특정 폭로군이 아닌 불특정 대다수가 대상이라는 차이를 보인다. 또한 환경이나 산업 독성물질은 순수한 물질 자체의 특성이 밝혀져 있고 출처가 분명해 독성과 위해성을 평가하기가 용이하지만, 식품은 원재료 고유의 천연 독성, 각종 첨가물, 오염물 등이 혼합되어 있어 원인물질의 특성 규명이 복잡하고 독성물질의 분석도 까다롭다는 어려운 점이 있다.

세계보건기구(WHO)에서는 식품의 안전성을 '의도된 용도에 따라 식품이 조리되거나 섭취되었을 때, 소비자에게 해를 일으키지 않는다는 확신이 보장된 것'으로 정의하며 확률로 나타낸다. OECD(경제개발기구)에서도 식품을 섭취할 때 위해가 발생하지 않는다는 합리적 확실성이 있으면 그 식품은 안전하다고 정의한다.

식품에 오염되는 위해요소(hazard)에는 생물학적, 화학적, 물리적 인자가 있다. 이 중 생물학적 위해요소는 곰팡이, 세균, 바이러스 등의 미생물과 기생충, 원충 등의 생물체를 포함한다. 1990년 이후부터 농약, 중금속, 자연독 등 화학적 위해의 안전관리가 성공적으로 진행되면서 제어가 어려운 토양과 물에서 기인한 곰팡이, 병원성세균, 바이러스 원충 등 생물학적 위해가 부상하기 시작하였다.

식품 독성물질은 천연식품 원재료에는 항상 존재하고 있는데, 각 식품 원재료의 정상적인 구성 성분은 천연독성물질, 발암물질, 알레르기 유발물질 등으로, 식물독, 동물독, 조류독, 광물독 등으로 나뉜다. 농작물의 재배 과정에서 사용하는 잔류농약, 식품에 의도적으로 첨가하는 식품첨가물 또한 독성물질이 될 수 있는데, 식품의 가공 처리나 포장 과정에서 의도적 또는 우발적으로 혼입되거나 오염되는 독성물질도 있을 수 있다. 또한 각종 배기가스 등에 의한 대기 오염물질, 공업폐기물의 불완전한 처리와 방출에 의한 수질 오염, 방사능 낙진이나 비에 의한 대기 오염물질, 살충제 등을 통한 토양 오염을 통해 식품으로 혼입되는 환경독성물질 등 식품에는 다양한 독성물질이 존재한다.

이처럼 모든 식품은 천연독과 가공 시 발생하는 독성물질, 환경 유래 오염물질 등 다양한 독성물질에 늘 노출되어 있다. 외적 요인인 이런 독성물질들의 독성 정도와 섭취량에 따라 인체 위해성 및 안전성 여부가 결정된다. 또한 인체 위해성 정도는 같은 외적 요인이라 하더라도 사람마다 민감도가 다르고 같은 사람이라도 시시각각 건강 상태에 따라 달라지는 면역특성 등 내적 요인에 따라 독성이 달라질 수가 있어 매우 복잡하다.

독과 식품의 구분 원리와 방법

독성학의 기본 콘셉트는 파라셀수스의 "모든 물질은 독이다. 독이 아닌 것은 없다. 독과 약, 독과 식품을 구분하는 것은 올바른 섭취량이다."라는 말에서 시작한다. 사람이 먹는 모든 먹을거리에는 독성이 있다. 그 물질 자체의 독성 정도와 섭취량에 따라 인체에 해를 끼치는지 여부로 그 독성 정도가 위험한지, 안전한지로 구분된다. 예를 들면 물은 우리 몸의 필수 구성 성분이라 가장 안전한 물질이다. 그러나 물도 과다하게 섭취하면 수분중독, 저나트륨혈증 등과 같은 독성을 유발하며 인체에 해를 끼친다. 즉, 식품과 독을 구분할 때의 핵심 원리는 바로 '용량(dose)'이다.

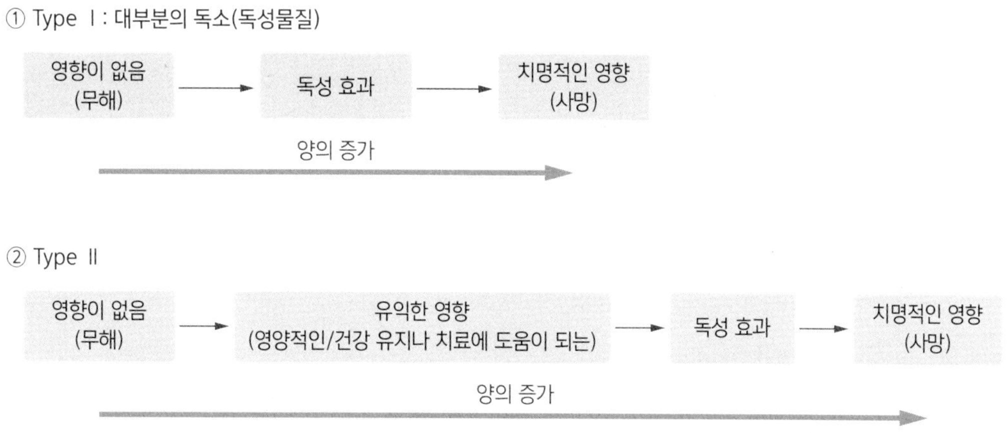

Type 1 독소와 Type 2 독소

천연 독소와 합성 독소

독은 크게 천연독(天然毒)과 합성독(合成毒)으로 나뉜다. 천연독은 식품에 천연(natural)으로 원래 존재하는 천연 독성물질을 말한다. 천연 상태에서 존재하는 독은 'toxin'과 'venom'으로 구분된다. Toxin은 동식물의 체내에 본래부터 존재하는 독소를 말하며, Venom은 체내에 존재하지는 않으나 필요시 독소가 있는 기관에서 분비되는 독소를 말한다. 천연독은 식물, 동물, 미생물 유래의 '생물독'과 중금속 등의 '광물독'이 있다. 식물독은 천적으로부터 자신을 보호하기 위해 갖고 있거나 만들어진 것으로 살충제, 의약품 등으로 사용되며 역사가 오래되었다. 동물독은 작은 동물이 자신의 몸을 지키기 위한 수단으로 활용되는데, 인간이 이를 이용해 항독소, 항혈청, 심혈관계, 신경계 등의 의약품을 만드는 데 중요한 자원으로 활용하고 있다. 광물독은 연금술의 탄생 이후 많은 과학적 연구를 통해 산업 발전에 이바지하였으며, 지금까지 산업 원료로 중요한 역할을 하고 있다. 합성독은 현대 과학의 발전과 함께 인위적(synthetic)으로 만든 독이다. 주로 농약, 식품첨가물, 잔류성 유기오염물질, 내분비 장애물질 등을 말한다.

일반적으로 독성 정도를 비교할 때 반수치사량인 LD_{50}(lethal dose 50%) 값을 사용하는데, "일정한 조건 하에서 실험동물의 50%를 사망시키는 물질의 양"을 말한다. 쥐의 경구 투여로 비교해 볼 때, 대표적인 합성농약 DDT는 150,000 μg/kg 체중, 니코틴(nicotine)은 24,000 μg/kg, 청산가리(NaCN)는 10,000 μg/kg, 감자독 솔라닌은 4,200 μg/kg, 복어독 테트로도톡신은 8.7 μg/kg인데, 보톡스는 0.00003 μg/kg이다. 이들

값을 비교해 보면 이 세상에서 가장 강한 독은 천연독인 보톡스(botox)다. 보톡스는 식중독세균인 클로스트리듐 보툴리눔(*Clostridium botulinum*)이 만드는 독소인데 균에서 Bot, 독에서 Tox를 따와서 합성한 용어이다. 이는 생체에 들어오면 신경독으로 작용하며, 1 mg으로 2천만 마리의 쥐를 죽이고 사람도 십만 명을 죽일 수 있는 현존하는 가장 강력한 독이다.

천연독과 합성독 어느 것이 더 독성이 강하다고 말할 수는 없다. 독의 독성 정도는 독소 자체의 외적 요인과 독이 침투한 숙주의 내적 요인 두 가지로 결정되기 때문이다. 외적 요인으로는 물질의 용해도 등 특징, 화학 구조, 용량, 섭취 빈도가 있으며, 독과 함께 존재하는 물질의 종류, 온도, 기압 등 환경 요인이 포함된다. 내적 요인은 소화기의 생리적 특징, 장내세균의 상태, 몸의 대사 능력 등 숙주 간 차이를 말한다. 결국 독 자체가 천연독인지 합성독인지 어디서 유래된 것인가는 독성 정도에 영향을 미치지 않는다.

독소의 체내 동태

인간의 생명 유지를 위해서는 탄수화물, 지질, 단백질, 비타민 무기질, 물 등 영양소의 흡수가 필요하다. 물, 비타민, 무기염류와 달리 탄수화물, 지질, 단백질은 분자 크기가 커서 우리 몸에 바로 흡수될 수 없다. 탄수화물은 포도당, 지방은 지방산과 글리세롤, 단백질은 아미노산으로 최종 분해되어 우리 몸에 흡수된다. 소화기를 통한 음식물의 이동 경로는 입→식도→위→소장→대장→항문이다. 소화기는 입(mouth)에서 시작하여 인두(pharynx), 식도(esophagus), 위(stomach), 작은창자(small intestine)와 큰창자(large intestine), 직장(rectum)을 거쳐 항문(anus)에 이른다. 이 과정에 침샘(salivary glands), 간(liver)과 이자(pancreas)에서 효소를 분비하여 음식물의 소화를 돕는다. 작은창자는 샘창자(duodenum), 빈창자(jejunum), 돌창자(ileum)로 구성되며, 간, 쓸개(gallbladder), 이자가 부속기관이다. 큰창자는 막창자(맹장, cecum), 잘록창자(결장, colon), 곧창자(직장)로 구분할 수 있다.

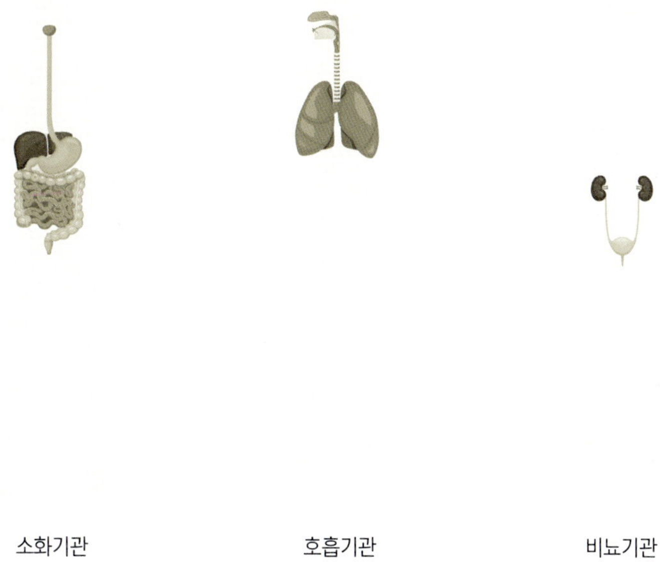

소화기, 호흡기, 비뇨기 관련 기관

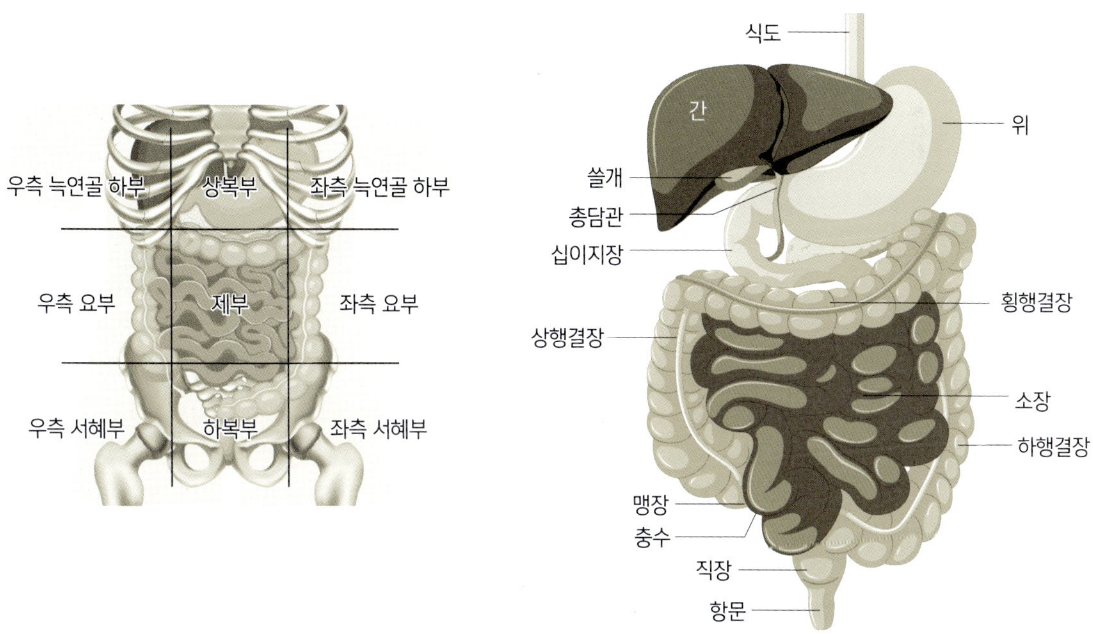

소화기의 구성

소화기관의 기능

소화기관	기능	
구강 (oral cavity)	소화	단단한 음식, 액체가 통과한다.
	맛	침에 녹아 있는 맛내는 물질이 혀의 미각점을 자극한다.
	씹기	저작 근육에 의해 하악골의 운동은 이빨로 음식을 잘게 부수고, 혀와 볼이 도와준다.
	소화	침 속의 아밀레이스(amylase)가 탄수화물 소화를 시작한다.
	삼키기	혀가 음식을 덩어리(bolus)로 만들어 인두로 밀어 넣는다.
	소통 (communication)	입술, 볼, 치아, 혀가 대화에 관여하며 입술 모양이 얼굴 표정의 한 부분을 차지한다.
	보호	침 속의 뮤신과 물이 매끄럽게 하고, 라이소자임이 미생물을 죽인다. 각화되지 않은 성층의 편평상피세포가 마모를 막는다.
인두	삼키기	무의식적 단계의 연하는 음식물을 식도로 이동시킨다. 음식물이 비강으로 들어가지 않도록 보호하고 후두개와 전정주름(vestibular folds)에 의해 하기도로 들어가는 것을 막는다.
	호흡	공기가 구강, 비강을 거쳐 인두를 지나 하기도로 간다.
	보호	점막은 윤활 작용을 한다. 각화되지 않은 성층의 편평상피세포가 마모를 막는다.
식도	추진	연동 수축은 음식물을 인두에서 위로 이동시킨다. 식도 하부의 괄약근이 위 내용물이 식도로 역류하는 것을 제한한다.
	보호	선은 윤활 작용을 하는 점막을 제공하고 위산으로부터 식도 하부를 보호한다.
위	저장	위 미랑이 위가 확장하도록 하고 음식이 소화될 때까지 음식을 붙잡아 둔다.
	소화	단백질 소화가 위의 염산과 펩신의 작용으로 시작한다. 내인성인자(intrinsic factor)가 비타민 B_{12}를 위산으로부터 보호한다.
	흡수	몇 가지 물질을 제외하고(물, 알코올, 아스피린) 위에서 어떠한 것도 흡수하지 않는다
	혼합, 추진	혼합파가 소화될 물질을 교반하고 위 분비물을 반유동체의 소화미즙(chyme)으로 만든다. 연동운동파는 소화미즙을 작은창자로 보낸다.
	보호	점막이 윤활 작용을 하고 위벽의 소화를 막는다. 위산은 대부분의 미생물을 죽인다.
작은창자	중화 (neutralization)	이자에서 분비된 중탄산(bicarbonate)이온과 간의 담즙(bile)이 위산을 중화하여 이자와 창자 효소에 적합하도록 pH 환경을 중화한다.
	소화	이자 효소와 작은창자의 이복상피는 음식물을 완전히 분해한다. 간의 담즙은 지방을 유화(emulsify)한다.
	흡수	돌림비후(circular folds), 융모, 미세융모는 표면적을 넓힌다. 대부분의 영양소는 능동적 또는 수동적으로 흡수된다. 대부분의 소화된 물과 소화기계 분비물의 물은 흡수된다.
	혼합, 추진	분절 수축은 소화미즙을 섞고 연동 수축은 미즙을 큰창자로 보낸다.
	분비	간 담즙은 빌리루빈, 콜레스테롤, 지방과 지방 용해 호르몬을 포함한다.
	보호	점막이 윤활 작용을 하고 창자벽의 소화를 막고 위산으로부터 창자를 보호한다. 파이어관(Peyer's patch)은 미생물로부터 보호한다.

소화기관		기능
큰창자	흡수	잘록창자의 근위부 반은 염(NaCl), 물과 박테리아에서 생긴 비타민(K)을 흡수한다.
	보관	잘록창자의 원위부 반은 변이 배출될 때까지 머무른다.
	혼합, 추진	약간의 분절 혼합이 발생한다. 집단운동(Mass movement)이 변을 항문으로 추진하여 배출케 한다.
	보호	점막이 윤활 작용을 한다. 점막과 중탄산염 이온이 박테리아에서 발생한 산으로부터 보호한다.

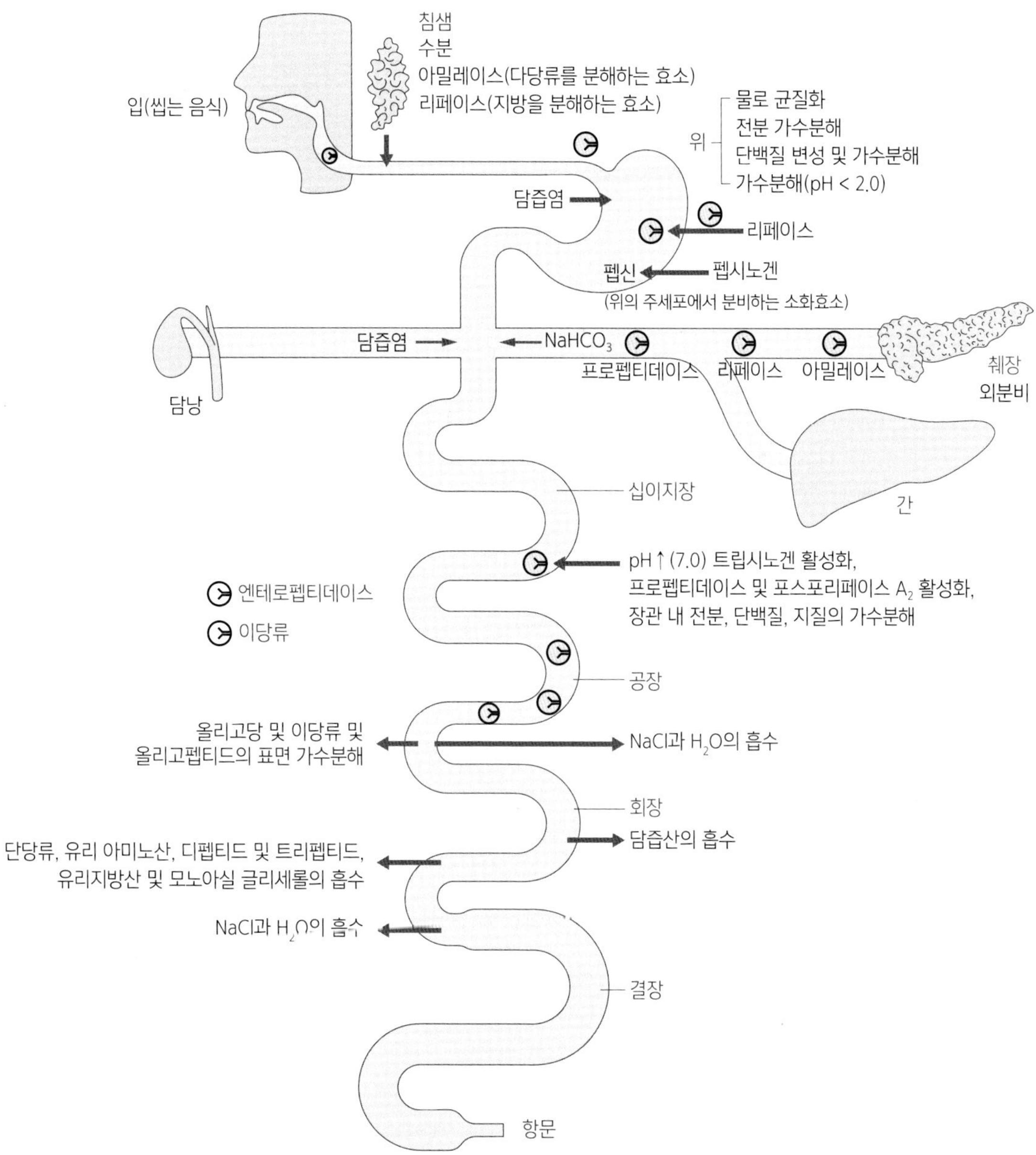

소화기계의 구조 및 기능

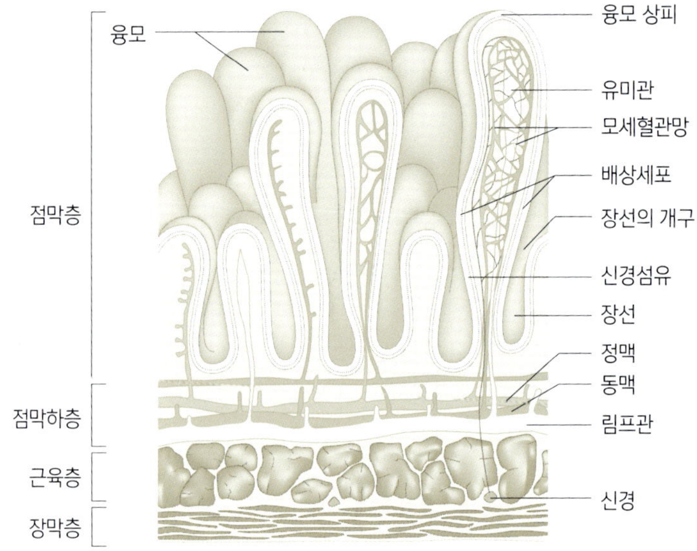

소장 내 융털의 구조

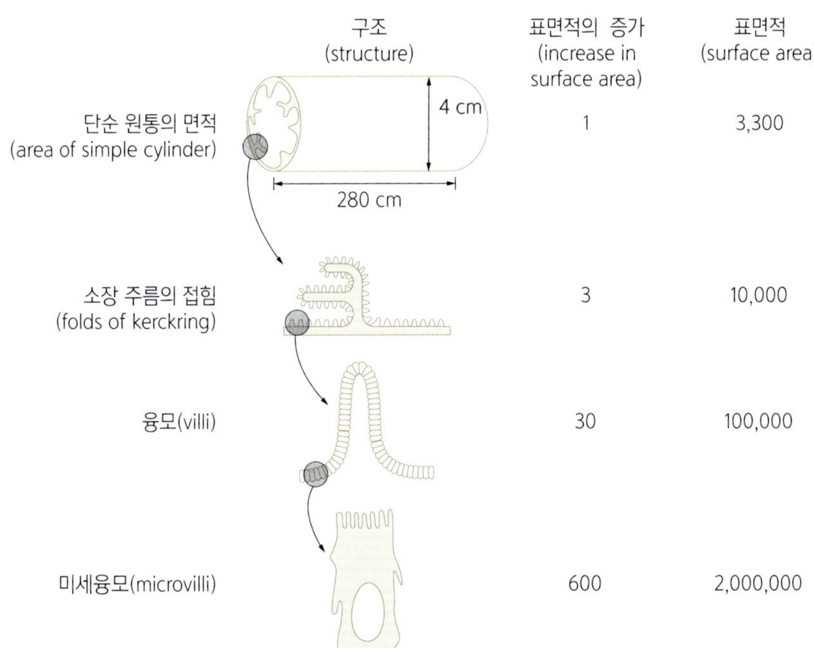

소장 흡수 표면적 증가 원리

자료 : 소화기학원론, 서울대학교출판부, 1997

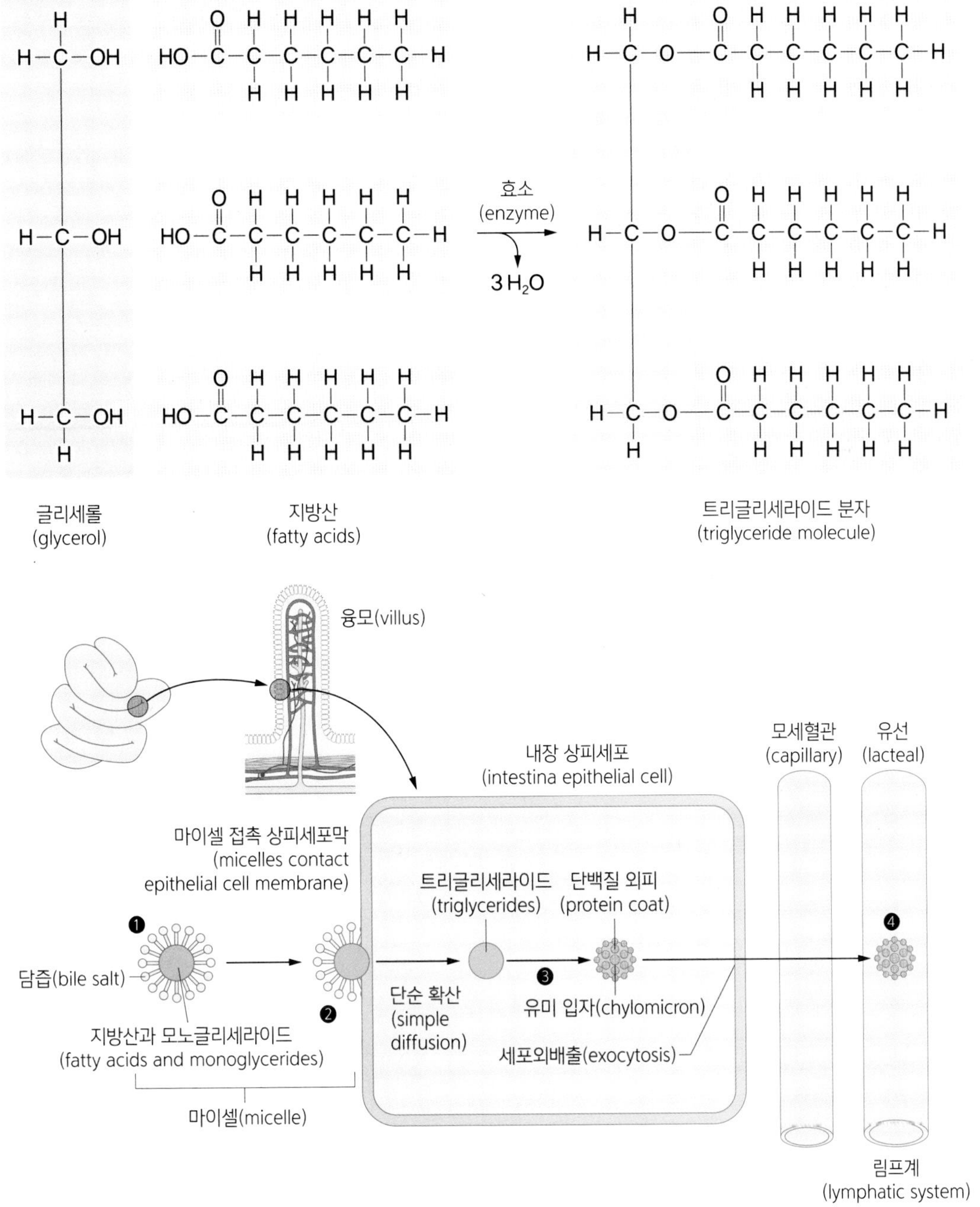

지방산과 중성지방의 구조, 지질의 창자 상피세포를 통한 전달

영양소의 흡수는 소장 안쪽 벽의 주름에 있는 무수히 많은 융털에 의해 영양소와 접하는 표면적을 넓혀 영양소가 효율적으로 흡수된다(22쪽 그림 참조). 주로 수용성 영양소(포도당, 아미노산, 무기염류, 비타민 B, 비타민 C 등)는 융털의 모세혈관을 통해 흡수되고, 지용성 영양소(지방산, 모노글리세라이드, 비타민 A, 비타민 D 등)는 림프관의 일종인 융털의 암죽관을 통해 흡수된다.

식품을 통해 체내로 들어오는 독성물질은 영양소와 같은 방식으로 체내 독성동태학에 따라 흡수(absorption), 분포(distribution), 생체 내 변환(biotransformation), 배설(excretion)의 과정을 통한다. 흡수(absorption)는 독성물질이 인체 내로 들어오는 과정인데, 주요 흡수 경로는 소화기, 피부, 호흡기 등이 있다. 음식의 구강 섭취를 통한 위장관 흡수는 식품 독성물질이 주로 흡수되는 경로와 같은데, 위장관에서의 pH가 흡수에 영향을 준다.

독물 또한 영양소와 마찬가지로 소장에서 세포막을 통과하는 경로를 거친다. 독물이 소장 점막의 세포막을 통과하는 방법으로는 수동적 수송, 능동적 수송 등이 있다. 수

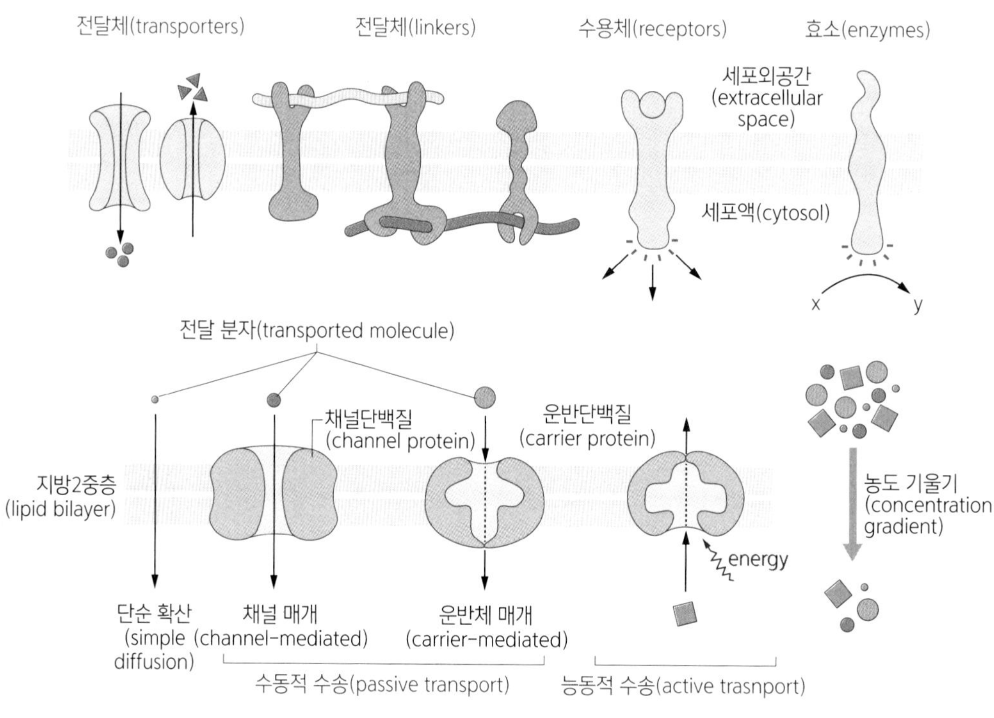

수동적 수송과 능동적 수송 비교

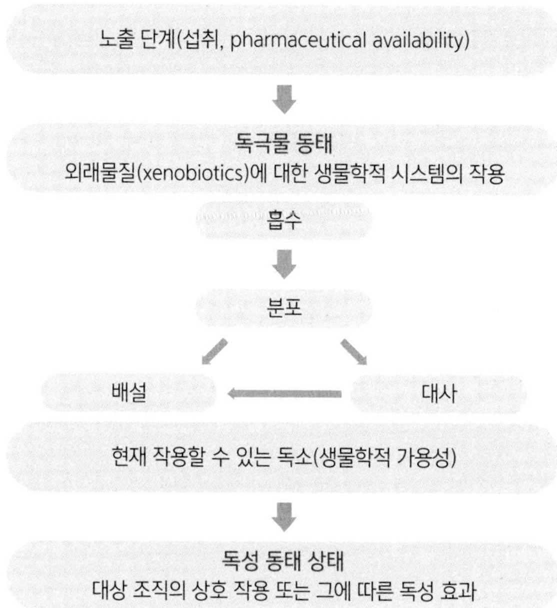

독성물질의 흡수 및 독성 동태

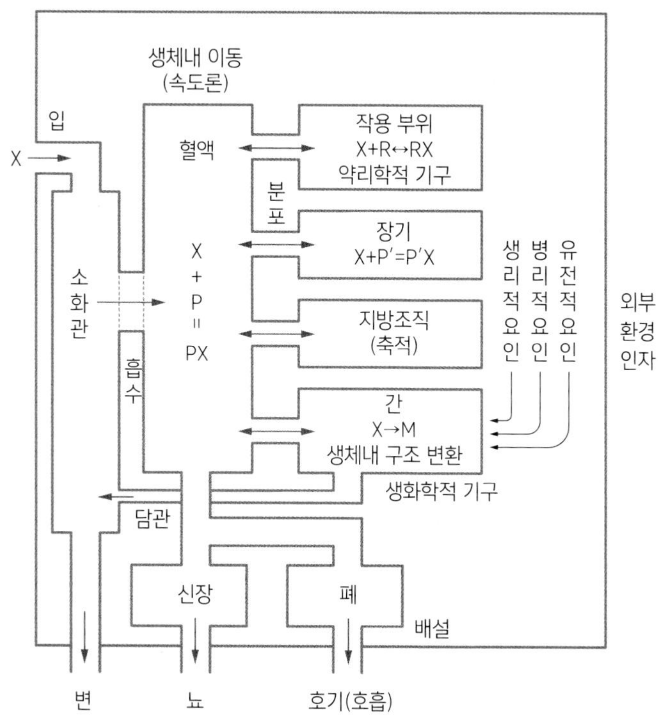

X: 화학물질, R: 수용체, P: 혈장단백질, M: 대사산물, P′: 조직단백질

화학물질의 생체 내 동태

자료 : 장준식 외, 식품의 안정성 평가, 1993

동적 수송은 단순 확산인데, 별도의 에너지나 다른 물질의 보조적 역할이 필요하지 않고 소장 점막을 통과해 흡수된다.

인체 내 흡수된 독성물질은 일부 림프관을 통하나 대부분 혈관을 통해 이동하고 신체 곳곳으로 전달, 확산된다. 이후 생체 내 변환이 이루어져 장기에 축적되거나, 독성 작용을 발휘하거나 해독 과정(detoxification)을 거쳐 배출된다. 배설 경로는 주로 장 내부로 다시 분비돼 변으로 배출되거나 신장을 거쳐 소변 또는 땀, 침, 젖 등 체액으로 배설된다.

순환기에서의 간의 역할

자료 : 소화기학원론, 서울대학교출판부, 1997

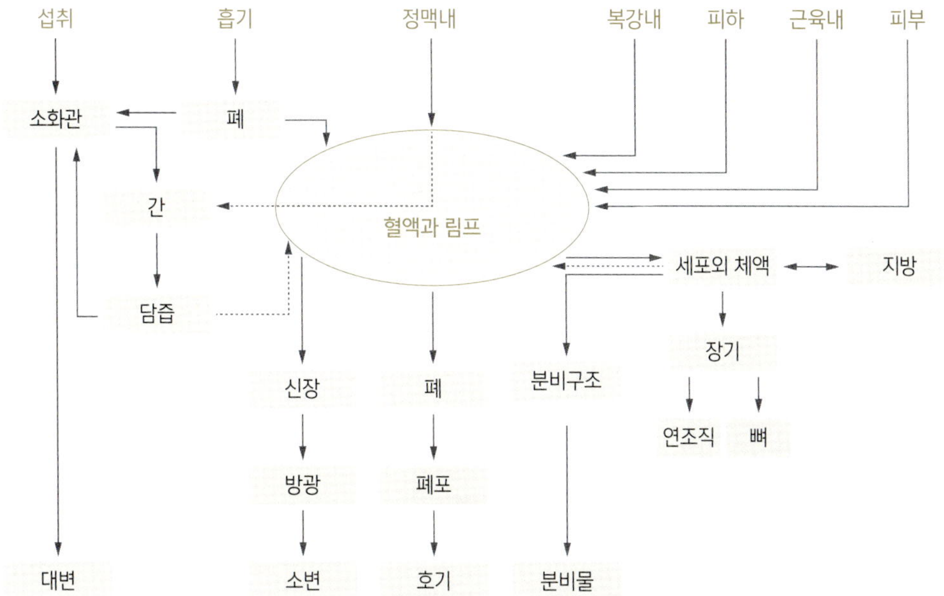

독성물질의 생체 내 흡수, 분포 및 배설 경로

자료 : 허인회 외, 독성학, 신일상사, 1993

위해성 평가 절차와 1일 섭취허용량(ADI)

위해요소의 독성 정도와 섭취량에 따른 양(量)의 개념을 도입한 것이 바로 위해성 평가(risk assessment)이다. 기본 원리는 인체에 해를 끼치지 않는 정도의 미량의 위해요

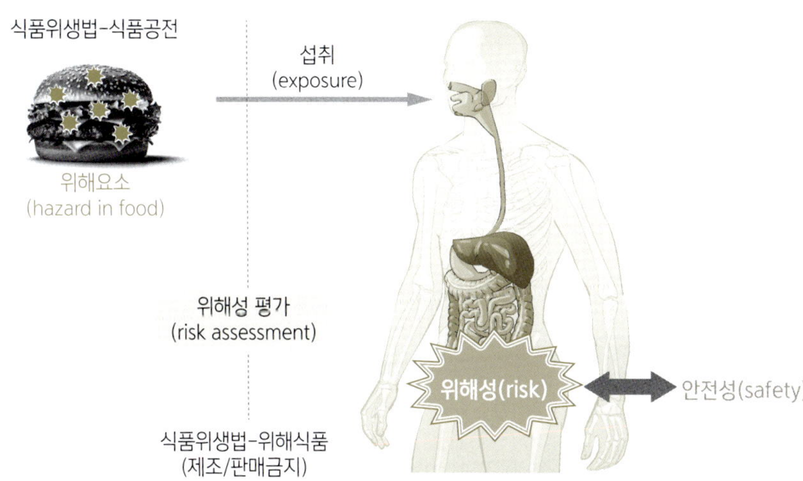

위해요소와 위해성

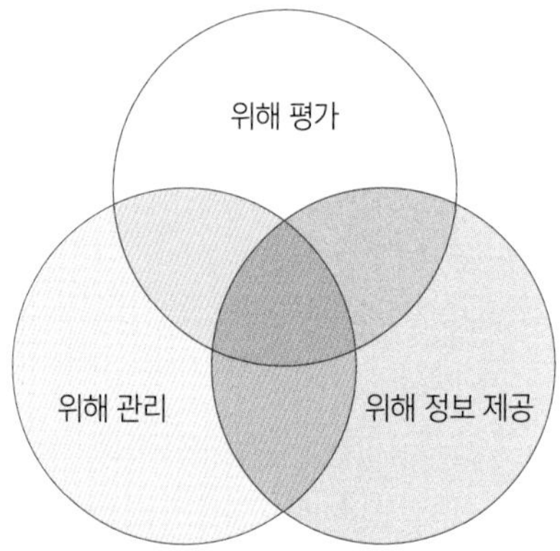

위해성 분석의 3요소

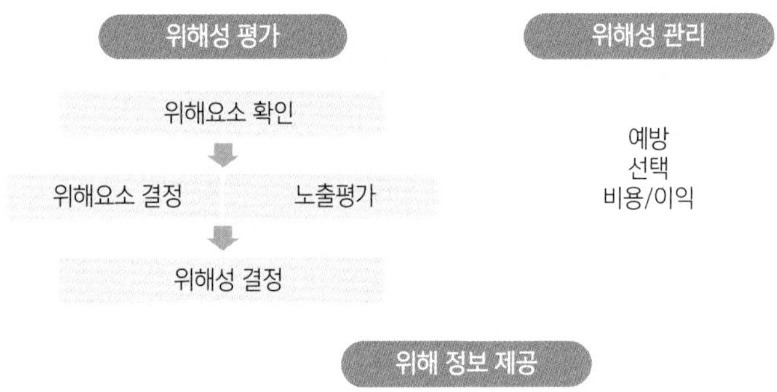

위해성 분석의 3요소와 관계

자료 : FAO/WHO, Risk Analysis Framework for Food Safety, 1999

소가 섭취되는 경우는 그 위해성을 무시하자는 것이다. 「식품위생법」에 따르면 위해성 평가란 "인체 적용 제품에 존재하는 위해요소가 인체의 건강을 해치거나 해칠 우려가 있는지 여부와 그 정도를 과학적으로 평가하는 것"을 말한다.

식품의 위해성 평가 기법에는 '안전계수법'과 '정량적 위해평가법'이 있다. 안전계수법은 실험으로부터 얻은 독성 자료로 최대무작용량[no observable (adverse) effect level, NOEL]을 구하고 사람이 섭취해도 안전하다고 생각되는 수준을 설정하기 위하여 특정 계수를 도입하는 방법이다. 정밀한 분석법이 개발됨에 따라 극미량으로 존재하는 발암성 물질까지 검출이 가능하고, 식품이나 환경인자 중 어디에서나 발암물질이 존재함에 따라 안전계수법에 의해 발암성 물질을 무조건 금지하는 것이 불가능해졌으므로 이와 같은 발암성 물질의 규제를 위하여 도입된 안전성 평가 방법이 바로 정량적 위해평가이

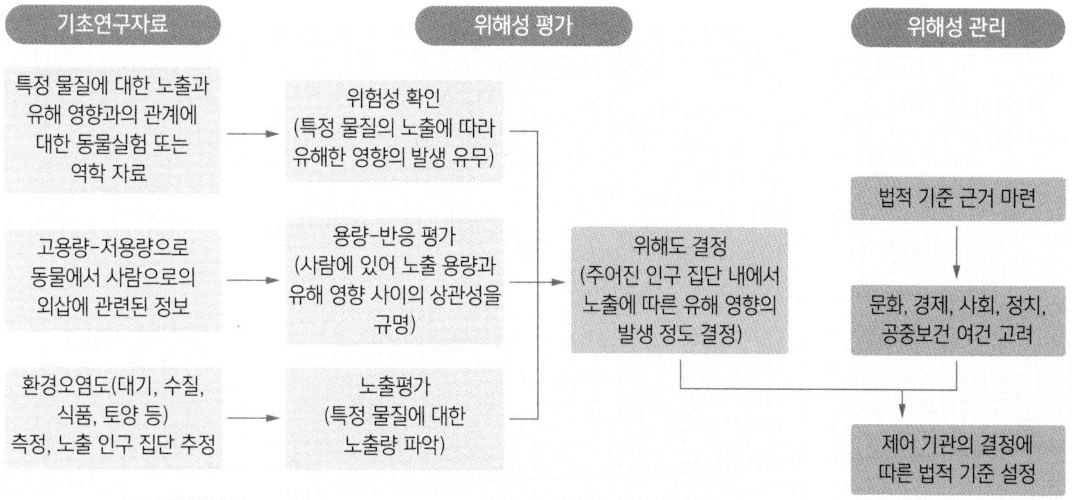

위해성 평가의 구성

자료 : National Academy of Science, 1983

다. 현실적인 식품의 섭취 수준에서 독성물질에 의해 암이 발생할 수 있는 확률을 계산하고 그 결과 일생 동안 해당 물질의 섭취를 통해 백만 명 중의 1명의 확률로 암에 걸리는 정도라면 이것을 무시되는 위험으로 간주해 허용하자는 것이다.

위해성 평가(risk assessment)는 위해요소의 독성 잠재 능력을 평가하는 '위해요소 확인(hazard identification)', 위해요소의 인체 노출 허용량을 산출하고 용량과 독작용 사이의 관계를 특성화시키는 위해요소 결정 과정인 '용량-반응 평가(dose-pesponse assessment)', 섭취에 의한 인체 노출 정도와 빈도 등을 평가하는 '노출평가(exposure assessment)', 그리고 다양한 노출 경로에서 건강에 미치는 영향을 종합 평가하는 '위해성 결정(risk characterization)'의 4단계로 구분된다.

첫째, 위해요소 확인 단계에서는 인체에 악영향을 유발할 수 있고, 특히 식품이나 식품 중에 존재하게 되는 생물학적, 화학적, 물리적 인자를 확인하고 국내외 독성시험 자료, 역학 연구 자료 등 기존 자료를 활용하여 평가 대상 화학물질의 위험성에 대한 정보를 수집, 분석한다.

둘째, 위해요소 결정 단계(용량-반응 평가)에서는 식품에 존재할 수 있는 생물학적, 화학적, 물리적 인자와 관련된 악영향의 성질에 대한 정량적 또는 정성적 평가를 한다. 화학적 인자에 대해서는 용량-반응 평가를 하며, 생물 또는 물리적 인자에 대해서는 투여-반응 평가를 한다.

용량-반응 평가는 생물학적, 화학적, 물리적 요인에 노출되는 범위와 그 정도 또는 인체에 미치는 악영향과 관련된 빈도와의 관계를 용량-반응 곡선(dose-response curves)을 그려 판정하는데, 이는 동물실험, 임상실험, 세포 연구에서 관찰된 데이터를 기반으로 물질의 용량 추정치를 도출하는 데 사용된다. 어떤 물질의 독성을 테스트할 때 실험군의 50%가 사망하는 용량인 반수치사량(LD_{50}), 노출 집단과 적절한 무처리 집단 간 악영향 빈도나 심각성이 유의한 차이가 없는 노출량인 무독성량(no observed adverse effect level, NOEL; no effective Dose, NED), 노출 집단과 적절한 무처리 집단 간 악영향 빈도나 심각성이 유의성 있는 증가를 보이는 노출량 중 처음으로 관찰되기 시작하는 최소유해작용량(low observed adverse effect level, LOAEL) 등이 위험성을 결정할 때 사용된다. 또한 독성이 처음 나타나는 지점을 역치라고 하며, 이는 신체가 생체 이물을 해독하거나 독성 영향에 대하여 복구하는 능력이 초과한 시점에서 발생한다. 1일 섭취허용량(ADI)은 '사람이 일생 동안 섭취하였을 때 현재까지 알려진 사실에 근거해 바람직하지 않은 영향이 나타나지 않을 것으로 예상되는 화학물질의 1일 섭취량'을 말한다. 이는 독성시험에서 얻은 무독성량(NOEL, NED) 값을 안전계수로 나누어 구한다.

셋째, 노출평가 단계에서는 식품뿐만 아니라 관련된 원인을 통하여 생물학적, 화학적, 물리적 인자의 섭취에 대한 정성적 및 정량적 평가를 한다. 평가 내용으로는 위해요소

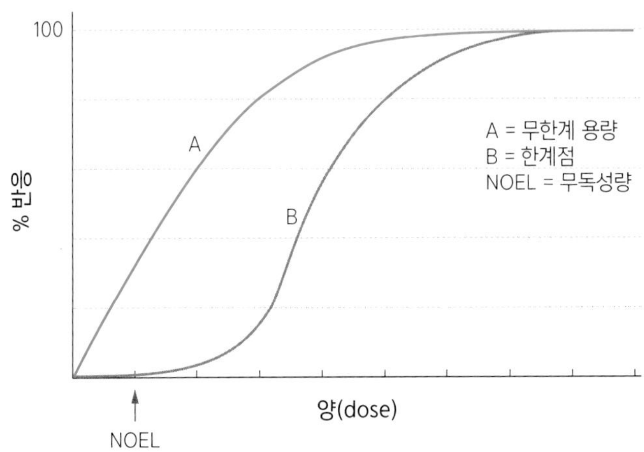

무독성량(NOEL, NED) 값

ADI = NOEL / 안전계수

안전계수는 종간 차이(동물과 사람) 및 인간 내 차이(유아, 청년, 노인, 대식가, 소식가)를 고려하여 결정

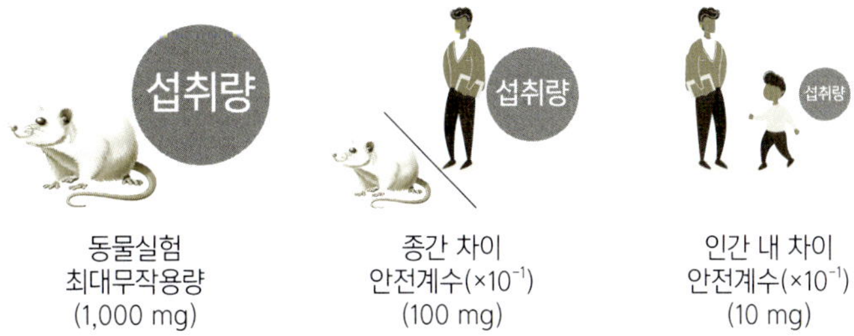

1일 섭취허용량(ADI) 설정 과정

의 양, 노출 경로, 노출 기간, 빈도, 체내 축적성 등이 있다.

넷째, 위해성 결정 단계에서는 위해요소 확인, 위해요소 특성 분석, 노출평가를 근거로 사람에게 미칠 수 있는 잠정적인 역효과와 이미 알려진 역효과의 발생 확률 및 그 강도에 대한 정량적 및 정성적인 추정을 과학적으로 예측한다. 이때 부수적으로 평가에 대한 불확실성이 포함된다.

1일 노출

$$= \frac{C \times IR \times EF \times ED}{BW \times AT}$$

C : 화학물질 농도
IR : 섭취율
EF : 노출 빈도
ED : 노출 지속성
AT : 평균 시간

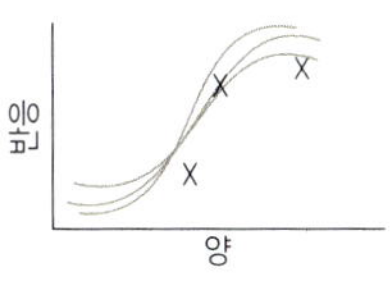

NOAEL/LOAEL → ADI, RfD; BMD_5 → RfD

$$ADI = \frac{NOAEL/LOAEL}{UF(1\text{–}1{,}000)} \qquad RfD = \frac{NOAEL/LOAEL \text{ or } BMD_5}{UF \times MF(1\text{–}100{,}000)}$$

$$위해율 = \frac{1일\ 노출량(mg/kg/day)}{ADI \text{ or } RfD(mg/kg/day)}$$

NOAEL: 최대무작용량, LOAEL: 최소유해작용량, ADI: 1일 섭취허용량, RfD: 참고치(reference dose)

비발암물질의 위해성 평가 예시

:: 독성시험

식품·의약품·화장품 등 건강 제품 광고를 보면 "독성시험을 통과해 안전성이 보증된다."는 문구를 많이 볼 수 있다. 독성시험은 의약품 개발을 위해 활용되기 시작하였는데, 20세기 초반까지만 해도 약(藥)은 안전성보다는 효과가 더 중요하게 취급되었다. 약이 비록 독성을 지녔다 하더라도 어쩔 수 없이 사용할 수밖에 없는 것으로 여겨 어느 정도의 독성과 부작용은 감수하는 분위기였다. 그래서 당시에는 어느 나라든 개발된 약은 쉽게 판매 허가를 받았다.

1950~1960년대 유럽에서 '탈리도마이드 기형아 사건'이 발생하면서 이러한 관행이 바뀌게 되었다. 1957년 독일의 한 제약회사가 개발한 입덧방지약인 탈리도마이드는 효과가 좋아 유럽의 임신부들에게 날개 돋친 듯 팔렸다. 그러나 임신 초기 3개월 내에 이 약을 복용한 임신부의 태아에게서 유전자 이상으로 손발이 제대로 만들어지지 않은 기형아가 1만 명가량 발생하는 비극적인 약물 재앙이 일어났다. 이 사건 이후로 약의 효능과 함께 부작용을 따지기 시작하였고, 독성과 부작용 확인을 위해 각종 과학기술과 수많은 학자, 천문학적인 비용과 시간이 투입되었다.

독성시험은 크게 '일반독성시험'과 '특수독성시험'으로 나뉜다. 일반독성시험은 급성(acute), 아급성(subchronic), 만성(chronic) 독성시험으로 구성되며, 특수독성시험은 발암성, 변이원성, 차세대에 미치는 영향시험 등이 있다.

새로운 물질이 개발 또는 발견되면 먼저 후보 물질을 대상으로 일반독성시험에 들어간다. 한 차례 약물을 투여한 뒤 독성을 살펴보는 단회 투여시험과 여러 차례 약물을 집어넣는 반복 투여 독성시험을 한다. 이 과정에서 생쥐(마우스)나 쥐(래트)와 같은 설치류 1종과 토끼를 제외한 비설치류 동물을 대상으로 약물을 투여한 뒤 몸무게, 사료와 물 섭취량, 혈액검사, 소변검사 등을 실시한다. 설치류는 일반적으로 쥐나 생쥐를 많이 사용하는데 그 이유는 다루기 쉽고 실험하기 편하며 관련된 연구 결과가 전 세계적으로 가장 많기 때문이다.

급성독성시험은 여러 농도의 물질을 1회 투여하여 그 결과 나타난 독성을 일반적으로 7~14일간 관찰하고 그동안에 실험동물의 50%가 사망하는 양인 LD_{50}를 구한다. 그 결과는 대부분 독성시험의 기초 자료가 된다. 아급성독성시험은 실험동물 평균 수명의 약 1/10기간(쥐의 경우 약 3개월)에 걸쳐 투여하고 나타나는 독성을 관찰한다. 이 시험은

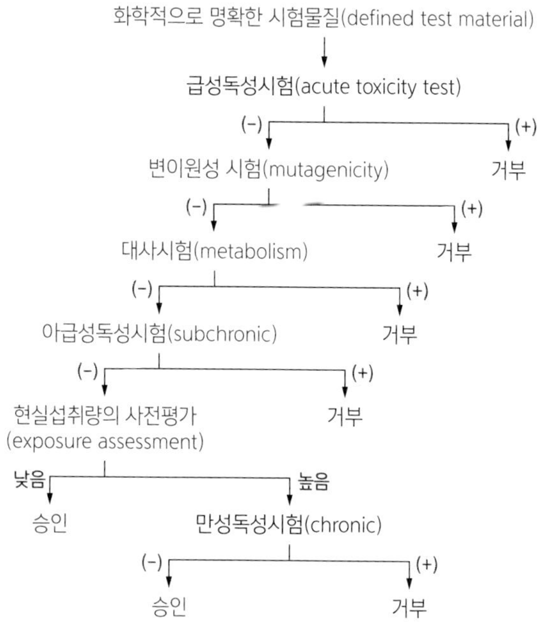

식품 또는 식품첨가물의 독성시험 절차

만성독성시험의 투여량을 설정하기 위한 예비시험 성격으로 행해진다. 만성독성시험은 식품첨가물의 독성평가를 위해 가장 중요한 시험인데, 화학물질의 장기 섭취에 의한 독성을 관찰한다. 수명이 짧은 실험동물의 경우 전 생애(쥐의 경우 약 2년)에 걸쳐 여러 농도의 물질을 투여하고 그 영향을 관찰한 후 최대무작용량을 구한다.

이러한 일반독성시험이 끝나면 특수독성시험 단계로 넘어간다. 이 중 가장 중요한 발암성(carcinogenicity) 시험은 실험동물의 전 생애에 걸쳐 화학물질을 투여하여 생성되는 암의 발생을 관찰한다. 변이원성(mutagenicity) 시험은 돌연변이라고도 하는데, 변이원성 및 잠재적 발암성 유무를 알아낸다. 차세대에 미치는 영향시험은 화학물질을 투여한 암수의 쥐를 교배시켜 출생한 태아의 영향(주로 형태이상)을 관찰하는 최기형성시험이나 임신율·출산율 등 차세대에 미치는 영향을 시험한다.

의약품의 경우 동물실험이 끝나면 사람 대상의 '임상시험'에 들어간다. 임상시험은 20~80명가량의 건강한 사람을 대상으로 안전성을 검증하는 임상 1상과 소규모 환자를 대상으로 부작용이 크게 일어나지 않는 농도 이하에서 적정 투약량을 결정하는 임상 2상, 사용하고자 하는 용량을 많은 수의 환자에게 투여해 적응 대상 질환에 대한 효능과 기존 다른 약물과의 우수성을 비교 검토를 하는 임상 3상, 그리고 시판 후 부작용과 약효를 검증하는 임상 4상으로 나뉜다. 독성시험은 이러한 역사를 통해 정립된 방법과 과정으로 진행된다.

:: 임상시험

'임상시험(臨床試驗, clinical trial, clinical study)'은 의약품, 의료기기, 새로운 시술법 등의 안전성과 유효성을 증명하기 위해 사람을 대상으로 하는 시험을 말하는데, 시판을 허가받기 위해 반드시 거쳐야 할 절차이다. 최근에는 건강기능식품에도 실시하고 있다. 약(藥)에는 수많은 동물의 생명과 임상시험 대상이 되어 고생한 사람들의 노력이 깃들어 있다. 또한 독성학자 등 많은 분야 전문가들이 한 치의 오차도 없이 서로 완벽하게 역할을 해내야만 빛을 볼 수 있다.

19~20세기 초반까지만 해도 약은 안전성(安全性)보다는 효과(效果)가 더 중요하였다. 약은 원래 독성을 지녔고, 어쩔 수 없이 사용해야 하는 것으로 여겨져 어느 정도의 부작용은 감수하는 분위기였다. 이 시기에는 국가별로 개발된 약은 쉽게 판매 허가를 받았다.

그러나 1950~1960년대 발생한 '탈리도마이드 기형아 사건'으로 이러한 관행에 변화가 생겼다. 1953년 독일의 한 제약회사가 개발한 입덧방지약(진정제)인 탈리도마이드(thalidomide)를 복용한 전 세계의 임신부에게서 유전자 이상을 일으켜 손발이 제대로 만들어지지 않은 기형아 1만 명가량이 태어나 임산부들의 죽음의 약으로 불려졌다.

탈리도마이드 사건으로 발생한 기형아

그러나 이 사건은 반대로 미국 식품의약국(FDA)의 위상이 전 세계에 알려지는 계기가 되기도 하였다. 당시 전 세계 국가 중 유일하게 미국의 FDA만이 탈리도마이드의 승인을 거절했기 때문이다. 즉, 이때부터 미국 FDA는 의약품의 부작용을 임상시험 등으로 꼼꼼하게 따지기 시작하였다. 이 사건을 계기로 세계 각 나라들은 약의 효능뿐 아니라 부작용에 대해서도 매우 철저히 확인하기 시작하였다. 그 결과로 신약 개발에 독성시험, 임상시험이 강화되면서 천문학적인 비용이 투입되었고 오랜 시간이 걸리게 되었다.

우리나라에서는 식품의약품안전처(이하 식약처)가 정한 각종 법규와 기준에 따라 후보 약물을 시험해야 한다. 먼저 후보 물질을 대상으로 일반독성시험에 들어간다. 그 후 특수독성시험 단계로 넘어가는데, 유전독성, 면역독성, 국소독성, 생식독성, 발암성 따위를 살핀다. 이 시험은 윤리적인 문제 때문에 사람을 대상으로 하기 곤란하므로 동물을 대상으로 이루어진다.

동물실험이 끝나면 임상시험에 들어간다. 의약품 임상시험의 단계는 총 4상(相, Phase)으로 이루어진다. 소수의 건강한 성인을 대상으로 안전성을 검증하는 제I상(임상 1단계)과 소규모 환자를 대상으로 부작용이 크게 일어나지 않는 농도 이하에서 적정 투약량을 결정하는 제II상(임상 2단계), 사용하고자 하는 용량을 수백 명 이상의 많은 환자에게 투여해 적응 대상 질환에 대한 효능과 기존 다른 약물과의 우수성을 비교, 검토하는 제III상(임상 3단계), 그리고 시판 후 부작용과 약효를 추적해 검증하는 제IV상(임상 4단계)으로 나뉜다.

모든 약들이 반드시 이런 과정을 거치는 것은 아니다. 독성이 심한 항암제나 에이즈 치료제는 건강한 사람을 대상으로 시험하기가 어렵기 때문에 곧바로 임상 제I상에서 환자를 대상으로 시험을 하기도 한다. 이처럼 인간의 생명과 직결된 하나의 보건 제품(의약품, 식품, 의료 기기, 새로운 시술법 등)이 태어나기까지에는 수많은 과학자와 임상시험 참가자들의 끈기와 노력이 깃들어 있다는 사실을 명심하고 감사한 마음으로 사용해야 할 것이다.

:: 식품의 발암성

우리나라의 질병(疾病)으로 인한 사망 원인 1위는 암(癌)이다. 심장질환이 2위를 차지하며, 뇌혈관질환(중풍)이 3위이다. 미국은 1위가 심장질환이며, 2위가 암이다. 미국 암학회에 따르면 미국인의 1/4에게 암이 발병하며, 4대 암이라고 일컬어지는 폐암, 결장암, 유방암, 전립선암이 전체 암 사망의 절반을 차지한다고 한다.

암을 일으키는 주요 원인에 대해 세계보건기구(WHO)는 생활 습관이나 환경적 요인이 가장 크다고 한다. WHO에서 환경이 암의 원인이라고 판단하게 된 것은 20세기 초 발생한 급작스러운 암 발병 패턴의 변화 때문이라 한다. 20세기 초까지만 해도 위암이 가장 높은 사망률을 보였고 폐암은 아주 희귀했었다. 그러나 현재는 그 양상이 바뀌어 위암이 줄고 폐암이 급속도로 증가하는 양상을 보이고 있다.

'발암물질'은 암을 일으키는 물질을 말하는데, 식품 속에는 자연스레 많은 발암물질을 포함한 독성물질이 늘 존재한다. 이 발암물질은 자연적으로 생성되거나 조리 과정에서 생기거나, 미생물의 분해로 생긴다. 사람들은 음식에 발암물질이 함유돼 있다는 사실에 늘 불안해한다. 이들은 위험한 식품의 블랙리스트를 만들어 섭취를 피하고 싶어 한다. 그러나 그것은 현실적으로 불가능하다. 먹다보면 그 누구도 자연적으로 발생하는 발암물질이나 독성물질을 피할 수 없기 때문이다.

1977년 리처드 홀(Richard Hall) 박사가 『Nutrition Today』에 발표한 한 논문이 이를 증명한다. 그는 레스토랑 점심식사 메뉴에서 비싼 코스 요리를 대상으로 자연 성분을 분석해 발암물질을 포함한 독성물질 함유 식품을 하나씩 제거했는데, 결국 먹을 게 없었다고 한다. 그가 점심 메뉴에서 제거한 것은 당근, 무, 양파, 올리브, 멜론, 햄, 새우 뉴버그(newburg), 감자, 버터, 파슬리, 롤스, 브로콜리, 네덜란드 소스, 치즈, 바나나, 사과, 오렌지, 커피, 홍차, 우유, 와인, 물이었다고 한다.

이 글은 대중들을 위협하기 위한 것이 아니라 인간의 식사는 늘 이러한 자연적인 독성물질에 노출되어 왔었으며, 앞으로도 계속된다는 것을 강조하기 위함이었다. 따라서 홀 박사의 발표는 이런 독성물질을 함유한 음식을 먹지 말라는 것이 아니라 발암물질과 독성물질에 노출된 인간의 식생활에 대한 대중의 이해를 돕기 위한 것이다.

식품 속에서 발견되는 주요 발암물질 중 가장 흔한 것은 '나이트로소아민(nitrosoamine)'인데 아질산염(nitrite)에서 온다. 채소, 무, 셀러리, 상치, 시금치, 무, 대황, 겨자, 케일, 양배추 등은 질산염(nitrate) 함량이 특히 높은데, 질산염은 발암물질이 아니지만 입안의 침과 장내세균에 의해 아질산염으로 변하고 체내에 존재하는 여러 물질들과 반응하여 나이트로소아민을 생성한다. 아질산염은 베이컨, 소시지 등 어류와 육류가공품에 포함돼 있으나 그 양은 미미하다. 질산염 섭취의 72%가 채소에서 오는 것이며, 육류를 통해서는 겨우 9%만이 섭취된다고 한다.

요리 과정 중 발생하는 발암물질도 매우 흔한데, 숯불구이나 훈연(smoking), 기름에 튀길 때 생성되는 탄화물은 매우 강한 돌연변이원이고 발암물질이다. 일부는 조리 과정에서 나온 연기나 탄 물질이 축적되는 것이지만 대부분은 단백질이 분해되면서 생기는 것이다. '헤테로고리아민(heterocyclic amine)'이 가장 유명한데, 이는 석쇠구이 고기와 생선, 토스트, 빵 크러스트, 커피, 감자튀김 등 다양한 음식에서 발견되며, 그 발생은 조리 온도와 관계가 있다. 낮은 온도에서 끓이거나 전자레인지에서 익히는 것보다 구울 때 더 많이 발생한다. 또한 발암물질인 벤조피렌 등의 '다환방향족탄화수소(polycyclic aromatic hydrocarbon)'도 있다.

'아플라톡신(aflatoxin)'과 같은 곰팡이독도 강한 발암물질이다. 이것은 땅콩, 옥수수, 곡류에서 고온다습할 때 자라는 아스페르길루스 플라부스(Aspergillus flavus)라는 곰팡이가 만드는 독소이다. 이 중 아플라톡신 B_1은 간암을 일으키는데, 서아프리카와 중국 남부의 간암 발병률이 높은 원인이 아플라톡신과 B형 간염 때문인 것으로 추정된다.

식용버섯에도 '하이드라진(hydrazine)'이라는 강력한 발암물질이 있는데, 마귀 곰보버섯, 양송이버섯, 표고버섯 등에 다량 함유되어 있다. 표고버섯에는 아그리틴(agritine)이라는 발암물질도 있는데, 다행히 버섯독소는 다른 독소와 달리 열에 약해 조리하면 대부분 없어진다.

허브차에 들어 있는 '피로리지딘 알칼로이드(pyrrolizidine alkaloid)'는 발암물질, 돌연변이원, 기형 유발 독성물질이다. 히스패닉이나 미국 원주민들이 허브를 많이 사용하고 의료 혜택은 별로 받지 못하여 이 발암물질에 많은 공격을 받았을 것으로 추정된다.

고사리는 생으로 먹기도 하고 샐러드에 넣기도 하는데, 소, 양, 쥐에 방광암을 일으키는 '프타퀼로사이드(ptaquiloside)'라는 발암물질이 알려져 있다. 고사리에 함유된 탄닌도 암을 일으킨다고 하는데, 이는 커피, 차, 적포도주 등에서도 발견된다. 남아프리카 등에서 많이 발생하는 식도암의 주원인이 탄닌 함량이 높은 수수(sorghum) 때문이라고도 한다.

커피에는 수백 가지 돌연변이를 일으키는 물질이 포함되어 있다. '메틸 글리옥살(Methyl glyoxal)'은 커피에 특히 많으며, 발암성이 있다. 소량이지만 커피를 볶을 때 발암물질인 '벤조피렌(benzopyrene)'이 발생하기도 한다.

:: 국제암연구소(IARC)의 발암물질 등급 분류

발암성의 독성물질이 사회적으로 이슈화되었을 때 언론 보도를 살펴보면, 그 독성 정도를 표현하는 방법으로 약방의 감초처럼 항상 등장하는 것이 국제암연구소(International Agency for Research on Cancer, IARC)의 발암성 등급이다. IARC는 세계보건기구(WHO) 산하의 연구기관으로 본부를 프랑스 리옹에 두고 있으며, 암의 원인에 관한 연구를 지휘하고 조정하는 역할을 한다.

IARC에서는 2023년 현재 1,108종의 물질을 5개 그룹(group 1, 2A, 2B, 3·4군) 발암물질로 분류하고 있다. 많은 언론 보도에서 IARC 그룹(group)을 1급, 2급 발암물질로 표현해 자극을 주고 있으나, Group 1, 2이므로 1군, 2군으로 해석하는 것이 옳다.

식품의 독성은 급성(acute), 아급성(subchronic), 만성(chronic) 독성시험으로 평가하는 일반독성과 발암성(Carcinogenicity), 변이원성(Mutagenicity), 차세대에 미치는 영향 등으로 평가하는 특수독성이 있다. 독성 중 가장 먼저 테스트하는 항목은 '급성독성시험'인데, 이는 여러 농도의 물질을 1회(단회) 투여해 그 결과 나타난 독성을 일반적으로 1~2주간 관찰하고 그 사이 실험동물의 50%가 사망하는 양인 반수치사량(LD_{50})을 구해 상대적인 독성을 결정한다.

특수독성시험 중 식품의 독성에 가장 중요한 것이 '발암성'인데, 이는 실험동물 전 생애에 걸쳐 화학물질을 투여해 생성되는 암의 발생을 관찰함으로써 규명한다. '변이원성'은 돌연변이와 잠재적 발암성 유무를 알아내는 시험이다. '차세대에 미치는 영향' 시험은 화학물질을 투여한 암수의 쥐를 교배시켜 출생한 태아의 기형과 같은 형태 이상을 주로 관찰하거나 임신율·출산율 등 차세대에 미치는 영향을 시험한다.

발암성 물질의 등급 분류는 IARC에서 발암성 정도를 평가해 제시하고 있으며, 연구결과로 제시된 근거에 따라 등급이 바뀌기도 한다.

Group 1은 1군 발암물질로 불리며, 인체발암물질인데 "충분한 인간 대상 연구 자료와 충분한 동물실험 결과가 있는 경우"를 말한다. 이 등급에는 알코올(술), 그을음, 흡연, 햇빛(자외선, UV), 매연이나 톱밥의 분진, 벤젠, 벤조피렌, 아플라톡신, 니코틴, 나이트로사민, 석면, 아세트알데하이드(acetaldehyde), 비소, 카드뮴, 석탄, 콜타르, 에틸렌 옥사이드(ethylene oxide), 폼알데하이드, 헬리코박터 파이로리균, 간염바이러스, AIDS, 전

리방사선, 니켈 화합물, 방사선핵종, 방선성요오드 등 111종의 물질이 포함되어 있다.

Group 2A는 2군 발암물질로 불리는데, 인체발암추정물질을 말한다. 이는 "제한적 인간 대상 연구 자료와 충분한 동물실험 결과가 있는 경우"가 해당된다. 현재 간디스토마(간흡충), 아크릴아마이드, 머스터드 질소(nitrogen mustard), 항암제 시스플라딘(cisplatin), 방향족탄화수소(폴리염화 바이페닐) 등 65종이 분류된다. Group 2B는 역시 2군 발암물질이며, 인체발암가능물질로 불리는데, 이는 "제한적 인간 대상 연구 자료와 불충분한 동물실험 결과가 있는 경우"가 해당된다. 현재 경유, 휘발유, 에틸카바메이트, 캐러멜색소, 니켈, 납, 코발트, 카본블랙, DDT(농약), 페놀프탈레인, 사염화탄소, 아세트알데하이드, 이산화티타늄, 아스파탐, 휴대폰의 전자기장 등 274종이 분류된다.

Group 3은 3군 발암물질로 불리며, 인체발암성미분류물질인데, 이는 "불충분한 인간 대상 연구 자료와 불충분한 동물실험 결과가 있는 경우"가 해당된다. 현재 멜라민, 사카린, 카페인 등 504종이 분류된다.

Group 4는 인체비발암성추정물질로 불리는데, 이는 "인간에서 발암 가능성이 없으며 동물실험 결과도 부족한 경우"가 해당된다.

국제암연구소(IARC)의 발암물질 분류 기준

구분		내용
Group 1		확인된 인체 발암물질(The agent is carcinogenic to humans)
Group 2	2A	인체 발암 유력 물질(The agent is probably carcinogenic to humans) 인체 발암 증거가 제한적이거나 부정확하지만, 실험동물의 발암 증거는 충분한 경우
	2B	인체 발암 가능 물질(The agent is possibly carcinogenic to humans) 인체 발암 증거가 제한적이거나 부정확하고, 실험동물 발암 증거도 충분하지 아니한 경우
Group 3		인체 발암성 있는 물질로 분류할 수 없는 물질(The agent is not classifiable as to its carcino-genicity in to humans) 인체 및 실험동물 발암 증거가 제한적이거나 부정확한 경우
Group 4		인체 비발암성 물질(The agent is probably not carcinogenic to humans) 발암성을 증명할 증거가 부족한 경우

자료 : 신동화 외, 식품위생안전성학(제2판), 한미의학, pp.26~32, 2014

미국 환경청(EPA)과 국제암연구소(IARC)의 발암물질 분류 비교

미국 환경청(US EPA)	국제암연구소(IARC)
Group A 인체발암물질 (Benzene, Arsenic)	**Group 1** 인체발암물질 (Benzene, Asbestos, 담배, 술, 가공육, 햇빛 등)
Group B(B1, B2) 인체발암추정물질 (Acrylronitrile, DDT)	**Group 2A** 인체발암추정물질 (Acrylamide, Captafol, 적색육, 65℃ 이상의 뜨거운 물, 불규칙한 수면)
Group C 인체발암가능물질 (1,1-dichloethylene)	**Group 2B** 인체발암가능물질 (Chloroform, DEHP, 전자파, 젓갈, 피클·김치 등 절임 채소, 고사리, 아스파탐)
Group D 인체발암성 미분류 물질 (Endrin, Diethylphtalate)	**Group 3** 인체발암성 미분류 물질 (커피, 카페인, 불소 등)
Group E 인체 비발암성 증거가 명백한 물질 (Diazinon)	**Group 4** 인체 비발암성 증거가 명백한 물질 (Caprolactam 등)

:: 최근 논란인 가공식품 발암 가능성

> 지난 3월 8일 프랑스 국립보건의학연구소 한 연구팀이 『영국의학저널』에 약 10만 5천 명의 성인을 대상으로 '가공 처리를 많이 한 식음료'를 먹은 사람들이 '천연식품'을 주로 먹는 사람들보다 암 발병 위험이 더 높을 수 있다는 결과를 발표하였다. 가공을 많이 한 식음료를 10% 더 먹으면 모든 암 발병 위험이 12% 더 높아진다고 한다. 특히, 사탕, 과자, 껌, 비스킷 등에 든 티타늄 디옥사이드(titanium dioxide) 같은 식용색소가 암 유발을 촉진할 수 있어 위험하다는 것이다.

지금 우리는 인류 역사상 가장 먹을거리가 풍부하고 안전한 시대에 살고 있다. 그러나 아이러니하게도 인간들은 자신들이 먹는 음식이 가장 불안하다고 느끼고 있다. 식량이 넘쳐나다 보니 복에 겨워 '가공식품'을 눈엣가시로 여긴다. 한때 가공식품 덕분에 목숨을 건져 지금까지 겨우 살아남았으면서 말이다.

소수이기는 하나 극성인 사람들 때문에 가공식품 관련 괴담도 넘쳐난다. "가공식품 많이 먹으면 암 걸린다!", "특히, 가공식품에 넣는 첨가물이 나쁘다!", "가공식품 말고 천연식품을 먹어야 건강해진다!" 학계에도 이런 부정적인 논문이 쏟아지고 있는데, 같은 음식인데도 발암성이 있다는 논문도 있고, 없다는 논문도 있고, 심지어는 항암 효과까지 있다는 논문도 있다. 적색육, 술, 커피, 김치, 젓갈도 바로 이런 음식들이다.

그 이유를 생각해 보면, 음식이라는 숲을 보지 않고 하나하나의 개별 성분들, 즉 나무만 본다면 이런 결론들이 충분히 이해가 된다. 상반된 주장을 하는 학자들이 아주 오래전부터 지금까지도 공존하고 있다는 데에는 다 이유가 있을 것이다. 모두 틀린 이야기를 한 게 아니기 때문이다. 사람이 먹는 모든 음식은 미량이나마 항암물질이든 발암물질이든 좋은 성분이든 나쁜 성분이든 다양한 성분을 갖고 있다. 결국 음식에 든 개별 성분만을 따져본다면 모든 음식이 항암식품으로 둔갑될 수도 있고, 발암식품으로 폄하될 수도 있다는 것이다. 저마다의 이익과 관심에 따라 보고 싶은 부분만 보고 이야기하기 때문에 같은 음식을 놓고도 정반대의 주장이 나오는 것이다.

우리나라의 질병으로 인한 사망 원인 1위는 암이다. 세계보건기구(WHO)는 암을 일으키는 주요 원인으로 생활습관이나 환경적 요인을 꼽는다. 발암물질은 자연적으로 생성되거나, 조리 과정 또는 미생물의 분해로 생겨 식품 속에는 자연스레 발암물질을 포함한 많은 독성물질이 늘 존재한다. 이런 사실을 인정하지 않는다면 어떤 음식이든 암을 일으킨다는 발표가 나올 수밖에 없고, 이런 발표를 대하는 가공식품을 만들어 파는 사람은 늘 걱정일 수밖에 없다.

가공식품은 저장성, 경제성, 표준화된 품질 등의 장점을 준다. 여기에는 첨가물을 넣고 추가적인 가공 처리를 하기 때문에 흠도 있다. 좋은 점만 보면 고마운 음식이고 반대로 흠을 찾다보면 먹을 수 없는 쓰레기가 될 수도 있다. 현재 시판되는 가공식품과 첨가물은 안전 당국에서 위해성 평가를 거쳐 허가한 것만이 적정량 사용되는 만큼 우려할 필요가 없다고 본다. 전체적인 맥락과 숲을 봐야지 나쁜 면만 보다보면 계속해서 문제만 보인다. 물론 가공식품을 먹으면 암을 유발할 수는 있겠지만 그 가능성은 무시할 정도로 낮기 때문에 일상적인 섭취로는 전혀 걱정하지 않아도 된다.

가공식품은 어차피 인류와 함께 갈 수 밖에 없고 천연식품만으로는 인류의 굶주림을 해결하지 못한다. 섭취 양과 방법을 고려하지 않은 채 개별 성분의 존재 여부만으로 발암물질이니 항암물질이니, 좋다 나쁘다 등 소비자의 판단을 왜곡시키는 발표는 이젠 그만 했으면 한다. 이는 푸드패디즘과 혼란만 조장할 뿐 사회에 아무런 도움이 되지 못한다고 생각한다. 모든 음식은 좋은 면과 나쁜 면이 있다는 것을 인정하고 앞으로는 성분과 건강 영향을 소비자가 보고 판단할 수 있도록 '표시에 기반한 선택의 문제'로 풀어가는 합리적인 사회가 되기를 바란다.

:: 알레르기

최근 우리나라 수출식품이 알레르기(allergy) 성분 미표기로 인해 외국에서 잇따라 리콜되고 있다. 김치, 고추장, 만두, 두유, 호떡믹스, 미숫가루, 과자류 등에 포함된 우유, 달걀, 콩, 밀, 땅콩 등에 알레르기 주의 원료를 표시하지 않아 한국산 식품에 대한 경고 및 리콜 조치가 자주 발생하고 있다는 것이다. 이는 해당 제조 및 유통업체에 금전적, 시간적 손실뿐 아니라 국산제품, 관련사 제품 모두의 이미지를 하락시켜 우리나라의 대외 신인도는 물론 그 경제적 피해가 눈덩이처럼 커지고 있다.

근래 캐나다에서 한국 수출식품이 알레르기 유발물질에 대한 경고와 리콜 조치를 받은 사례를 살펴보면, 캐나다식품검역소(Canadian Food Inspection Agency, CFIA)가 2010년 12월 한국산 냉동만두에 대해 달걀 알레르겐(allergen, 알레르기 유발물질), 호떡믹스 3종에 대해 우유와 땅콩 알레르겐 경고 조치를 발표하였다. 알레르기를 유발할 수 있는 달걀, 우유, 땅콩 성분이 포함되어 있음에도 표시하지 않은 것이 원인이었다. 2011년 8월에는 한국산 고추장에서 알레르겐인 콩 성분 함유를 표시하지 않았고, 미숫가루에서도 밀 알레르겐 함유 사실을 표시하지 않아 경고 조치를 받았다. 또한 한국산 김치 3종에 대해 육젓, 새우, 참깨 알레르겐 미표기를 문제 삼았으며, 9월에는 검은콩 두유의 우유, 땅콩 및 견과류 알레르겐과 한국산 과자의 땅콩 알레르겐 경고 조치를 발표하였다.

식품 알레르기 인구 또한 증가 추세인데, 어린이는 5~8%, 성인은 3~4%를 차지한다고 한다. 식품 유래 과민증으로 입원한 어린이 수 또한 1990년 이후 700% 증가하였는데, 원인은 판명되지 않았으나 식이의 변화와 위생 수준의 개선 때문인 것으로 추정되고 있다. 영국 식품기준청(FSA)의 발표(2008년)에 따르면 실제 알레르기 반응을 갖고 있는 비율에 비해 훨씬 높은 일반인의 약 30%가 알레르기 반응이 있다고 스스로 생각할 정도로 그 체감 정도는 심각하다.

알레르기는 '과민 반응'이라는 뜻이다. 그리스어 'allos'가 어원으로 '변형된 것'을 뜻한다. 알레르기라는 전문용어는 1906년 프랑스 학자 폰 피르케가 처음으로 사용하였는데, '알러지'는 영어식 발음, '알레르기'는 독일어식 발음으로 한국에서는 둘 다 통용되나 「식품위생법」에서는 알레르기라는 용어가 사용된다.

생물체가 어떤 외래성 물질과 접하게 되면 '항원항체반응(抗原抗體反應)'에 의해 생체 내 급격한 반응 능력의 변화가 생기는데, 보호적으로 작용하는 원리를 이용해 예방접종하는 것을 '면역'이라고 하며, 이러한 면역 반응이 몸에 불리하게 작용하는 것을 알레르기라고 한다. 바이러스나 병원균 등 몸에 침입한 이물을 '항원(antigen)'이라고 하며, 항원을 공격하는 물질을 '항체(antibody)'라고 한다.

항원에는 먼지, 진드기, 꽃가루, 동물의 털, 곰팡이, 세균, 화학물질 등의 '흡입항원', 음식물, 약물 등의 '섭취항원', 옻나무, 고무, 포르말린, 머리 염색약, 방부제, 화장품, 향료, 농약 등의 '접촉항원', 주사약, 곤충과 동물에 물린 경우 등의 '주입항원'이 있다.

식품 알레르기는 특정 음식물에 과민한 사람이 그 음식을 섭취함으로써 일어나는 면역학적 부작용이다. 알레르겐에는 견과류(아몬드, 땅콩, 캐슈, 헤이즐넛, 마카다미아 넛, 피칸, 잣 피스타치오 및 호두), 해산물(갑각류, 조개, 어류), 곡류(보리, 귀리, 호밀, 라이밀 및 밀의 곡류에서 나오는 글루텐, 머스터드 씨), 달걀 등이 포함된다. 대부분의 어린이들은 성장하면서 소화 기능이 강화되고 문제 식품 성분에 대한 면역 체계가 변화해 일반적으로 약 5세가 되면 달걀, 우유, 밀, 대두에 대한 알레르기에서 탈피할 수 있다고 한다.

알레르기 반응은 단순히 피부 종기부터 호흡곤란이나 심장마비까지 다양하다. 가장 심각한 경우는 아나필락시스(anaphylaxis) 증상으로 5~15분 내에 사망할 수도 있다. 그러나 아드레날린 주사를 즉시 투여할 경우 대부분 목숨을 건질 수 있으며 해독제는 없다.

미국 알레르기과학재단에서는 죽음에 이르는 경우까지 있는 32가지 알레르기를 밝히고, 이 중 땅콩 알레르기에 의한 사망 빈도가 가장 높다고 발표하였다. 캐나다 또한 특정 알레르겐 함유 식품에 대해 철저한 표시 법규를 적용하고 있다. 프랑스에서는 어린이들이 식품 알레르기를 가장 많이 보이는 품목으로 달걀을 꼽고 있으며, 그 다음은 땅콩(25%), 소 우유(8%), 생선(5%) 순이라고 한다. 성인의 경우에는 과일 알레르기가 빈발하는데, 주로 키위, 밤, 바나나, 아보카도 등 유액을 만드는 식물이 주원인이며, 살구, 체리, 딸기, 산딸기, 복숭아, 헤이즐럿, 배, 사과, 자두가 그 뒤를 잇고 있다. 게나 새우와 같은 갑각류도 15세 미만은 2%, 성인은 3.5% 수준에서 알레르기를 일으킨다고 한다.

꽃가루나 라텍스(latex, 고무나무 유액)에 민감한 사람은 과일과 채소에 알레르기 반응을 나타낼 가능성이 높은데, 대부분 재채기, 입 주위 또는 입술에 가려움증을 유발한다. 과일과 채소 속의 알레르기 유발물질은 조리를 하면 파괴되기 때문에 사과에 알레르기가 있는 사람이라도 익힌 사과는 섭취가 가능하다. 또한 부모와 형제 중에 유사한 증상이 있는 가족력의 경우 동일한 반응을 나타낼 가능성이 높다.

한편, '식품 알레르기'와 '식품 불내증'을 헷갈려 하는 소비자가 많다. 식품 알레르기는 신체의 면역 기능이 반응해 나타나는 것이며 소량이라도 노출되면 단시간(수 분 이내, 또는 1~2시간 이내) 내 발생한다. 반면, 식품 불내증은 면역 기능과 관련이 없고 소량 섭취할 경우 부작용이 나타나지 않으며, 즉각적으로 나타나는 경우가 거의 없다. '유당불내증'이 가장 대표적으로, 우유와 모유의 주 당분인 유당(lactose)을 분해하는 효소인 락데이스(lactase)가 소장에서 결핍돼 유당의 분해와 흡수가 충분히 이루어지지 않는 소화흡수불량증후군이다. 특히, 유아기에 활발히 생성되던 유당분해효소가 성인이 되면서 점차 감소하기 때문에 성인이 될수록 증상이 심해진다고 한다.

미국에서는 2006년 1월부터 제품에 알레르겐을 표시하도록 법제화하였는데, 우유와 달걀, 어류, 새우 등 갑각류 동물, 견과류, 땅콩, 밀, 콩 등 8가지 성분을 표시토록 하고 있다. 우리나라 또한 「식품위생법」에 따라 특정 알레르겐[난류(가금류에 한함), 우유, 메밀, 땅콩, 대두, 밀, 고등어, 게, 새우, 돼지고기, 복숭아, 토마토, 아황산류(이를 첨가하여 최종 제품에 SO_2로 10 mg/kg 이상 함유한 경우에 한함), 호두, 닭고기, 쇠고기, 오징어, 조개류(굴, 전복, 홍합 포함), 잣 등 22종] 함유 식품 및 식품첨가물은 반드시 주의 표시를 해야 한다.

현재 알려진 식품 알레르기와 불내증을 치료할 수 있는 방법은 없으며, 민감한 식품을 피하는 것만이 유일한 예방법이다. 알레르기 유발물질에 대한 반응을 차단하는 기술이 개발 중에 있지만 초기 단계이며 상용화는 아직 요원한 상태이다. 알레르기 환자를 포함하여 본인의 알레르기 반응을 잘 모르고 있는 소비자도 식품 구매 시 알레르기 주의 표시를 반드시 확인해야 하며, 표시를 보는 습관과 읽어서 이해하는 지식을 갖춰 혹시라도 발생할 수 있는 심각한 알레르기 증상을 예방하는 선진 소비자가 되기를 바란다.

:: 식품에 존재하는 잠재적 위해

우리 소비자들은 농산물에 존재하는 잔류농약과 중금속을 가장 무서워하는 반면 식중독균 등 미생물 관련 위해는 거의 인지하고 있지 못한 것으로 조사되었다. 그러나 농촌진흥청의 연구 결과를 보면 식중독균과 곰팡이독이 가장 위험하고 그다음이 농약, 중금속, 방사능물질, 이물 순이라고 한다. 미국에서 실시한 '식품으로 인한 질병 조사'를 보더라도 일반적 식품 오염의 90%가 세균이고, 나머지 6%는 바이러스, 3%가 화학물질이라고 한다. 게다가 2010년 미국 공익과학센터가 선정한 1990년 이후 가장 많은 질병을 불러온 식품 Top 10에서 1위가 '상추(양상추) 등 샐러드용 녹색채소의 노로바이러스 문제'였고, 2위는 '달걀의 살모넬라균' 오염 우려였다고 발표될 정도로 식품 원재료에는 병원성 미생물이 가장 위협적이다.

불과 20년 전까지만 해도 우리나라의 식품안전 문제는 대부분 농약, 중금속 등 화학적 위해에 의한 것이었다. 1950년대 제2차 세계대전 종전 이후 부족한 식량 탓에 무분별한 농약의 사용으로 온 강토가 오염돼 농산물에 잔류하는 화학물질의 안전성이 주된 골칫거리였다. 그러나 1990년 이후부터 농약, 중금속 등 화학적 위해의 안전관리가 성공적으로 진행된 반면, 토양과 물에서 기인한 곰팡이, 병원성 세균, 바이러스 등 생물학적 위해가 새롭게 대두되기 시작하였다.

식품의 인체 위해성(risk)을 야기하는 생물학적, 화학적, 물리적 위해요소(hazard) 중 생물학적 위해가 가장 위협적인데, 분변 오염의 지표균인 대장균(*E. coli*), 살모넬라 등 병원성 세균, 노로바이러스, 기생충, 원충, 각종 곰팡이가 있다. 화학적 위해요소로는 버섯독, 복어독, 곰팡이독 등 천연독과 동물용 의약품, 농약, 중금속, 허용 외 식품첨가물, 윤활제, 세척제, 페인트 등 장비나 기구로부터 오염되는 화학물질이 있다. 축산물은 농산물에 비해 미생물 오염에 취약해 부패 및 변질이 용이하고 사료 중 혼입되는 내분비장애물질, 농약, 항생제의 잔류 문제가 자주 발생해 특히 취급에 주의가 요구된다.

식품에서 발생하는 오염원 제어를 위해 선진국에서는 '농장에서 식탁까지(farm to table)', '농장에서 포크까지(farm to folk)' 토털 안전관리 정책을 추진하고 있다. 식품의 오염원은 대부분 원료 유래라 농장에서 시작되므로 1차 산업(농업용수, 수확, 도축, 생유가공)부터 관리를 시작해야 하며, 가공, 제조, 저장, 유통, 판매까지 푸드 체인 전반의 위생관리가 필요하다.

식품위생의 역사는 법(法)과 규제(規制)로 시작된다. 식품을 자급자족할 때는 위생 문제가 크게 고려되지 않는데, 식품이 '상품(商品)'이 되어 상거래되면서 양과 질을 속이고, 불건전하고, 변질되어 인체에 해를 끼침에 따라 법과 규제가 시작되었다. 미국의 경우 1780년 매사추세츠주에서 병들거나 부패한 제품 판매에 벌칙을 부과한 것을 시작으로 각 주별로 산발적이던 200여 종의 식품위생 관련 법령이 1906년「미연방 식품·의약품·화장품법(FD&C Act)」도입으로 체계화되었다. 독일은 1879년「식품 및 용기에 관한 법규」가 있었으며, 1927년에 접어들어 현재의 체계화된 법으로 정비되었다. 우리나라는 1962년 1월 20일 법률 제1007호로「식품위생법」이 공포됨에 따라 식품위생 행정이 시작되었다.

식품안전관리 정책은 생산·판매자의 사고 발생을 예방하거나 사후 발생에 대한 처벌로서 그 피해와 발생을 최소화하는 수단이다. 생산·판매자가 유발한 사건사고는 고의성 여부로 나눌 수 있다. 고의적인 경우는 이익을 추구하기 위해 법을 위반하거나 소비자에게 경제적 또는 건강상 해를 끼치므로 정부에서는 단속과 처벌 등 사후관리로 예방이 가능하다.

고의성 없는 식품안전 사고는 법과 기준·규격을 제·개정하거나, 과학적 위생관리시스템 보급에 의한 사전관리, 회수(recall)제도 활성화, 생산자 교육 등을 추진해 예방할 수 있다. 생산단계의 식품안전 확보를 위한 관리 시스템으로는 '농산물우수관리제도(good agricultural practices, GAP)'가 있다. GAP란 농업의 1차 생산단계에서 위생 처리로 안전성을 확보하고자 하는 농업생산지침을 말하는데, 소비자에게 안전한 농산물을 공급하기 위한 생산자 및 관리자가 지켜야 할 위해요소의 원천적 차단 규범이라 할 수 있다. '식품안전인증제(HACCP)'는 생산단계를 포함해 소비단계까지 전 과정에서 위해물질이 혼입되거나 오염으로부터 생길 수 있는 위해 가능성을 사전에 방지하기 위한 식품안전관리 시스템이다. 소비·유통 단계에서는 '표시(food label)', '식품 회수(리콜)', '이력추적제(traceability)' 등의 제도가 시행되고 있으며, 또한 제조 또는 수입업체가 자사제품에 대하여 무한책임을 지는 '제조물책임법(PL법, product liability)'도 운영되고 있다.

:: 식품의 안전성과 위해성

많은 소비자는 식품에서 어떤 해로운 화학물질, 미생물, 이물이 검출되었다는 기사나 방송을 보면 이거 먹어도 되냐, 먹으면 죽는 거 아니냐며 난리 법석이다. 곰곰이 생각해 보면 소비자들의 호들갑에는 이유가 있을 건데, 아마 위해인자(hazard)와 위해성(risk)을 혼동하고 있어 그럴 것이라 생각된다. 위해인자는 독성을 갖고 있는 물질 그 자체이다. 살모넬라, 바이러스 등 병원성 미생물, 농약, 중금속, 곰팡이독 등 화학물질, 철사, 비닐, 동물의 사체와 같은 이물이 해당된다. 식품 중 위해인자는 존재 자체를 규제 또는 허용량을 정해 법으로 엄격히 관리하고 있다.

물질마다 독성 정도가 다르므로 식품에서 독성이 검출되었을 때 우리가 위협을 느끼는 정도도 다르다. 그러나 위해인자는 존재한다는 것만으로는 해를 끼치지 않으며, 사람이 섭취하여야만 독성이 나타난다. 즉, 위해요소는 섭취하지 않으면 위험하지 않다는 것이다. 섭취하지 않으면 '위해성(risk)'이 0%라는 것이며, '안전성(safety)'이 100%라는 말이다.

'위해인자'는 사람의 입을 통하여 몸속으로 들어와 흡수되면서부터 독성을 나타내기 시작하는데, 그 위해인자의 섭취량(식품 중 오염된 위해요인의 양과 식품의 섭취량)이 늘어남에 따라 위해성의 확률이 커지고 안전성 확률이 줄어들게 된다. 위해인자의 독성의 정도와 섭취량에 따른 '양(dose)'의 개념을 도입한 것이 '위해성 평가(risk assessment)'이며, 기본 개념은 "인체에 해를 끼치지 않는 정도의 미량의 위해요소가 인체에 섭취된 경우는 위해성을 무시하자는 것이다. 즉, 안전성이 확보되었다고 간주하자."는 의미이다.

만약 위해성 평가의 개념 없이 "식품 중 위해인자가 미량이라도 검출될 경우 사람이 섭취해서는 안 된다."는 원칙과 규제를 고집한다면, 사람이 먹을 수 있는 음식은 하나도 없다. 독성학의 대표학자인 파라셀수스(Paracelsus)는 "모든 물질은 독(poison)이고 독이 아닌 것은 없다. 독과 약(식품)을 구분하는 것은 올바른 섭취량(right dose)이다."라고 주장하였고, 이것은 지금까지도 독성학의 불문율이 되고 있다.

즉, 소비자는 '위해인자의 존재'와 '위해성'을 구분하는 지혜를 갖추어야 한다. 위해인자는 모든 식품에 항상 존재하고 있다. 법적인 기준보다 작은 양이고 인체에 해를 주지 않는 양이라면 위험하지 않으므로 '위해성'이 없다고 간주하고, 이의 반대 개념인 '안전성'이 확보되었다고 이해하면 된다.

결론적으로 '안전성'의 반대 개념은 '위해요소의 존재'가 아니라 '위해성'이라는 사실을 숙지해야 한다. 소비자는 언론의 사실적 위해요소에 대한 언론 보도를 즉각적으로 받아들이지 말고 위해성에 대한 고려와 판단 후 대응하여야 과민반응 및 불안감을 줄일 수 있고, 이런 자극적 보도에 슬기롭고 영리하게 대처해 나갈 수 있을 것이다.

:: 푸드패디즘

'푸드패디즘(food faddism)'이라는 말이 있다. 회의주의(skepticism)의 출발점으로 평가되는 과학저술가 마틴 가드너의 책『과학의 이름으로 행해지는 변덕과 궤변(Fad & Fallacies in the Name of Science)』의 한 장에서 다루고 있는 주제에 붙인 이름이며, 일본 군마대학의 다카하시 구니코 교수가 발전시킨 이론이다.

푸드패디즘은 "먹거리가 건강과 병에 미치는 영향을 과대평가해 괜한 걱정을 하는 것"으로 정의되고 있는데, 가드너는 책에서 하나의 예로 당시까지 상식처럼 언급되던 플레처의 건강법을 들었다. 소위 '플레처리즘'으로 불린 "많이 씹어 먹어야 한다."는 플레처 건강법의 핵심 이론은 오늘날 거의 기각되었는데, 이는 소화를 돕지만 비타민이나 영양분을 늘리지는 않기 때문이다. 푸드패디즘의 전형은 먹거리를 나쁜 음식과 좋은 음식으로 나눠 그 효과를 과장하는 것이다.

모든 식품은 좋은 면과 나쁜 면 양면을 갖고 있다. 적게 먹어도 영양부족으로 위험하고, 많이 먹어도 독이 된다. 푸드패디즘은 바로 이런 점을 이용해 이익을 보려는 사람들이 만들어 낸 것이다. 물론 없는 말을 한 게 아니므로 비난하기도 애매한 측면이 있다. 푸드패디즘 유발자들은 이런 측면을 교묘히 이용하는 영리한 범죄자라 생각된다.

우선 그리 좋을 것이 없는데도 좋은 점을 크게 과장해 대단한 것으로 띄운 경우를 살펴보자. 대표적인 것이 "청정 갯벌에서 만든다, 미네랄이 풍부하다."라고 알려진 천일염이다. 유기농, 유정란, 올리브오일, 각종 보충제(비타민, 클로렐라, 키토산), 은행나무추출물, 프로폴리스, 발효식품 등도 이에 해당된다. 다른 음식보다 특정 영양소를 더 많이 함유하고 있어 '슈퍼 푸드(super food)'라고 불리는 것도 허황된 통념이다. 모든 영양소를 단번에 완벽하게 공급하는 음식은 없다.

물은 많이 마실수록 좋다는 것도 허황된 것이다. 사람은 물 중독으로 죽을 수도 있으므로 적당히 마셔야 하는데, 일부러 마실 필요까지는 없고 갈증을 느낄 때만 마셔도 충분하다. 식이보충제 역시 의료 목적으로 반드시 필요한 사람들도 있겠지만, 대부분의 정상인은 현대의 식습관과 영양 상태로 볼 때 필요치 않다고 봐야 한다. 발효식품을 건강식이라 한다. 냉장고가 없던 시절 발효식품을 만들어 식품원재료의 부패를 막았고 오랫동안 보존했었다. 즉, 몸에 좋으라고 발효식품을 만든 것이 아니기 때문에 바이오제닉아민, 에틸카바메이트 등 발암성 부산물을 어쩔 수 없이 받아들여야 한다. 젓갈류의 발효 과정에서 생기는 알레르기 유발 히스타민 역시 학계에서는 이미 널리 알려져 있는 발효식품의 어두운 면이다. 유기농 식품 또한 건강에 이롭다고 생각하지만 제품의 영양, 기능, 안전성을 보장하는 것은 아니다. 물론 유기농 식품은 농약이나 항생제 내성균에 덜 노출될 수는 있으나, 생물학적 위해에는 더 취약할 수가 있다.

반대로 그리 나쁠 것이 없는데도 크게 과장되어 마치 나쁜 독처럼 알려진 경우도 많다. 대표적으로 조미료인 글루탐산나트륨(MSG), 우유, 육류, 밀가루, 설탕, 식품첨가물 등이다. MSG가 유해하다는 속설은 1960년대 이른바 '중국음식점 증후군'이라는 가설로부터 시작하였으며, 천연조미료를 생산한 국내 한 업체가 이를 노이즈 마케팅에 이용하면서 이슈화되기 시작하였다. 우유 역시 '불편한 진실'이라는 제목의 다큐멘터리 동영상이 불을 지펴 나쁜 음식으로 자리매김해 가고 있다. 글루텐 프리가 유행하면서 밀가루가 안전하지 않고 인체에 유해하다는 주장이 상식처럼 알려지기도 하였다.

밀은 인류가 1만년 가까이 검증해 온 식재료인데, 안전문제 제기는 비상식적이다. 일각에서는 고기를 1군 발암물질로 지정하기도 했지만, 반대로 "고기 먹는 사람이 오래 산다."고 주장하는 학자들도 많이 있다. 고기가 주는 면역 강화 효과를 더 크게 본 것이다. 실제 고기를 잘 먹지 못하던 과거와 북한과 같은 빈곤국 국민들의 평균수명이 더 짧다. 한국의 평균수명이 해방 전 45세 미만, 1960년 52.4세, 2003년 77.44세, 2013년 81.94세로 급격히 늘어나고 있는 것을 보면 알 수 있다. 1980년대 이후 설탕 소비량은 지속적으로 감소해 왔지만 비만율은 폭발하고 있다. 비만율의 원인은 설탕이 아니라 총 칼로리 섭취량이었다. 즉, 주된 열량원이 무엇인가가 아니라 양이 문제였다는 것이다.

잘못된 정보는 이른바 자칭 음식전문가 내지는 의사라는 타이틀을 걸고 TV 등에 출연해 잘못된 정보를 전하는 사람들과 경쟁 기업의 흠집내기식 노이즈 마케팅에 의해 주로 전파된다. '먹을 식(食)'자는 '사람 인(人)+좋을 량(良)'이다. 즉, 사람에게 좋은 것을 말한다. 그러나 이 좋은 것을 나쁘게 만들어 공포를 조장하는 소위 '푸드패디즘' 유발자들에 대한 경고가 필요한 시점이다.

02
천연독

:: 독소

천연독과 보톡스

> 19세기 초 독일에서 식중독으로 한번에 200명 이상이 목숨을 잃는 사건이 발생하였다. 당시 독일 의사 유스티누스 케르너(Justinus Kerner)는 그 원인이 잘못 보관된 소시지나 통조림에서 유래하는 "보툴리눔(botulinum)"이라는 독소 때문이라는 사실을 밝혀내고 이 질병을 라틴어로 소시지인 "보툴리즘(botulism)"으로 명명하였다.

이 세상에서 가장 강한 독은 천연독(天然毒)인 '보톡스(botox)'다. 천연이든 합성이든 어떤 독소도 이보다 독성이 더 강할 수는 없다. 이는 식중독세균인 클로스트리듐 보툴리눔(*Clostridium botulinum*)이 생산하는 독소(toxin)에서 얻어진 것으로 균 명(botulinum)에서 'Bot', 독(toxin)에서 'Tox'를 따와서 합성한 용어이다. 생체에 들어오면 신경독으로 작용하며, 1 mg으로 2천만 마리의 쥐(mouse)를 죽이고 사람도 십만 명을 죽일 수 있다고 알려진 현존하는 가장 강력한 독이다.

일반적으로 독성 정도를 비교할 때 사용하는 반수치사량(半數致死量)인 LD_{50}(lethal dose 50%) 값을 비교해 볼 때, 쥐의 경구 투여를 대상으로 제2차 세계대전 이후 대표적인 합성농약이었던 DDT가 150,000 μg/kg 체중, 니코틴(nicotine)이 24,000 μg/kg, 청산가리(NaCN)가 10,000 μg/kg, 감자독인 솔라닌(solanine)이 4,200 μg/kg, 복어독인 테트로도톡신(tetrodotoxin)은 8.7 μg/kg인 데 비해 보톡스는 0.00003 μg/kg이다. 즉, 복어독보다 약 30만 배, 청산가리보다는 3억 배, 니코틴보다는 8억 배, DDT보다는 무려 50억 배 독성이 강하다는 의미이다.

케르너는 당시 이 독이 근육의 수축을 마비시켜 질병 치료에 활용될 수 있음을 시사하였으나 독이 의료 등 유익한 작용에 쓰이기 시작한 것은 1세기가 지난 후이다. 다량의 보툴리누스 독소를 전신에 사용하면 사망하게 되지만, 극소량의 독소를 특정 부위에 선택적으로 주입하면 신경 이상이나 근육 경련 등의 증상을 치료할 수 있다는 사실이 밝혀졌다. 1895년 에밀 피에르(Emile Pierre) 교수는 클로스트리듐 보툴리눔이 전구체임을 알아냈고, 1920년대 미국의 헤르만 소머(Herman Sommer)가 순수한 상태로 분리하는 데 성공하였다.

이후 1946년에 미국의 에드워드 샨츠(Edward Schantz)가 보툴리눔 톡신[Botulinum Toxin(BTX)-A]의 분리, 정제에 성공하여 치료용 결정제제를 만들었다. 1973년 미국 안과의사 앨런 스콧(Alan Scott)이 미국 식품의약국(FDA)로부터 임상시험을 허락받아 BTX-A가 정상 원숭이의 외안근 수축 억제에 효과적이며, 주사 부위의 손상이나 전신 독성이 없다는 것을 확인하였다.

1989년에는 미국 제약회사인 앨러간(Allegan Inc.)이 보톡스(Botox®)라는 제품명으로 FDA에서 12세 이상의 안검 경련, 사시 및 안면신경질환 환자에게 사용하도록 승인을 얻었다. 이런 질환을 치료하는 과정에서 안면에 보이는 주름이 펴지는 사실이 발견되면서 본격적으로 BTX-A가 미용에 이용되기 시작하였다. BTX-A는 1991년 눈 근육 경련 치료제로 승인되어, 최근 70개 국가에서 안면 주름살 제거에 널리 응용되고 있는 미용 독소이다. BTX-A는 현재 botox, Dysport, BTXA 등 세 가지로 시판되고 있다.

독의 독성 정도는 독소 자체의 외적 요인과 독이 침투한 숙주의 상태인 내적 요인 두 가지로 결정된다. 외적 요인은 물질의 용해도 등 특징, 화학구조, 용량(dose), 섭취빈도, 독과 함께 존재하는 물질의 종류, 온도, 기압 등 환경 요인이 있다. 내적 요인은 장의 생리적 특징, 장내세균의 상태, 몸의 대사능력 등 숙주 간 차이를 말한다.

결국 독 자체가 천연독인지 합성독인지 어디서 유래된 것인지는 독성 정도에 영향을 주지 않으므로 "천연독은 독성이 약해 안전하고, 합성독은 독성이 강하다."는 선입견은 지워야 한다.

감자독 솔라닌

> 얼마 전 공업용 약품을 사용해 감자전분을 제조, 판매한 업자가 「보건범죄 단속에 관한 특별조치법」 위반 혐의로 구속된 적이 있다. 식용이 아닌 환경호르몬의 일종인 노닐페놀(nonylphenol)이 함유된 공업용소포제(거품제거제)로 감자전분을 만들었고, 또한 제대로 냉장 보관하지 않아 썩었거나, 싹이 나서 독성분(솔라닌)이 생긴 감자를 버리지 않고 전분 제조에도 사용하였기 때문이었다.

세계 많은 나라의 주요 식량작물 중 하나인 감자(potato)는 다양한 토양과 기후에서 자랄 수 있는데, 탄수화물의 주 원천으로 단백질, 미네랄, 비타민 C가 풍부하다. 감자는 급격하게 혈당량을 증가시키지 않아 지방으로 저장되는 현상이 거의 없고 섬유질이 풍부해 포만감을 유지시켜 주며, 열량이 낮아(100 g당 55 kcal) 비만환자에게 좋은 다이어트 음식이다. 이는 삶아서 주식 또는 간식으로 먹거나, 굽거나 기름에 튀겨 먹기도 하고, 볶음, 전, 탕, 국, 범벅, 서양요리 등 모든 요리에 다방면으로 사용할 수 있다.

그러나 생감자는 다량의 '솔라닌(solanine)'이라는 알칼로이드계 자연독을 갖고 있어 식품안전 문제를 일으킨다. 솔라닌은 솔라니딘(solanidine)이라는 스테로이드계 알칼로이드에 포도당(glucose), 갈락토스, 람노스 등 당이 결합한 배당체를 말한다.

이 솔라닌은 감자가 햇빛에 노출될 때 녹색으로 변하면서 생기므로, 특히 감자가 싹이 트는 봄철에 더욱 주의해야 한다. 이 물질은 감자의 싹과 껍질에 가장 많이 들어 있으며, 과육에는 상대적으로 적게 들어 있다. 솔라닌은 감자뿐 아니라 같은 가지과 식물인 토마토나 고추에도 일부 함유되어 있으나, 그 양이 적어 그리 걱정하지 않아도 된다. 보통 크기(약 100 g)의 신선한 감자에는 약 7 mg 이하의 솔라닌이 들어 있어 사람에게 중독을 일으키지는 않는다. 하지만 감자가 햇빛에 오랜 시간 노출되거나 보관 상태가 좋지 않으면 솔라닌의 양이 늘어나기 시작한다.

솔라닌은 감자의 아린 맛을 증가시키고 설사, 구토, 복통, 현기증, 졸음, 두통, 발한, 언어장애, 환각 등을 유발한다. 심한 경우 호흡이 곤란해지고 의식장애, 운동중추 마비 등이 발생하기 때문에 다량 섭취하면 위험하다. 예민한 사람은 적은 양에도 편두통을 일으키기도 한다. 이런 생감자의 독성을 몰랐던 초기 유럽인들은 감자를 먹고 탈이 난 경우가 많아 감자를 악마의 음식이라 부르기도 했다고 한다.

솔라닌은 신경독성, 면역독성, 생식독성, 기형 유발, 간독성, 소화기계 독성 등 여러 독성이 입증되었다. 중독 증상으로는 차고 축축한 피부, 구토, 복통, 식욕부진, 설사 또는 변비, 위장관 출혈, 두통, 호흡곤란, 졸음, 피로, 환각, 빈맥, 헤모글로빈뇨증, 경련 등이 있으며, 보통 2일 이내에 증상이 호전되나 그 이상 중독이 지속될 경우 사망 등 치명적 증상을 보일 수도 있다고 한다. 세계보건기구(WHO)는 감자 중 솔라닌을 포함한 알칼로이드 기준을 '감자 1 kg당 20~100 mg 이하'로 정하고 있다. 이러한 이유로 솔라닌은 과거 농업용 살충제로 사용된 적도 있었고, 기관지염, 간질 및 천식치료와 진정 및 경련방지 등의 치료 목적으로 사용되기도 했었다.

감자를 고를 때는 표면에 흠집이 적고 매끄러운 것을 선택해야 한다. 무겁고 단단한 것이 좋은 감자이다. 감자 싹에는 솔라닌이 많기 때문에 싹이 나거나 녹색 빛을 띠는 것은 피해야 한다. 감자를 사과와 함께 보관하면 싹이 나는 것을 방지할 수 있다. 감자를 손질할 때 싹은 도려내고 녹변된 껍질을 잘 제거한 후 조리하고, 물과 함께 가열하면 독성이 사라지기 때문에 삶아서 먹는 것이 안전하다. 하지만 싹이 트거나 녹색으로 변한 감자는 굽거나 익혀도 솔라닌이 제거되지 않아 위험할 수 있으니 주의를 기울여야 한다.

정부와 관련 단체들은 소비자에게 모든 식품은 효능과 독성 두 얼굴을 갖고 있다는 것을 알리고, 독에 대한 올바른 정보를 제공하여 스스로 안전한 식생활을 확보할 수 있는 능력을 갖추도록 도와줘야 한다.

고사리

고사리(bracken)는 세계적으로 가장 널리 펴져 있는 양치류(fern)로 남극대륙이나 사막처럼 춥거나 더운 지방을 제외한 모든 대륙에서 볼 수 있는 다년생 식물이다. 뿌리줄기(rhizome)가 1 m 이상 땅속에서 자라면서 곳곳에 잎을 뻗는다. 잎은 큰 삼각형이며, 0.6~2 m 길이로 자란다. 종류는 가래고사리, 거미고사리, 고사리 삼, 관중고사리, 낚시고사리, 넉줄고사리, 부싯깃고사리 등 매우 다양하다.

고사리의 어린순은 역사적으로 많은 나라에서 식용으로 사용되었다. 어린순은 갈색이며, 꼬불꼬불한 모양 때문에 영어로는 '소용돌이 모양의 장식'이란 뜻의 'fiddlehead'라고 붙였다. 고사리는 보통 어린순을 삶아서 말린 상태로 나물로 식용하거나 날것으로 소금에 절이거나 말려서 먹는데, 연하고 부드러운 식감과 쓴맛이 난다. 건조한 고사리는 일반적으로 수분함량 10%, 단백질 27%, 지방 1%, 당 38%, 섬유 11%, 회분 12%를 함유한다. 특히, 칼슘, 인, 철, 비타민이 많이 함유되어 있다. 당질은 고사리에 포함되어 있는 전분인데, 고사리 떡의 주성분이 된다.

비빔밥에 빼놓지 않고 들어가는 고사리나물은 어린순으로 만든 것이다. 뿌리줄기의 전분은 빵을 만드는 데 사용하기도 한다. 한의학에서 고사리는 맛이 달면서 약간 쓰고, 찬 성질을 갖고 있으며, 위와 장의 열독을 풀어 주고 이뇨 작용을 한다고 알려져 있다. 뿌리는 해열, 이뇨, 설사, 황달, 대하증 치료제로 사용한다. 또한 뿌리와 줄기를 말려 만든 가루는 기생충에 효과가 있으며, 아메리카 인디언들은 기관지염 치료제로 뿌리와 줄기를 생으로 먹었다고 한다.

그러나 익히지 않은 생고사리는 효소인 티아미네이스(thiaminase)와 돌연변이 유발 성분을 다량 함유하고 있다. 이것은 비타민 B_1을 분해하는 효소로, 과량의 고사리를 날것으로 섭취할 경우 비타민 B_1 결핍증인 각기병(beriberi)에 걸릴 수도 있다. 또한 고사리는 발암성 물질로 추정되는 프타킬로사이드(ptaquiloside)를 함유하고 있어 고시리를 많이 섭취하는 일본인들의 위암 발병률이 세계에서 가장 높다.

그러나 여전히 고사리의 독성에 대한 정확한 섭취량과 위해성 평가는 진행되지 않고 있다. 가공 조리 과정에서 독성이 사라져 익혀 먹으면 문제가 되지 않는다고는 하지만 고사리 독소의 노출 경로는 직접 섭취 외에도 포자 섭취와 고사리를 먹은 젖소가 생산한 우유와 유제품을 통한 섭취도 있다. 또 소, 말과 같이 방목해 풀을 뜯는 반추동물이 고사리 중독을 나타내는 경우도 많다.

일반 소비자들은 친숙한 위험 요인에 대해서는 위해성(risk)을 적게 인식하고, 새로운 이슈로 나타나 친숙도가 낮은 것에 대해서는 위해성을 크게 인식하는 경향이 있다. 소비자들은 고사리를 친숙한 위험 요인으로 인식하기 때문에 자칫 과다 섭취로 인해 문제를 일으킬 수 있다. 소비자의 불안감 해소를 위해 고사리가 인체에 미치는 영향에 대한 연구를 실시하고, 인체 안전성 확보를 위한 섭취 요령 등을 소비자에게 알릴 필요가 있다.

독버섯

매년 가을이 되면 산행이나 추석 성묫길에 독버섯을 식용버섯으로 착각한 중독 사고가 끊임없이 되풀이되고 있다. 2013년도에는 9월에만 여러 건의 사고가 발생하였다. 야산에서 채취한 독버섯을 식용으로 잘못 알고 먹은 70대 노인이 숨졌고, 수십 년간 버섯과 약초를 캐온 심마니가 채취한 버섯을 먹은 사람도 1명이 숨지고 1명이 중태에 빠진 사고도 있었다. 2012년에도 전국적으로 8건의 독버섯 중독 사고가 일어나 30여 명이 병원 치료를 받고 4명이 목숨을 잃었다.

흔히 독(毒)버섯이라 하면 화려한 것으로 생각하는데, 식용버섯과 색깔 및 형태가 비슷한 경우가 예상외로 많다. 이런 이유로 일반인들이 독버섯을 식용버섯으로 착각해 섭취하는 중독 사고가 많이 발생한다. 우리나라에서 중독사를 가장 많이 일으키는 버섯은 흰알광대버섯과 독우산광대버섯인데, 대부분 맹독을 갖고 있으며, 이 중 가장 강한 독이 아마톡신이다.

아마톡신(amatoxins)은 알광대버섯, 흰알광대버섯, 독우산광대버섯, 붉은점박이광대버섯 등에서 발견되는 내열성 독으로 신선한 버섯 40 g당 5~15 mg이 함유되어 있다. 아마톡신의 독성은 1단계로 복부 경련, 메스꺼움, 구토, 설사 증상이 나타난다. 2단계로는 약 24시간 후 위장관 기능장애가 나타나고, 3단계로 간과 신장의 손상을 일으킨다. 이는 최종적으로 급성간부전으로 진행되어 간을 이식받지 않으면 사망하는데, 보고된 사망률이 1.4~16.9%에 이른다.

아마톡신 중독 시 치료법은 독소의 흡수를 줄이기 위해 활성탄(숯가루)을 먹기도 하고, 십이지장에 관을 삽입해 독성분을 배출하거나 독버섯을 먹은 지 6시간 이전인 경우 위장세척을 실시한다. 또한 독성분 제거를 촉진하기 위해 배뇨를 지속적으로 유지하며, 약물 투여 요법으로 페니실린이나 실리비닌(silibinin)을 정맥에 주사하기도 한다.

독버섯은 주로 색깔이 화려하고 원색이며, 대에 띠가 없는 것, 곤충이나 벌레가 먹지 않는 것, 은수저의 색을 변하게 하는 것, 세로로 잘 찢어지지 않는 것으로 알려져 있다. 그러나 일반적으로 알려진 독버섯 판별법에는 잘못된 점이 많다. 예를 들면, 맹독성인 독우산광대버섯은 흰색이며, 세로로 잘 찢어지고 대에 띠가 있으며, 벌레도 잘 먹는다. 이 판별법을 활용할 경우, 일부 독버섯을 식용버섯으로 착각할 수도 있으므로 이를 맹신해 야생버섯의 식용 여부를 판단해서는 안 된다.

독버섯 중독 사고가 발생하면 가장 먼저 의료기관에 신고해야 하고, 환자가 의식이 있고 경련이 없다면, 물을 마시게 하고 손가락을 입안 깊숙이 넣어 토하게 해야 한다. 또한 환자의 진단 및 치료에 도움이 될 수 있도록 먹고 남은 버섯은 비닐봉지에 담아 의사에게 전달해야 한다.

경험이 풍부한 전문가와 심마니들도 독버섯과 식용버섯을 구분하는 것은 어려운 일이라고 한다. 일반인의 경우에는 더더욱 독버섯을 구분해 내는 것이 불가능하므로 대충 또는 어렴풋이 아는 정도의 지식으로 야생버섯을 채취, 섭취하는 것은 죽음으로 가는 지름길이라 봐야 한다.

독버섯 중독 사고를 예방하기 위해서는 야생버섯을 함부로 채취해 섭취하지 않는 것이 가장 현명한 방법이다. 또한 정부는 『독버섯도감』 등 관련 자료를 적극 보급, 홍보하여 버섯 생산, 채취, 판매자들이 지식으로 무장해 중독 사고 피해를 예방할 수 있도록 해야 한다.

복어독

올겨울 부산에서 복어회를 먹은 50대 남자가 숨졌다는 보도가 있었다. 한 사람은 사망하였고 함께 나눠 먹은 사람도 근육마비 증세로 병원에 입원해 치료를 받았다. 2009년 11월에도 제주도 가정집에서 까치복의 내장 등을 섭취한 4명 중 1명이 숨지고 2명이 중독되는 사건이 발생한 적이 있다. 같은 해 10월에는 점심으로 복어 요리인 복국을 먹은 75세 노인이 손발 마비 증세를 느껴 보건소로 직접 차를 운전하여 가다가 보건소 주차장에서 의사와 간호사를 치는 사고가 발생하였다.

골프를 치러가다 고속도로에서 숨진 채 발견된 남성 2명이 복어독으로 사망한 사건이 세간의 화제가 된 적이 있었는데, 의사인 김씨 일행이 테트로도톡신(tetrodotoxin)을 주사로 투여하여 자살한 것으로 알려졌다. 그리고 식품의약품안전처(이하 식약처)가 복어독 함유 건강식품을 암·아토피 환자를 상대로 판매한 제조업자를 구속한 적도 있었다. 생복어알을 이용해 복어알 환, 복어알 가루, 복어 죽염 환 등을 만들어 판매한 것이다.

복어는 몸속에 독을 갖고 있는 자연독 동물이다. 복어독(globefish toxin)의 함량은 복어의 종류, 계절에 따라 다르며, 장기별로는 난소에 가장 많고, 간, 피부, 장의 순이며 근육에는 적다. 주로 늦가을에서 초봄에 이르는 산란기의 난소에 독이 가장 많으며, 수컷의 정소에는 독이 거의 없다. 초기 중독 증상(제1도)은 섭취 후 2~3시간 내에 먼저 입술, 혀끝, 손끝이 저리고 두통, 복통, 구토가 계속된다. 이어서 불완전 운동마비의 상태(제2도)가 되어 지각마비, 언어장애, 혈압이 떨어진 후 운동 불능의 상태(제3도)인 호흡곤란(cyaosis)이 나타난다. 이어서 전신마비가 보이면서 의식소실의 단계(제4도)로 진행되어 의식을 잃고, 호흡과 심장박동이 정지된다.

복어독은 물에 녹지 않고 내열성이라 보편적인 조리 조건에서는 무독화되지 않으며, 독의 존재 여부를 맛, 냄새 등 감각으로는 감지할 수가 없다. 별복·거북복은 독이 없으며, 까칠복·까치복은 독이 적게 함유되어 있다. 그러나 검복·복섬·자주복·졸복·황복·흰점복·매리복은 독을 다량 함유하고 있어 위험하다. 독성분인 테트로도톡신은 신경독이며, 쥐에 대한 반수치사량(LD_{50})은 0.6~8.5 μg/(체중 kg)인데, 복어뿐만 아니라 문어 등에도 존재한다. 독성은 청산가리(NaCN)와 곰팡이독인 아플라톡신(aflatoxin)보다 약 1,000배 강하다.

자연독은 동물 또는 식물이 원래 보유하고 있는 유독 성분 또는 먹이사슬을 통하여 동물의 체내에 축적된 유독 성분을 말하는데, 크게 독버섯, 독초 등의 식물성과 복어, 패류 등 동물성으로 나뉜다. 복어에 의한 식중독은 국내에서 연간 1~2건, 발생 환자 수도 연간 수 명에 불과할 정도로 빈도가 낮은 식중독이지만 치사율은 60%나 될 정도로 높다.

따라서 복어독 중독은 예방이 매우 중요하다. 알려진 예방 수칙은 복어 요리 전문가가 요리한 것을 먹도록 하며, 낚시로 잡은 경우에도 직접 조리하여 섭취하는 일이 없도록 한다. 특히, 알, 난소, 간, 내장, 껍질 등 독소가 많아 폐기된 부위를 섭취해서는 안 된다. 예방에 실패해 중독되었을 경우에는 즉시 가까운 의료기관을 찾아야 하며, 긴급 시에는 즉시 비눗물, 소금물, 묽은(3%) 과산화수소 등 구토 유발제(토제, 吐劑)나 장 배설제(하제, 下劑)를 투여하고 혈압상승제로 혈압을 유지하며, 인공호흡을 실시해야 한다.

방울토마토 토마틴

최근 시판 중인 방울토마토를 먹고 구토 등 부작용이 났다는 사례가 다수 발생하였다. 급식으로 나온 방울토마토를 먹은 아이들이 구토와 배탈 증상을 보인 것인데, 증상이 일시적이고 쉽게 회복되어 일반적인 식중독이 아닌 경미한 자연독 알레르기로 판단된다. 이는 토마토에 들어 있는 토마틴이라는 성분 때문이다. 이 토마틴은 주로 덜 익은 열매에 생성되었다가 익으면서 사라지게 되는데, 이번 경우는 방울토마토가 자라면서 저온에 노출되어 익은 뒤에도 꽤 많은 양이 남아 있어 문제가 되었다.

토마틴(tomatine)은 야생 토마토에 함유된 스테로이드 알칼로이드의 한 종류로 토마토 생장기에 자연적으로 생성되다 성숙 과정에서 자연적으로 분해된다. 올해 초 특정 품종(국내 품종 등록번호 HS2106)의 토마토가 평년보다 낮은 온도에 노출되면서 토마틴이 많이 생성되었다고 한다. 충남농업기술원에 따르면 해당 품종의 수확기인 올 1월 하순의 평균 기온이 평년보다 약 3°C 낮아 토마토가 저온 생장됨에 따라 토마틴이 많이 생성된 것으로 분석하였다.

토마토, 감자, 고추 등 가지속(Solanum) 식물은 잎과 열매에 스테로이드 글리코알칼로이드(steroidal glycoalkaloid)라는 구조의 '~ine'로 끝나는 2차 대사물인 피토케미컬을 가진다. 이 알칼로이드는 가지속 식물이 동물이나 병해충으로부터 자신을 지키려고 만드는 방어물질로 씨가 여물 때까지 잎과 덜 익은 열매 등에 고농도로 존재한다. 열매가 익으면서 그 독성과 쓴맛이 사라져 동물의 먹이가 되고 배설을 통해 널리 씨를 퍼뜨린다. 그러나 문제는 잘 익은 후에도 야생식물의 열매에는 여전히 이 알칼로이드가 많이 존재한다는 것이다.

토마토에 토마틴이 있다면 감자에는 솔라닌(solanine)과 차코닌(chaconine)이라는 자연독 알칼로이드가 있다. 보통 크기(약 100g)의 신선한 감자에는 약 7 mg 이하의 솔라닌이 들어 있어 일반적으로 사람에게 중독을 일으키지는 않는다. 하지만 솔라닌은 감자가 햇빛에 노출될 때 녹색으로 변하면서 많이 생긴다. 특히, 감자가 싹이 트는 봄철에 더욱 주의해야 한다. 이 솔라닌은 감자의 싹과 껍질에 가장 많이 들어 있고 과육에는 상대적으로 적게 들어 있어 껍질째 감자를 요리해 먹으면 다량의 솔라닌을 섭취하게 된다. 솔라닌은 웬만한 열로는 분해되지 않으므로 더욱 주의를 기울여야 한다.

솔라닌은 감자의 아린 맛을 증가시키고 설사, 구토, 복통, 현기증, 졸음, 두통, 발한, 언어장애, 환각 등을 유발한다. 심한 경우 호흡이 곤란해지고 의식장애, 운동중추 마비 등이 발생하기 때문에 다량 섭취하면 위험하다. 예민한 사람의 경우 적은 양에도 편두통을 일으키기도 한다. 이런 이유로 솔라닌은 과거 농업용 살충제로 사용된 적도 있었고, 기관지염, 간질, 천식, 진정, 경련 방지 등 치료 목적으로 사용되기도 했었다. 이런 생감자의 독성을 몰랐던 초기 유럽인들은 먹고 탈이 난 경우가 많아 감자를 '악마의 음식'이라 부르기도 하였다. 세계보건기구(WHO)는 감자 중 솔라닌을 포함한 알칼로이드 기준을 kg당 20~100 mg 이하로 정하고 있다.

토마토는 수천 년 전 남미 안데스 지역의 야생 토마토를 중미에서 본격적으로 재배하면서 세상에 알려졌고 16세기 유럽을 거쳐 세계로 퍼졌다. 1960년대 이후 병충해 저항성과 당도와 향미 등 품질에 대한 시장의 요구에 맞춰 품종을 개량하는 과정에서 여러 야생종과 재래종이 도입되었다. 2000년대 들어서는 맛, 향, 색깔 등 과일로서의 상품성을 높이는 방향으로 육종이 진행돼 다양한 토마토가 시장에 나오게 되었다.

토마토를 고를 때는 녹색 빛을 띠는 것은 가능한 한 피하고 빨갛게 잘 익은 것을 선택해야 한다. 특히, 단맛이 적고 쓴맛이 나는 토마토는 토마틴 함량이 높아 주의를 기울여야 한다. 소비자는 모든 음식은 효능과 독성 두 얼굴을 갖고 있다는 사실을 알고 자연독에 대한 정보를 숙지해 스스로 안전한 식생활을 영위해야 한다.

곰팡이독

최근 식약처는 국내 식품제조·가공업체에서 제조·판매한 한식된장 2개 제품(○○ 재래식 콩된장, ○○ 유기농 된장)에서 아플라톡신이 초과 검출돼 해당 제품을 판매 중단하고 회수 조치했다고 밝혔다. 아플라톡신은 덥고 습도가 높은 지역에서 곡류, 견과류 등에 많이 발생하는 곰팡이 독소로 다량 섭취 시 급성으로는 출혈, 설사, 간경변 등이 나타날 수 있고, 장기 만성적으로는 발암성이 있는 독성물질이다. 특히, 된장을 담글 때 자연적으로 개방된 환경에서 발효할 경우 의도치 않게 독소를 생성하는 유해 곰팡이에 오염될 수 있으므로 주의가 요구된다.

된장은 원료 콩에서 다양한 효소 작용이 일어나 숙성된다. 탄수화물은 당으로 변하여 단맛을 내고, 그 당의 일부는 효모에 의해 발효되어 알코올로 변하며, 젖산균에 의해 생성된 유기산은 신맛을 준다. 특히, 알코올과 유기산에 의해 생성된 에스터류는 된장 특유의 향미를 내고, 단백질은 펩타이드와 아미노산으로 분해되어 구수한 감칠맛을 준다. 여기에 소금이 더해져 짠맛을 줘서 다양하고 오묘한 맛과 향의 결정체를 이룬다.

『식품공전』에서는 제조법에 따라 한식된장과 된장으로 분류한다. '한식된장'은 "한식메주에 식염수를 가해 발효한 후 여액을 분리한 것"을 말하며, '된장'은 "대두, 쌀, 보리, 밀, 탈지대두 등을 주원료로 하여 누룩균 등을 배양한 후 식염을 혼합하여 발효, 숙성시킨 것 또는 메주를 식염수에 담가 발효하고 여액을 분리해 가공한 것"으로 정의한다. '메주'는 "콩을 삶아서 찧은 다음 덩이를 지어서 띄워 말린 것을 말하는데, 간장, 된장, 고추장 등을 담그는 원료로 쓴다."라고 정의하고 있다.

자연적으로 메주에 붙은 미생물을 활용해 숙성하는 한식메주를 쓰느냐, 선별된 종균을 사용해 인위적으로 만든 개량메주로 만드느냐에 따라 전통된장, 즉 한식된장과 일반 된장으로 구분된다. 한국산업규격(KS)에는 된장 종류를 원료에 따라 구분하는데, 1종은 콩만을 주원료로 한 것이고, 2종은 단백질 원료에 전분질 원료를 섞은 것을 말한다. 『식품공전』보다 KS가, 그리고 1종이 2종보다 조단백질, 조지방, 포르몰태질소 함량이 높은 것이 특징이다.

된장은 식욕을 돋우며 소화가 잘되므로 과거에는 약처럼 쓰였고, 식이섬유가 풍부해 장의 연동운동을 촉진한다고 알려져 있다. 특히, 된장은 항암 효과가 입증되어 대한암예방협회의 '암 예방 15개 수칙'에 된장국을 매일 먹으라는 항목이 들어 있다. 반면, 된장에는 다량의 소금이 첨가되어 나트륨 이슈가 있고, 금번 한식된장 사건처럼 철저한 위생 처리를 하지 못하거나 관리된 종균을 사용하지 않을 경우 곰팡이독 문제가 언제든 발생한다. 식약처의 위해식품 정보에 따르면 수입 칠리파우더나 국산 한식된장 등에서 기준치를 초과한 아플라톡신 B_1이 자주 검출된다고 한다.

사실 위생, 안전성 측면에서 볼 때 한식된장이 더 위험하다. 이는 자연균에 의한 발효이므로 공기, 환경위생 등 제조 환경을 철저히 관리하지 않는다면 만들 때마다 다른 곰팡이가 메주의 우점종이 될 수가 있어 일정하고 표준화된 제품을 생산하기 어렵다. 또한 독소 생산 곰팡이에도 오염될 수가 있어 시판제품 생산에는 적합하지 않다. 그러므로 한식된장은 주로 영세한 농민이나 장인들이 소량으로 생산하고 있는데, 곰팡이독이나 바실러스 세레우스 등 식중독균에 의한 인체 위해 가능성과 기준규격 위반으로 늘 조마조마한 상황에 노출되어 있다.

최근 시장은 가정간편식, 배달, 외식 등 소비 패턴 변화에 따라 가정에서 요리를 하지 않는 방향으로 변하고 있다. 또한 요리에도 장류 대신 각종 소스를 활용하고 있어 장류시장은 수년 째 하락일로를 걷고 있는 상황이다. 엎친 데 덮친 격으로 최근 장류 제조업(된장, 간장, 고추장, 청국장)이 생계형 적합업종으로 지정되었다. 국내 장류시장은 대기업이 80%를 점유하고 있어 소상공인 사업 영역을 보호하겠다는 정부의 의지가 반영된 것이다. 이에 따라 장류시장의 대표격인 CJ제일제당, 대상, 샘표 등 대기업은 이 시점부터 향후 5년간 예외적 승인사항 이외에는 원칙적으로 해당 사업의 인수·개시 또는 확장이 금지된다. 이런 상황 속에서 시장 활성화를 위해 된장업계는 용도와 타깃에 특화된 소용량 프리미엄 제품 개발로 활로를 찾고 있고, 소스에 첨가되는 B2B 시장과 해외수출을 통해 성장을 꾀하고 있다.

사실 된장은 음식에 워낙 소량 첨가해 먹는 부재료로 조미식품이라 안전문제는 크게 염려하지 않아도 된다. 그러나 곰팡이독은 만성적으로 발암성을 일으킬 수 있어 늘 조심해야 한다. 위해성이 미미하더라도 굳이 안 먹어도 될 곰팡이독을 먹을 필요가 없다는 말이다. '한식된장'이라는 유형 명칭과 기준·규격 등 안전관리 제도를 재검토하고 더욱 철저한 장류의 위생 처리와 종균관리가 필요한 시점이다.

항생제

2019년 12월 9일 강원도 평창에서 49개국, 1개 국가연합, 13개 옵서버가 참여하는 제3회 코덱스(CODEX) 항생제내성특별위원회가 열렸다. 이는 항생제 내성을 관리하기 위한 국가별 관리기준을 만들기 위함이다. 항생제 내성 문제는 기후변화와 함께 UN 차원의 글로벌 최우선 당면 문제이다. 지난 2016년 UN총회 때 반기문 사무총장이 "향후 항생제 내성 감염으로 매년 새로 태어나는 신생아 20만 명 이상이 사망할 것"이라고 경고했을 정도이다.

항생제(抗生劑)는 인류를 구한 최고의 명약(名藥)이자 인체에 해를 끼치는 무서운 독(毒)이기도 하다. 항생제와 항균제를 헷갈려 하는 사람들이 많다. 항균제는 미생물을 억제하는 물질을 총칭하며, 항생제는 미생물이 생산한 대사산물 중 미생물을 억제하는 물질을 말하므로 항생제가 더 좁은 의미이지만, 대중적으로 같은 의미로 사용되고 있다.

항생제는 1929년 영국의 플레밍(Fleming)이 푸른곰팡이인 페니실륨(Penicillium)에서 발견했는데, 1940년 영국 옥스퍼드 대학의 플로리(Florey)와 체인(Chain)이 개발한 주사약 페니실린(Penicillin)으로부터 그 역사가 시작된다. 이는 제2차 세계대전 당시 인류의 희망으로 부상하면서 20세기 가장 위대한 발견 중 하나로 꼽히며 1945년 노벨상을 받기도 하였다. 이후 많은 항생제들이 개발되기 시작하였는데 볼리비아에서 발진티푸스 환자를 완치시킨 클로람페니콜, 화이자(Pfizer)의 테라마이신, 바다로 흘러드는 하수 속에서 발견된 세팔로스포린 등이 유명하다.

그러나 플레밍은 항생제 발견과 더불어 오남용으로 인해 항생제의 효과가 사라지는 날이 올 것이라고 이미 내성 문제를 예언했었다고 한다. 항생제의 사용은 동전의 양면처럼 이익과 손해를 모두 갖고 있다. 즉, 항생제는 세균 감염의 치료제로서 이익이 매우 크지만 한편으로 독성이 강하고, 알레르기와 항생제 내성을 유발해 세균들의 저항성이 점점 강해지는 단점이 있기 때문이다. 유럽에서는 해마다 25,000명이 항생제가 듣지 않아 사망한다고 하며, 전문가들은 항생제 내성의 위협을 테러리즘과 같은 수준의 심각한 사안으로 보고 있다.

뉴욕 대학의 마틴 블레이저(Martin Blaser) 박사는 "항생제는 공짜가 아니라 값을 치러야 하는데, 사람이 항생제를 먹으면 이로운 장내세균도 죽이므로 면역력 약화로 인해 알레르기에 더욱 민감하게 된다."라고 하였다. 미국의 경우 식품알레르기 환자가 약

1,500만 명이며, 이 중 600만 명이 어린이 환자라고 한다. 미국 FDA는 미국에서만 식품알레르기로 매년 약 3만 명이 응급실을 찾고, 그중 약 2천 명이 병원에 입원하며, 약 150명이 사망한다고 추정하였다.

한편, 독일에서는 시중에서 판매되는 그릴 소스를 바른 고기의 14%에서 메티실린 항생제 내성 황색포도상구균(MRSA)이 검출되었다고 한다. 독일의 위해평가연구소는 해당 병원균이 항생제에 내성을 보이며, 호흡기 염증을 일으키는 등 건강에 해롭다고 경고하고 있다. 특히, 후추 양념을 한 돼지고기 목살 스테이크와 양념한 칠면조 간 스테이크에서도 MRSA균이 검출되었다고 하는데, 원인은 대량 사육된 가축들에 대한 항생제 오·남용으로 추정된다.

우리나라 역시 항생제가 오남용되고 있는 대표적인 국가 중 하나라 걱정이 많이 된다. 물론 항생제는 모든 국가에서 그 사용량이 엄격히 규제되고 있다. 병원이나 약국에서 직접적으로 사람에게 사용되는 항생제뿐 아니라 가축이나 식물, 물고기의 질병 치료와 예방 차원에서 사용되는 항생제가 약 두 배 정도 더 많아 이들이 식품을 거쳐 사람에게 되돌아와 유발시키는 항생제 내성 문제가 더욱 크다. 이 문제를 해결하기 위해서는 지금부터라도 정부와 보건의료 관계자, 농·수·축산업 생산자들이 적극적으로 나서야 하며, 소비자들도 오·남용을 막기 위한 노력으로 미래의 재앙에 철저히 대비해야 한다.

:: 사약

각시투구꽃 초오

지난 2011년 개봉된 영화「조선명탐정 각시투구꽃의 비밀」로 잘 알려진 "초오"라는 풀이 있다. 가을이 되면 우리나라 방방곡곡 깊은 산속에서 하늘색과 흰색의 예쁜 꽃을 피우는 쌍떡잎식물로서 투구꽃, 각시투구꽃, 세뿔투구꽃, 놋젓가락나물, 참줄바꽃, 지리바꽃, 이삭바꽃, 세잎 돌쩌귀, 그늘돌쩌귀로도 알려져 있다.

초오는 세계적으로는 약 200여 종이 알려져 있는데, 우리나라에는 18종이 발견된다. 높은 산의 냇가나 습한 그늘에서 20 cm 정도 높이로 자라며, 뿌리는 굵고, 줄기는 가

늘고 곧게 선다. 이름은 제각각이지만 투구를 쓴 듯한 모양의 꽃 생김새와 갈래진 잎사귀가 특징이다. 이들의 덩이뿌리는 모두 한약재인 "초오(草烏)"라는 이름으로 불리는데, 주로 미나리아재비과의 놋젓가락 나물과 바꽃류의 덩이뿌리를 가리킨다.

한약재로 널리 쓰이는 초오의 덩이뿌리는 일반 약재들에 비해 더욱 강한 독성을 갖고 있다. 위중한 병에 걸린 환자의 극심한 통증과 마비를 줄여 주는 효과가 있지만 한순간에 사람의 목숨을 끊을 수 있는 무서운 독(毒)이기도 하다.

예전에는 임금이 어명으로 내리던 사약(賜藥)의 재료로 부자(附子), 비상(砒霜) 등과 함께 이 초오를 많이 사용했었다고 한다. 신경을 마비시키고 사지를 오그라들게 하는 맹독이기 때문이다. 초오의 독성 성분은 알칼로이드인 아코니틴(aconitine)으로 알려져 있다.

고전에도 초오는 독성이 강해 이를 달여 활에 묻혀 짐승을 쏘면 바로 죽는다고 하였다. 약 2천 년 전부터 살상용이나 화살 독, 의료용 약재로 사용된 기록이 있다. 일반적으로 급성독성 정도를 비교할 때 사용하는 반수치사량인 LD_{50} 값을 살펴보면 아코니틴의 LD_{50}는 0.3 mg/kg으로, 곰팡이독인 아플라톡신(0.02), 복어독 테트로도톡신(0.01)보다 약 15~30배 독성이 약하다. 일본 지하철 독극물 테러에 사용된 사린(0.35)과 독성이 비슷하며, 청산가리(10)보다는 30배 정도 강한 독이다.

초오의 독성은 아코니틴의 함유량에 따라 달라진다. 그러나 약초로 채취된 초오는 아코니틴 함유량이 일정치 않아 그 독성이 때에 따라 다르기 때문에 부주의하거나 과량 섭취 시에는 위험하다. 또한 아코니틴을 과량 복용하면 호흡중추 또는 심근 마비를 일으킬 수 있다. 아코니틴의 부정맥 유발 효과는 이미 잘 알려져 있어 동물실험에서 부정맥 모델을 유도할 때 이 물질을 사용한다. 이렇듯 초오 중독은 급성독성이 강하고 부정맥을 유발시킬 수 있으나, 아직 해독제가 없어 위험한 생약재로 간주된다.

그러나 요즘도 초오를 잘못 먹고 사망했다는 보도가 간간이 나온다. 이는 초오는 우리나라 어디에나 자라며, 약재시장에서도 쉽게 구할 수 있기 때문이다. 홍콩의 한 병원에서는 민간요법에 의한 중독 사고의 70% 정도가 초오에서 기인한다고 보고한 적이 있다. 초오의 조제와 판매는 중국이나 대만에서는 이미 법적으로 규제되고 있으며, 우리나라 식약처도 초오, 부자 등을 건강기능식품에 사용할 수 없는 식물로 정하고 있다.

다행히 초오의 독성 성분인 아코니틴은 열에 약하기 때문에 물에서 끓이면 분해되어 독성이 약 1/10에 불과한 아코닌으로 바뀌어 독성이 약해지게 된다. 하지만 독성을

1/10으로 줄인다 해도 독성이 완전히 제거되는 것은 아니므로 섭취에 주의해야 한다.

초오는 건강기능식품으로서의 사용 규제뿐 아니라 한약재로서도 그 안전성과 유효성의 과학적인 규명, 의약품으로서의 안전관리 또한 요구된다. 소비자들은 초오의 위험성을 깨닫고 약제의 효능만 믿고 민간요법에 의지한 무분별한 섭취를 자제하고, 반드시 의사와 전문가의 조언에 따라 적절한 양을 섭취하는 습관이 필요하다.

비상

얼마 전 TV 드라마 「궁중잔혹사-꽃들의 전쟁」에서 "비상"이 든 과자를 먹여 한 상궁의 뱃속 아이를 독살하려 한 장면이 있었다. 1988년부터 한국경제에서 연재한 소설 『금병매』에도 이 비상이 독살에 사용되었다. 여기서 비상을 먹은 사람의 증상을 다음과 같이 적나라하게 묘사한다. "비상이 입으로 들어가면 잠시 후에 창자가 아파서 배를 움켜쥐고 냅다 고함을 지르게 된다. 그리고 곧 눈, 귀, 코, 입 일곱 개의 구멍에서 피가 쏟아진다." 그래서 비상을 먹였을 때는 미리 물과 수건 여러 장을 준비해 놓고, 고함 소리가 바깥으로 새나가지 않도록 이불을 덮어씌우고 꼼짝 못하게 누르고 있으라고 하였다.

비상(砒霜, arsenic trioxide)은 웅황(雄黃), 계관석(鷄冠石), 독사(毒砂)와 같은 황화물이나 제올라이트 알루미늄 및 비석(砒石)으로 산출되는 광물을 가열·승화시켜 얻는 결정 상태의 한약재를 말한다. 일찍이 중국과 우리나라에서는 비상을 비석, 비(砒), 인언(人言), 신석(信石), 백신석(白信石), 홍신석(紅信石), 비황(砒黃) 등으로 불렀다. 비상은 흰색과 붉은색을 띤 결정체의 두 형태가 있어 백신석과 홍신석으로 불렀다. 대체로 산화물은 흰색을 띠고 황화물은 붉은색을 띤다. 허준(許浚)의 『동의보감』에도 "비상은 큰 독(大毒)이라 쉽게 먹지 못하니, 약용으로 사용할 때에는 초(醋)에 달여 독을 죽여서 쓴다."라고 했을 정도로 독성이 강하다.

비석은 비소(砒素), 유황(硫黃), 철(鐵)로 구성된 광물이다. 비석은 대체로 흙덩어리처럼 무르며 은광(銀鑛) 또는 연광(鉛鑛)에서 나온다. 비소는 금속광택이 나는 결정성의 원소로 그 화합물은 독성이 아주 강하다. 흔히 비상이라 불리는 것은 삼산화비소(As_2O_3)인데, 강한 독성을 갖고 있고 사람을 독살하는 데 사용되었다. 일반적으로 급성독성 정도를 비교할 때 사용하는 반수치사량인 LD_{50} 값을 쥐를 대상으로 하여 살펴보면, 비상은 6 mg/kg로, 초오(아코니틴, 0.2 mg/kg)보다는 30배 독성이 약하고, 청산가리(10 mg/kg)

보다는 약 2배 독성이 강하다.

비상은 독성 때문에 취급에 주의해야 한다. 이는 약용 외에 사약(賜藥), 제초제, 살충제 등으로 사용하였고, 의료용으로는 적취(積聚)·담증(痰症)·백혈병치료제로 이용된다. 『오주서종박물고변』에 따르면 중국 진지(晉地)에서는 콩과 보리를 파종할 때 쥐를 쫓기 위해 반드시 종자에 비상을 섞어서 뿌렸다고 한다. 비상을 벼 뿌리에 묻혀서 심으면 풍작을 얻을 수 있어 비상이 매우 비싸게 팔렸다고 한다.

고전에 비상을 제조하는 사람은 바람 방향을 잘 살펴 '비상의 연기(砒霜氣)'를 피해서 있어야 하며, 2년 정도만 이 일에 종사하고 다른 곳으로 옮겨가야 한다고 한다. 그렇지 않으면 수염과 머리카락이 다 빠지고 건강한 사람도 아주 소량만 먹어도 그 자리에서 숨진다고 할 정도로 비상의 독성을 조심했었다.

약용으로 비상을 소량씩 계속 섭취하면 만성적으로 중독돼 소화기 장애, 결막염, 피부색소 침적 등을 일으킨다. 급성 중독되면 언어장애, 혼수, 복통 등을 일으키고 과량 섭취할 경우 사망에 이른다. 중독 시 해독제는 따로 없고 위를 세정하거나 구토제로 토해 내야 한다. 소비자는 의사의 처방에 따라서만 비상을 사용해야 하며, 민간의서나 구전으로 전래되는 비방을 맹신해 함부로 사용해서는 안 된다.

부자

생약 부자(附子)하면 조선시대 장희빈이 마시고 죽은 사약을 떠올리게 된다. 약 100년 전 신문들을 살펴보면 부자 관련 사건사고 기사가 자주 검색된다. 가정불화로 부자를 달여 먹고 자살한 사건도 있고, 또한 경상남도 합천에서 몸이 허해 보약으로 생각하고 양기를 보충하기 위해 부자를 잘못 먹고 급사한 사건도 있었다.

부자는 중국에서 온 미나리아재비과 여러해살이 초본식물로 키가 1~2 m 정도이며, 잎은 손바닥 형태를 띠고, 8~10월경 담자색의 두구 모양의 꽃이 핀다. 부자는 까마귀 머리를 닮았다고 해서 붙여진 오두(烏頭)의 초오라 불리는 뿌리에 붙어 자란다. 즉, 초오의 아들이라 할 수 있어 부자를 초오의 자근(子根)이라고도 하며, 초오에 붙어 있다 하여 붙을 '부(附)'자를 쓰고, 아들이라 하여 '자(子)'를 붙여 부자(附子)라고 불린다. 형태는 회흑색의 원추형이며, 매운맛에 특이한 냄새가 있고, 생부자를 혀에 대고 있으면 수초 내에 혀가 얼얼해지면서 마비가 온다고 한다.

한방에서 쓰는 약초 중 가장 성질이 뜨거워 양기 부족으로 겨울에 손발이 시리고 추위를 심하게 느끼는 사람에게 좋은 것은 인삼, 육계, 오수유, 소회향 등이 잘 알려져 있는데, 그중 으뜸이 부자이다. 부자의 약리 작용은 염증 제거와 진통 작용, 국소 마취 작용이 있으며, 각종 만성질환에 따른 양기 쇠약, 전신과 사지관절 마비 등 신경계통 질환, 냉감, 만성궤양, 곽란, 설사, 심장 강화 등에 효과가 있다고 한다. 그 외 혈압 상승, 항염, 진통, 항 한랭 작용, 면역 증강 작용, 뇌하수체 및 부신피질 흥분 작용, 혈당 강하 작용 등이 보고되고 있다. 외용으로는 신동 도포제, 류머티즘 통풍, 신경통 등에 쓰며, 발한, 이뇨, 살충에도 효과가 있다고 한다.

이러한 효능에도 불구하고 부자는 독성이 너무 강해 다루기가 어렵다고 한다. 알려진 부자의 독성은 과다 복용 시 신장 기능 이상을 시작으로 피부, 폐, 심장, 위장 이상 증세를 일으키며, 양이 최대가 되면 혼수상태가 되고 심장마비를 일으킨다. 특히, 열이 많은 체질의 사람은 복용 시 위험하다고 한다. 예전에는 임금이 어명으로 내리던 사약(賜藥)의 재료로 부자, 비상(砒霜), 초오를 많이 사용하였는데, 신경을 마비시키고 사지를 오그라들게 하는 알칼로이드인 아코니틴(aconitine)의 독작용이다.

일반적으로 급성독성 정도를 비교할 때 사용하는 반수치사량인 LD_{50} 값을 비교해 보면, 부자의 아코니틴은 300 μg/kg으로 사약으로 사용되는 쿠라레의 투보쿠라린(22 μg/kg), 복어독 테트로도톡신(10 μg/kg), 바다뱀독(100 μg/kg)보다는 약하지만, 일본지하철 독극물 테러에 사용된 사린(350 μg/kg)과 유사하고, 코브라독(500 μg/kg)보다는 2배, 청산가리(10,000 μg/kg)보다는 30배 독성이 강하다.

병서에 적을 이용해 적을 제거한다는 '이이제이(以夷制夷)'가 있다면, 의학에는 독으로 독을 다스린다는 '이독제독(以毒制毒)'이 있다. 이 말은 당(唐)나라 때 신청(神淸)이 지은 『북산집(北山集)』에 나오는 내용으로 "훌륭한 의사는 독으로써 독성을 멈추게 한다(良醫之家, 以毒止毒也)."라는 글귀에서 유래되었다. 사약으로 쓰였던 부자를 독성을 중화시키는 다른 약물과 혼용해 신경통, 류머티즘 관절염, 중풍, 반신불수의 등의 치료제로 사용했던 것이 이독제독의 한 사례이다. 현대 의학의 가장 큰 숙제인 암(癌)과 바이러스(virus)의 정복을 위해 최근 부자가 연구되고 있는 것도 이독제독의 예라고 할 수 있다.

칼과 화약처럼 독은 잘못 사용하면 해가 되지만, 제대로 사용하면 약이 된다. 용도에 따라 독이 되기도 하고 약이 되기도 하는 생약재의 특성을 잘 알고, 활용하는 지혜가 필요하다.

아주까리 리친

2013년 4월 15일 보스턴마라톤이 시작된 지 4시간 만에 대규모 폭탄 테러가 발생해 수백 명의 사상자가 발생하였다. 최근 러시아, 미국을 비롯한 세계 전역이 테러 공포로 몸살을 앓고 있다. 자살 폭탄도 위협적이지만 가장 위험한 것은 사람 손을 거치지 않고, 폭탄 없이, 소리 없이 일어나는 테러이다. 보스턴 테러 하루 뒤 미국 로저위커 연방 상원의원과 오바마 대통령 앞으로 수상한 우편물이 각각 배달되었다.

이 우편물은 다행히 사전에 정부 우편통제시설에서 차단돼 수신자에게 직접 전달되지는 않았으나, 그 속에는 아주까리(피마자)의 씨에 존재하는 독(毒)인 리친(ricin)이 들어 있어 충격을 주었다. 아주까리는 한해살이풀로 피마자종에 속한다. 인도, 소아시아, 북아프리카가 원산지로 추정되며, 열대 지역 전역에서 자라는 귀화식물이다. 기원전 4000년경 고대 이집트 유적에서 피마자 씨가 발굴되었고, 불교와 함께 중국에 전래되었다고 한다. 우리나라에는 고려 때 중국을 통해 유지 작물로 도입되었다.

피마자는 상업적으로 재배되는데, 피마자유(油)는 제약용, 산업용으로 사용하며, 열두 갈래로 갈라진 부채 모양의 멋지고 큰 잎 때문에 조경용으로도 심는다. 뻣뻣하고 가시가 있는 청동색에서 붉은색의 열매 송이가 아름답지만, 얼룩무늬가 있고 콩처럼 생긴 씨에 리친이 들어 있다. 그 씨를 피마자, 피마주, 아주까리라고 하며, 40～50%의 기름이 함유돼 있어 이를 압착하여 피마자유라는 기름을 짜낸다.

리친은 원료를 구하기도 쉽고 아주까리의 씨로부터 추출, 정제하는 것도 어렵지 않은 데다 맹독성이라 암살에 사용된 기록이 많다. 리친은 미량으로도 사람을 죽일 수 있을 정도로 독성이 강한데, 일반독성 정도를 비교할 때 사용하는 반수치사량인 LD_{50} 값은 쥐의 경구투여 시 체중 kg당 30 μg이다. 지상 최강의 독소인 보톡스(0.00003 μg/kg)보다는 100만 배, 복어독인 테트로도톡신(10 μg/kg)보다는 3배 독성이 약하지만, 독가스 사린(350 μg/kg)보다는 10배, 청산가리(10,000 μg/kg)보다는 300배 강한 독이다.

액체, 고체, 가루 형태를 띠고 있는 리친을 복용하거나 공기 중 가스 형태로 흡입 또는 주사로 투약할 경우, 몇 시간 내에 열과 구토, 기침 등 독감 증세를 보이다가 결국 폐와 간, 신장, 면역 체계가 무력화되어 사망에 이른다. 리친이 소화기계통에 들어가게 되면 장염과 위장염, 출혈설사, 구토 등의 증상을 일으키며 중추신경계도 영향을 줘 기절시킨다.

리친 중독 시 해독법은 아직까지 명확히 알려져 있지 않기 때문에 리친에 노출 시 가능한 한 신속히 오염원으로부터 대피하는 것이 중요하다. 리친이 집안에 뿌려졌다면 곧바로 집 밖으로 나가야 한다. 혹시 리친이 옷에 노출되었을 경우에는 즉시 옷을 벗어야 하는데, 옷에 손을 직접 대지 말고 오염 부위를 가위로 잘라내 버려야 한다. 또한 다량의 비누와 흐르는 물을 사용해 10~15분간 계속 씻을 것을 권고한다.

리친은 독이지만 테러와 같은 부정적인 용도로만 쓰이는 것은 아니다. 한방에서는 피마자기름을 변비 치료용 설사약과 무좀약으로 썼고, 볶은 기름은 식중독, 급성위장염, 이질 등의 치료제로 썼다고 한다. 세포를 죽이는 특성을 가진 리친을 암 치료 연구에 활용하는 연구도 현재 진행 중이라고 한다.

뱀독, 복어독, 리친 등과 같은 독소는 나쁘게 사용하면 독이지만 잘만 사용하면 약이 되기도 한다. 사실상 항생제도 곰팡이를 포함한 미생물이 생산하는 독이다. 이것이 사람 몸에 질병을 일으키는 병원성 세균을 죽이는 목적으로 사용될 때는 약이고, 유용한 세균이나 사람 세포에 독작용을 할 때는 독이 되는 것이다. 용도에 따라 독이 되기도 하고 약이 되기도 하는 리친과 같은 자연 독의 특성을 잘 활용하는 지혜가 필요하다.

독화살의 쿠라레

남미의 아마존강 유역에 사는 원주민들은 독화살로 사냥이나 전쟁을 해 왔다. 헤라클레스도 많은 괴물들을 히드라 독화살을 사용해 제압했었다. 이 독화살을 맞은 상대는 근육이 이완돼 몸을 움직일 수가 없고 마침내 호흡곤란으로 질식해 죽게 되는데, 큰 통증 없이 죽기 때문에 "조용한 살인자"라고도 불렸다. 화살에 묻혔던 대표적 화살독은 각시투구꽃(초오)의 아코니틴, 쿠라레의 포트쿠라린, 화살독개구리의 바트라코톡신 등이 있다.

쿠라레(curare)는 방기과나 부들레아속에 속하는 덩굴식물의 나무껍질이나 뿌리의 침출액으로 조제되는 독으로 원주민들이 많이 사용했었다. 유효 성분은 *d*-투보쿠라린이라는 일종의 알칼로이드인데, 척추동물의 신경근 접합부를 차단해 골격근을 이완시키지만 근육 자체는 영향을 받지 않는다. 즉, 동물의 중독사는 호흡근의 마비에 기인하며, 호흡중추가 억제되지 않으므로 중독 직후 인공호흡을 하면 살아날 수도 있다.

독화살에 맞아 독이 혈관으로 침투할 경우에는 치명적인 피해를 입히지만, 음식과 함께 섭취 시에는 위액에 쉽게 분해되어 거의 독작용이 없다. 그러므로 독화살로 잡은 동물의 살을 먹는 경우 중독되는 일은 거의 없다.

쿠라레는 수초 내에 사람을 죽일 수 있을 만큼 강력한 독이다. 일반적으로 급성독성 정도를 비교할 때 사용하는 반수치사량인 LD_{50} 값을 비교해 볼 때, 쿠라레의 투보쿠라린은 22 μg/kg으로 바다뱀(100 μg/kg)보다는 5배, 각시투구꽃(초오)의 아코니틴(300 μg/kg)과 일본 지하철 독극물 테러에 사용된 사린(350 μg/kg)보다 약 15배, 코브라독(500 μg/kg)보다 25배, 청산가리(10,000 μg/kg)보다는 5,000배 독성이 강하다. 그러나 곰팡이독인 아플라톡신(20 μg/kg)과는 독성이 비슷하며, 화살독개구리의 바트라코톡신(2 μg/kg)보다는 11배, 복어독 테트로도톡신(10 μg/kg)보다는 2배 독성이 약하다.

그러나 쿠라레는 여러 제약회사들이 약으로 활용하여 지금은 의료용 마취제나 환자의 근육을 이완시키는 경련치료제로 유명하다. 미국 식품의약국(FDA)은 2004년에 천연독을 활용한 '동양전통의학'을 인정한다는 허가 요건을 발표하였다. 그 후부터 세계 제약업계는 이러한 자연 독을 활용해 약을 개발하는 첨단 신약 사업에 연이어 뛰어들고 있다.

우리 조상들은 화단에 봉선화를 심어 뱀이나 양서류의 침입을 막았고, 장독대에는 방충 효과가 높은 풀로 벌레가 꼬이는 것을 막았었다. 개구리는 죽어 말라 비틀어질 때까지 썩지 않는다. 인간들은 이런 자연의 지혜를 보고 자신을 보호하고자 만들어진 자연 방어 독을 병원체나 해충을 죽이는 약으로 사용하기도 하고, 또 다른 용도를 개발해 제약 등 좋은 용도로 활용하고 있다.

:: 영양 성분

설탕

요즘 설탕 값이 폭등해 하늘을 찌른다. 국제 곡물가의 지속적인 상승이 이어지고 있기 때문이다. 유엔식량농업기구(FAO)가 발표한 2021년 5월 세계식량가격지수에 따르면 설탕값은 전년 동월 대비 57.4% 상승했다고 한다. 뉴욕 선물시장에서는 설탕 가격이 지난 1년간 73% 올랐고 24개 식품 원자재 품목 중 가장 큰 상승폭을 보였다고 한다. 최근 3년간 감소했던 설탕 생산량이 2021·2022 시즌에 반등할 것으로 예상되지만, 여전히 소비량에는 미치지 못할 것으로 FAO는 보고 있다. 이러한 상황에 국내 가공식품 값이 요동치고 있다. 설탕값 인상은 곧 가공식품 전체의 가격 인상을 의미하는 만큼 향후 제과·제빵 등 식품 가격이 일제히 오를 것이라는 관측이다.

최근 전 세계적인 설탕값의 주된 상승 원인은 '공급 차질'이다. 작년 기후 이상 변화로 설탕의 주요 산지인 태국, 러시아 등의 생산량이 줄고, 남미에 불어닥친 허리케인으로 니카라과, 온두라스 등 현지 사탕수수 농장에 큰 피해가 발생했다는 것이 주(主)요인이다. 특히, 세계 최대 사탕수수 생산국인 브라질에 91년 만에 최악의 가뭄이 닥쳐 사탕수수 수확이 줄면서 2021년 4월 중순 사탕수수 분쇄량이 전년 동기 대비 31% 줄었다고 한다. 게다가 자동차 연료인 알코올(에탄올)의 수요와 가격이 오르면서 설탕 생산업체들이 사탕수수에서 원당을 뽑아내는 대신 에탄올을 추출하면서 설탕 공급량이 감소한 점도 크게 한 몫하고 있다.

사실 설탕값 상승으로 설탕이 귀해지면서 설탕의 가치가 재조명될 것으로 기대된다. 요 근래 설탕은 21세기 담배로 불릴 정도로 공공의 적으로 규정되고 있다. 충치(蟲齒)와 비만(肥滿)은 물론 당뇨병, 고혈압, 우울증, 심장질환, 심지어 암(癌)의 원인으로 꼽히기도 한다. 이쯤이면 거의 독(毒)에 버금가는 취급이다. 설탕 입장에서는 억울할 만도 하다. 특유의 단맛과 칼로리 급원으로 인류를 사로잡으며 오랜 시간 귀한 대접을 받다가 갑자기 천덕꾸러기 신세로 전락했으니 말이다.

정말 설탕이 나쁘기만 한 걸까? 왕년에는 약(藥)으로 쓰인 귀한 선물이었고 각 나라가 서로 차지하려고 전쟁도 일으킨 적이 있는 금(金)보다 귀한 존재였었다. 이렇듯 설탕이 인류의 사랑을 받아왔던 건 단순히 맛 때문만은 아니었다. 18세기 이전까지 설탕은 유럽 의술에서 빼놓을 수 없는 존재였다. 기침, 열, 설사, 위장병 환자는 물론 흑사병에도 설탕을 처방하였다. 설탕이 만병통치약처럼 쓰인 이유는 그것의 당(糖) 성분이 신체 에너지의 원천이기 때문이다.

설탕은 희고 고운 눈과 같은 당이라는 뜻이 '설당(雪糖)'에서 유래되었다. 설탕은 과자, 빵 등 가공식품 제조에 필수이므로 16세기부터 세계 각국은 이를 확보하기 위해 필사적으로 노력해 왔다. 역사적으로 인류에 단맛을 준 것은 꿀이었으나 인도에서는 오래전부터 설탕을 이용하였고 알렉산더대왕에 의해 세상에 알려지기 시작하였다. 설탕은 사탕수수나 사탕무에서 얻은 원당을 정제해 만든 감미료로 자당(sucrose)을 주성분으로 하는데, 포도당(glucose)과 과당(fructose)의 중합체이다.

문명이 발달할수록, 국민 소득이 증가할수록 설탕 소비량이 많아지는 특성이 있다. 이에 세계 각국은 설탕을 인류의 건강을 해친 주범으로 몰며 앞을 다투며 설탕에 죄를 물리는 설탕세(sugar tax)를 도입해 왔다. 1922년 세계 최초로 노르웨이가 도입하였고, 2011년 헝가리, 2012년 프랑스와 핀란드에서 탄산음료에 부과한 것을 시작으로 2018년 영국, 아일랜드, 2020년 이탈리아 등 유럽 국가를 중심으로 확산되는 추세이다. 아시아도 2017년 태국, 2018년 필리핀, 2019년 말레이시아에서 이미 도입하였다. 남미의 멕시코, 칠레도 2014년부터 설탕이 들어간 음료에 부과하였다. 지난 2016년 WHO가 설탕세 부과를 권고한 이후 전 세계적으로 설탕세 도입이 확산되는 추세이다. 설탕세, 비만세 등 세계 각국의 움직임에는 비만을 비롯한 각종 건강 문제를 억제하겠다는 좋은 취지가 담겼다. 하지만 설탕에 대한 불평등한 세금 부과는 오히려 설탕에 대한 푸드패디즘(food faddism)을 유발하고, 설탕을 대체하는 인공감미료의 무분별한 사용을 조장할 수도 있다.

태생부터 나쁜 음식은 없다. 설탕도 마찬가지다. 사실 모든 음식은 그 양(量)에 따라 독이 될 수 있다. 지나친 당 섭취와 이로 인한 건강 문제를 경계해야겠지만, 잘못된 논리로 설탕을 마녀사냥하는 것은 무의미하다고 본다. 아마도 현대에 이르러 설탕이 싸고 흔해져 가공식품마다 들어가게 되면서 가치가 떨어지고 설탕을 과잉 섭취하면서부터 네가티브한 대접이 시작된 게 아닌가 생각된다.

앞으로는 어쩌면 설탕세를 물리지 않아도, 설탕 섭취를 줄이라고 캠페인하지 않아도 설탕값이 비싸져 가공식품에 많이 쓸 수가 없기 때문에 자연스레 설탕 사용과 섭취가 줄어들 것 같다. 설탕이든 소금이든 가격이 오르면 그 가치(價値)가 커지고 귀해져 많이 먹으라고 해도 먹을 수가 없으므로 부정적 건강 문제가 시장에서 자연스레 해결될 것으로 기대해 본다.

흑당

식음료업계가 '극한 단맛', '흑당'에 빠졌다. 흑당(黑糖)은 사탕수수즙으로 만든 비정제당으로, 흑설탕보다 짙은 빛깔을 띤다. 단맛이 진하고, 음료에 넣었을 때 진한 색의 시럽이 퍼지는 모습이 이색적이어서 인스타 등 SNS 이용자들에게 폭발적 반응을 얻고 있다. 대만의 '흑당버블티', 즉 공차가 국내 시장에 상륙한 이후부터 흑당이 선풍적 인기를 끌며 흑당 함유 신제품의 출시가 잇따르고 있다. 흑당밀크티, 흑당버블티, 흑당커피, 흑당시럽에 이어 흑당과자도 나온다. 그야말로 블랙푸드 열풍이다.

국어사전에서 '흑당(黑糖)'은 흑설탕(black sugar), 즉 정제하지 아니한 검은 빛깔의 사탕가루를 말한다. 이는 함밀당의 일종인데, 사탕수수의 줄기로부터 압착해 추출된 자즙(蔗汁)을 가열해 조려 만든다. 당도는 73~86도, 환원당이 14~2%, 수분 6~7%의 흑설탕이다.

흑당 열풍에는 '천연 마케팅'과 '건강 마케팅'이 한몫하였다. 흑당은 정제가 덜 되어 단맛이 덜하고 미네랄, 섬유질 등 사탕수수가 지닌 영양 성분이 약간 함유된 것이라 이를 소비자들은 건강한 맛이라 생각한다. 즉, 흑당을 백설탕, 흑설탕 등 정제당보다 몸에 더 좋은 천연시럽으로 착각한다는 점도 그 인기를 뒷받침하였다.

우리 민족은 유독 '천연(天然, 自然)'에 대한 로망을 갖고 있다. 반면, '정제(精製)'에 대해서는 인공적이라 거부감을 갖는 경향이 있다. 그간 방송에서 쇼 닥터나 가짜 전문가들이 얄팍한 지식으로 퍼뜨리기 시작한 천연 찬양에 세뇌당한 것은 아닌지 모르겠다. 아무튼 천연으로 돈을 벌려는 사람들의 무분별한 노이즈 마케팅이 분명 한몫했다고 본다.

『표준국어대사전』에 정제는 "정성을 들여 정밀하게 잘 만듦", "물질에 섞인 불순물을 없애 그 물질을 더 순수하게 함"이라고 정의하고 있다. 한마디로 이물질을 제거해 깨끗하게 정성들여 가치(價値)를 올린다는 좋은 의미이다. 시간과 돈을 들여 힘들게 정제한 식품임에도 불구하고 천연 그대로보다 천시당하고 있는 가장 대표적 음식이 바로 '설탕'이다. 백설탕은 원당, 즉 흑설탕을 정제한 것이다. 물론 '천연'이 좋은 점도 있다.

정제되지 않아 식이섬유나 비타민, 미네랄, 기타 생리활성 성분들이 포함돼 있고, 함께 작용해 '정제'보다 흡수율이 높아질 수가 있다. 그래서 효능이 높을 것이라는 근거가 있다. 그렇지만 그 양이 미미해 인체에 영향을 끼칠 정도는 아니라는 것이 중론이다.

최근의 흑당 음료의 유행은 오히려 과도한 당 섭취를 유발할 수도 있다. 시중에서 판매되는 흑당커피와 차(400g 기준)의 열량은 300~440 kcal인데, 이는 쌀밥 한 공기(210 g, 약 310 kcal)보다도 높은 수치이다. 당분 함량도 한 잔당 30~50 g으로, 세계보건기구(WHO)의 하루 섭취권장량인 50 g에 육박한다. 설탕이 많이 함유된 것으로 알려진 C사의 콜라(210 mL)에는 23 g, L사 사이다(190 mL)에는 16 g, 프리미엄 착즙주스인 P사 오렌지주스(190 mL)에는 23 g의 당류가 함유돼 있어 흑당 음료의 당 함량은 대부분 탄산음료나 과일주스보다 오히려 더 높다.

전형적인 내로남불이다. 소비자들은 흑당은 괜찮고 백설탕은 몸에 해롭다고 생각하거나 그리 믿고 싶은 것 같다. 사람들이 하고 있는 음식 관련 오해 중 가장 많은 것이 바로 '착한 당'과 '나쁜 당'이 따로 있다고 생각하는 것이다. 여기서 착한 당은 흑당과 같은 천연당을, 나쁜 당은 합성해 만든 정제당을 지칭하는 것이겠지만 이는 사실이 아니다. 단당, 이당, 올리고당, 탄수화물 등 여러 종류의 당을 섭취할 경우 이들이 즉각적으로 건강에 미치는 영향에는 조금씩 차이가 있지만, 시간이 경과하고 대사 능력이 탁월해 모두 단당으로 전환된다면 결국 비슷하다. 이러한 사실로 미루어 볼 때 당 섭취를 염려한다면 설탕뿐 아니라 다른 음식에도 신경 써야 한다.

이러한 '천연·건강 마케팅'으로 유발된 흑당 열풍의 가장 큰 피해자는 바로 소비자이다. 맛이나 기호, 문화로 흑당을 먹는 것은 이해가 되지만 건강한 당이라는 착각으로 흑당 음료를 지나치게 마신다면 오히려 건강을 망치는 정크푸드가 된다. 과학적 측면이나 실질적 음식의 가치로 살펴볼 때 흑당은 일부러 찾아 먹어야 할 정도로 건강에 도움을 주지는 못한다고 생각한다.

소금

태국 정부는 올해부터 소금세 부과를 시행한다. 2020년에 추진하였으나 코로나19 사태로 지금까지 연기해 오던 것이었는데, 자국민의 건강한 식생활을 위해 고나트륨 식품에 최대 880억 바트 규모의 소금세를 징수한다. 현재 태국 소비자의 나트륨 섭취량은 1인 1일 평균 3,600 mg 이상으로 세계보건기구(WHO) 권장량인 2,000 mg를 훨씬 뛰어넘기 때문이다. 징수 대상 품목은 라면, 냉동식품, 즉석죽 등 즉석식품, 생선통조림, 스낵 등의 순으로 그 규모가 전체 즉석식품 시장의 18%인 약 880억 바트(약 3조 1,530억 원)로 예상된다.

소금세(salt tax)는 프랑스, 영국 등 전쟁 및 사치스런 궁정 생활이 절정기에 달한 절대주의 시대에 왕실 재정의 중요한 부분을 차지하였다. 중국 당나라 때도 있었고 1930년 인도에서는 간디를 중심으로 소금세 저항 운동을 벌인 적도 있었다.

소금[鹽, NaCl]은 예로부터 인류의 생명을 유지하는 필수품이었다. 'Salary(급여)'가 'Salt(소금)'에서 유래하였듯 소금은 인간의 기본적 생존권이자 재화였다. 소금이 국가의 주요 수입원으로 여겨진 것도 이런 배경에서다. 소금은 육류와 채소 등 음식의 부패와 변질을 방지하고 인간의 건강과 활력을 유지하는 생명의 상징이다. 혈액의 0.85%를 차지하는 소금은 인간을 포함한 모든 생명에게 필수이다. 소금의 40%를 차지하는 나트륨(Na)은 짠맛을 내는 '조미료'이기도 하지만 생명 유지의 수호신이며, 미생물의 생육을 억제하는 '보존제' 역할도 한다.

최근 전 세계적으로 소금의 건강 위험성이 재조명되면서 인류의 소금 과잉 섭취가 문제시되고 있다. 특히, 우리나라는 환경과 식생활 특성상 장류, 젓갈, 김치 등 소금에 절인 고염식품의 섭취 비중이 높은 편이기 때문이다. 우리나라 나트륨 섭취의 80%가 찌개, 반찬 등 부식에서 기인한다고 한다. 전통적인 식습관이 그 원인이라 볼 수 있고 맞벌이 가정, 외식산업의 성장으로 인스턴트 가공식품의 의존도가 높아져 나트륨 과잉에 의한 고혈압, 뇌혈관질환이 증가 추세라고 한다.

이에 지구 전체가 '소금(나트륨)과의 전쟁'을 벌이고 있다. 특히, 우리나라는 정부 주도로 강력한 나트륨 저감화 정책을 펼치고 있다. WHO는 성인의 '1일 소금 섭취권장량'을 5 g으로 제시하고 있다. 나트륨으로 환산하면 2 g에 해당되는 양이다. 미국과 캐나다는 조금 높은 2.3 g을 권장하고 있다. 현재 우리 국민의 하루 평균 나트륨 섭취량은 3.89 g, 소금으로는 9.72 g으로 권장치의 2배가량에 이른다고 한다.

소금은 천일염, 재제소금, 태움·용융소금, 정제소금, 가공소금 등 종류가 다양하다. 가격도 천차만별인데, 포장 크기에 따라 가격이 연동되긴 하나 한 인터넷 쇼핑몰 1 kg 기준으로 정제염은 1,150원, 맛소금 4,800원, 히말라야 핑크솔트는 5,800~9,600원, 게랑드 천일염은 25,600원, 함초 천일염은 17,000~35,000원 등 가격이 정말로 다양하다. 9번 구워낸 죽염은 205 g에 45,000원이나 한다.

한편, 소금의 안전성 논란은 끊임없이 제기되고 있다. 특히, 천일염은 개펄에서 만들다보니 토사가 많이 섞여 있고 중금속 오염도 많은 게 사실이다. 작년 12월 식약처는 국민청원 안전검사제로 핑크솔트, 천일염 등 온라인에서 판매 중인 식염 총 81개 제품을 수거해 기준·규격인 중금속(비소, 납, 카드뮴, 수은), 불용분 항목을 검사한 결과, 모두 적합했다고 밝혀 안심이 된다.

소금은 과량 섭취 시 고혈압 등 인체에 해를 주고, 부족하면 체내 대사에 문제를 일으키는 '불가근(不可近) 불가원(不可遠)'의 물질이라 다루기가 참 어렵다. 캐나다 의사인 앤드루 멘트 교수의 연구 결과에 따르면 나트륨 과량 섭취 시 고혈압 환자는 심혈관질환 위험이 높아지지만, 혈압이 정상인 사람은 높아지지 않아 정상인은 소금을 많이 먹어도 크게 걱정할 필요가 없다는 것이다. 그래서 멘트 교수는 "나트륨 저감화는 건강한 사람이 아닌 고혈압이면서 나트륨 섭취량이 많은 사람만을 타깃으로 삼아야 한다."고 주장하였다.

물론 지금은 소금 과잉의 시대라 나트륨 섭취를 줄여야 한다는 생각에는 공감한다. 그러나 방법이 문제다. 인류의 목표는 '나트륨 섭취량'을 줄여 적절하게 균형을 맞추자는 것이지 '식품 중 나트륨 함량'을 줄이자는 것은 아니다. 지나치게 소금을 죄악시해 반드시 써야만 품질과 안전성이 유지되는 음식들까지 인위적인 저감화를 추진한다면 반드시 대가를 치를 것이라 생각한다.

모든 식품이 그러하듯 약(藥)과 독(毒)은 양으로 결정된다. 많이 먹으면 모든 음식이 독이 될 수 있기 때문이다. 나트륨 섭취량을 줄이려면 소금이 들어간 맛있는 음식을 적게 먹는 게 효과적이지, 음식의 소금 함량을 줄여 맛없게 많이 먹는 것이 대책은 아니다. 궁극적으로 나트륨 줄이기에 성공하려면 소비자의 마인드와 식습관이 무엇보다도 가장 중요하다. 강제적인 정부 주도의 규제는 단기적인 임시 처방에 불과하다. 소비자가 스스로 식품을 구매할 때 '나트륨 함량 표시'를 확인하고 생활 속에서 나트륨 섭취를 조절할 수 있는 능력을 갖춰야 한다.

나트륨

나트륨 섭취량이 지나치게 적어도 심혈관질환 위험이 높아질 수 있다는 연구 결과가 영국의 의학전문지 『랜싯(The Lancet)』 최신호(5월 20일자)에 발표되었다. 캐나다 맥매스터 대학 의과대학의 앤드루 멘트 임상역학-생물통계학 교수는 나트륨을 너무 적게 섭취해도 지나치게 많이 섭취하는 것 못지않게 심근경색, 뇌졸중 등 심혈관질환과 사망 위험이 높아질 수 있다는 연구 결과를 발표하였다. 결국 나트륨 억제는 고혈압이면서 나트륨 섭취량이 많은 사람을 표적으로 삼아야 한다고 멘트 교수는 지적하였다.

사람 혈액의 0.85%를 차지하는 소금은 인간을 포함한 모든 생명체의 생존에 필수적인 물질이다. 소금(NaCl)의 주성분인 나트륨(Na)은 조미료 역할도 하지만 생명 유지의 수호신, 식품 중 보존제 역할이 더욱 크다. 그러나 지나친 과량 섭취는 고혈압 등 인체에 해를 주고, 부족하면 체내 대사에 문제를 일으키는 '불가근(不可近) 불가원(不可遠)'의 물질이다.

캐나다 맥매스터 대학에서 49개국 총 13만 3천 명을 대상으로 진행했던 연구 자료를 종합 분석한 결과, 하루 나트륨 섭취량이 3 g 이하인 사람은 혈압이 정상인 경우 나트륨을 평균적으로 섭취하는 사람에 비해 심혈관질환 발생률이 26% 높고, 고혈압이 있는 사람은 심혈관질환 발생 위험이 34% 높았다고 한다. 이는 나트륨을 지나치게 적게 섭취하면 혈압에 상관없이 심혈관질환 위험이 높아질 수 있다는 것이다.

한편, 하루 나트륨 섭취량이 6 g 이상인 과량 섭취자 역시 고혈압이 있는 경우에는 심혈관질환 위험이 23% 높아지는 것으로 나타났다. 그러나 혈압이 정상인 사람은 나트륨 섭취량이 비록 많다 하더라도 심혈관질환 위험이 높아지지 않았다고 한다. 즉, 정상인은 소금을 많이 먹어도 지나치게 걱정할 필요가 없다는 증거이다.

덧붙여 엔드루 멘트 교수는 이번 연구로 현재 국가별로 권장되고 있는 적정 나트륨 섭취량이 지나치게 낮게 책정되어 있다고 해석하였다. 미국과 캐나다의 경우 나트륨 1일 섭취권장량이 2.3 g(소금 1티스푼에 해당)이며, 우리나라는 2 g(소금으로 5 g)이다. 캐나다의 경우 이 권장량을 지키는 사람은 5%도 안 되며 대부분 1일 섭취량이 3.5~4 g(소금으로 8.25~10 g)이라고 멘트 교수는 밝혔다. 우리나라의 경우도 마찬가지 상황일 것으로 추측된다.

최근 전 세계적으로 소금의 과잉 섭취가 재조명되면서 소금의 인체 위험성 문제가 이슈화되고 있다. 특히, 우리나라 식생활 특성상 장류, 젓갈류, 김치 등 고염식품의 섭취 빈도가 높고 가공식품 의존도가 점차 높아지고 있어 나트륨 과잉에 의한 고혈압, 더 나아가 뇌혈관질환이 문제되고 있다. 이에 따라 현재 우리나라 정부는 나트륨 저감화 정책을 그 어느 나라보다도 강력히 추진하고 있다.

물론 나트륨 저감화가 필요한 시기는 맞다. 그러나 방법이 문제인데, 소금의 주성분인 나트륨 저감화 운동은 나트륨 '섭취량'을 줄이는 것이 목적이지 '식품 중 나트륨 함유량'을 줄이자는 취지는 아닐 것이다. 캠페인에는 공감하나 지나치게 소금을 죄악시하고 소금을 반드시 써야 하는 식품, 소금을 다량 함유해야만 품질과 안전성이 유지되는 식품들까지 싸잡아 인위적인 저감화를 추진한다면 반드시 대가를 치르게 될 것이다.

나트륨은 많이 먹어도 문제, 적게 먹어도 문제이다. 우리나라 국민들이 일반적으로 나트륨을 과량 섭취하는 것으로 알려져 있지만 실제 권장량보다 적게 섭취하는 사람도 있을 것이다. 나트륨 저감화는 인류의 목표가 아니라 건강한 삶, 행복한 삶의 수단일 뿐이다. 많이 먹든 적게 먹든 선택은 결국 소비자 스스로가 해야 한다. 나트륨 섭취 저감화든 적절한 섭취든 궁극적으로 줄이기에 성공하려면 나트륨을 적절히 섭취하고자 하는 소비자의 마인드와 식습관이 가장 중요하다. 강제적 영양 성분 규제 정책보다는 소비자 계몽과 캠페인, 표시를 통한 건전한 선택이 최선책이라 생각한다.

지방

> 지방(fat)은 요즘 온갖 성인병의 주범으로 몰리면서 천덕꾸러기 신세가 되고 있다. 그러나 사실 지방은 인간의 생명 유지에 없어서는 안 될 필수적인 귀중한 존재이다. 1 g당 9 kcal(Cal)의 에너지(열량)를 제공하며, 지용성 비타민(비타민 A, D, E, K)의 체내 흡수와 이용을 돕는다. 식약처는 2007년 12월부터 트랜스지방 저감화를 유도하기 위해 함량 표시를 의무화하였으며, "1회 제공량당 트랜스지방이 0.2 g 미만일 경우 0 g으로 표시토록 허용"하여 가공식품 중 획기적인 트랜스지방 감소를 이뤄냈다.

유지(油脂, lipid, fat & oil)는 지방(fat)과 기름(oil)으로 나뉘는데, 모든 지방이 혈관 건강에 해로운 것은 아니다. 유해성은 포화지방(주로 동물성 지방)과 트랜스지방에 비해 불포화지방(주로 식물성 및 생선 지방)이 좀 덜하다. 상온에서 고체 상태로 단단하게 굳어 있는 기름이 바로 포화지방(saturated fat)인데, 쇼트닝, 돼지비계, 쇠기름(우지), 닭 껍질, 버터 등에 많이 함유되어 있다. 생선을 제외한 대부분의 동물성 지방은 포화지방의 비율이 불포화지방보다 높으나, 고등어, 참치, 정어리 등 소위 등푸른생선은 오히려 불포화지방 함량이 더 높다.

불포화지방(unsaturated fat)은 상온에서 액체 상태인 기름에 많이 함유되어 있다. 참기름 등 식물성기름, 도코사헥사엔산(docosahexaenoic acid, DHA), 에이코사펜타에노산(eicosapentaenoic acid, EPA) 등 생선기름, 건강기능식품 소재로 널리 쓰이는 스쿠알렌, DHA, EPA, 올리브유, 달맞이 종자유(EPO) 등이 대표적이다.

트랜스지방(trans fatty acid)은 요즘 한창 악명을 떨치고 있다. 이는 불포화지방산의 일종으로 포화지방산과 유사한 성질을 보이는데, 상온에서 액체인 식물성기름(불포화지방)을 고체지방(경화유)으로 바꾸는 과정에서 주로 생성된다. 마가린과 쇼트닝이 대표적인 트랜스지방 함유 식품이다. 트랜스지방산은 저장성 연장, 산패 방지, 안정성 강화, 고소한 맛과 특유의 향기 부여, 바삭바삭한 질감 제공 등 장점이 커 식품산업에서 많이 활용되고 있으나, 비만 유발, 저밀도지방산(LDL) 증가, 심장병, 동맥경화 유발, 당뇨병 유발 등 단점이 부각되고 있다.

콜레스테롤(cholesterol)은 체내에서 세포막과 담즙산 생성에 필수적인 성분이며, 성호르몬과 비타민 D의 체내 합성을 돕는다. 그러나 콜레스테롤은 음식을 통해 섭취하지 않더라도 충분한 양이 체내에서 만들어지기 때문에 필수영양소로 분류되지 않는다. 간 등 체내에서 합성되는 콜레스테롤의 양은 음식을 통해 섭취하는 콜레스테롤의 양의 두 배 이상이라고 한다.

우리 국민 한 사람이 하루에 섭취하는 지방의 양은 평균 46.1 g으로 하루 섭취 총열량(2,000 kcal)의 20% 가량을 지방을 통해 얻는다고 한다. 식약처에서 제시하는 지방의 1일 권장섭취량(영양소 기준치)이 50 g이고, 세계보건기구(WHO)의 열량의 30%인 60 g 이하 권고치와 비교하면 아주 양호한 수준이다. 그러나 최근 서구화된 식생활로 지방 섭취량이 빠르게 증가하고 있다는 것이 문제다. 특히, 햄버거, 피자 등 패스트푸드와 육류 섭취를 즐기는 어린이와 청소년의 지방 섭취량은 이미 위험 수준이라고 한다. 지방 중 특히 포화지방은 가능한 적게 먹는 것이 좋은데, WHO는 포화지방 섭취량을 하루 총 섭취 열량의 10% 이하(20 g 이하)로 권고하고, 식약처도 포화지방의 1일 권장섭취량을 15 g으로 정하고 있다.

WHO와 미국심장협회(AHA)는 트랜스지방의 하루 섭취량을 총열량의 1% 이하로 권고하는 가이드라인을 제시하고 있다. 즉, 트랜스지방의 1일 섭취량을 2.2 g 이하로 제한한다는 것이다. 그러나 국내 성인은 1일 평균 2.6 g을 섭취하고 있어 위해성이 우려된다는 한국식품연구원의 보고도 있다. 식약처는 콜레스테롤의 1일 권장섭취량(영양소 기준치)을 300 mg으로 정하고 있다. 이렇듯 세계 각국은 인류의 과체중 및 비만율의 급격한 증가를 지방의 과잉 섭취에 초점을 맞추고 있는 추세이다.

지방을 과다 섭취하면 혈중지방의 농도가 상승되고 이로 인해 동맥의 벽에 지방 찌꺼기가 계속 쌓여 동맥(혈관)이 점점 좁아진다. 이것을 동맥경화라 하는데, 협심증, 심근경색, 뇌졸중 등 혈관질환의 주요 원인이 된다. 이 중 특히 포화지방이 혈관질환의 주범인데, 포화지방이 높은 식품을 즐겨 먹으면 혈중 콜레스테롤과 중성지방 수치가 올라간다.

지방 섭취가 우려되는 또 다른 이유는 바로 비만(肥滿)이다. 비만은 고혈압, 당뇨병 등 성인병에 걸릴 위험을 증가시키는데, 특히 소아 비만의 40%, 청소년 비만의 70%가 성인 비만으로 이어질 가능성이 높다는 것이다. 7~12세 어린이의 16.9%, 13~19세의 21.8%는 지방 섭취가 과잉이며, 트랜스지방 섭취량의 경우 성인(0.18 g)보다 어린이가 3배(0.48 g) 높다고 한다. 또한 체중과 비만으로 인한 사회경제적 비용은 직접의료비(6,212억 원)와 소득 상실 등 간접비를 포함하면 1.4조 원에 이른다는 보고도 있다(한국영양학회지, 2005).

트랜스지방은 불포화지방의 일종이지만 포화지방처럼 혈관질환의 주범으로 지목받고 있다. 이는 혈중 저밀도세포단백질(low density lipoprotein, LDL) 콜레스테롤을 증가시키며, 성인병의 원인이다. 영국의 의학지인 『The Lancet』은 트랜스지방이 뇌세포 교란, 필수지방산의 활동을 저해하며, 트랜스지방의 섭취가 2% 상승하면 심장병 발생 위험이 25%, 당뇨병 발생 위험이 40% 상승한다고 한다. 또한 미국 하버드대에서는 트랜스지방 대신 불포화지방을 섭취하면 미국에서 연간 3만~10만 명의 심장병 사망을 예방할 수 있다는 보고도 있었다.

혈중 콜레스테롤 수치가 정상 범위를 벗어난 것은 혈관 건강에 적신호가 켜진 것이다. 심장, 뇌 등으로 가는 혈관 내벽에 콜레스테롤이 과다 축적된 상태가 동맥경화인데,

식품을 통한 콜레스테롤의 섭취를 절반으로 줄이면 혈중 콜레스테롤 수치가 25% 가량 떨어진다는 연구 결과도 있다. 콜레스테롤은 우리나라 「식품위생법」상 적게 들어 있다는 사실을 강조하는 '강조표시'를 할 수 있다. 일정 요건만 갖추면 '무 콜레스테롤' 또는 '저 콜레스테롤'이라고 표시가 가능하다. '저 콜레스테롤' 표시는 식품 100 g당 콜레스테롤 20 mg 미만(혹은 100 mL당 10 mg 미만) + 식품 100 g당 포화지방 1.5 g 미만(혹은 100 mL당 0.75 g 미만) + 포화지방이 열량의 10% 미만일 경우에 할 수 있다. '무 콜레스테롤' 표시는 다른 조건은 같으며, 식품 100 g당 콜레스테롤 5 mg 미만(혹은 100 mL당 5 mg 미만)이여야 한나. 그러나 콜레스테롤은 동물성 식품에만 들어 있으며, 곡류, 과일, 채소, 견과류 등 식물성 식품에는 함유되어 있지 않아 선택적으로 섭취가 가능하다.

정부와 식품산업의 노력 덕분에 시중 판매제품의 지방 공급량이 많이 줄었으나 소비자의 조리식품 섭취나 식사 습관 등에 따라 이러한 노력이 빛을 잃을 수도 있다. 지방은 항상 나쁜 것이 아니라, 일정량은 생명 유지에 필수적이다. 소비자는 지방함량이 낮은 제품만 무턱대고 찾아 구매할 것이 아니라 섭취권장량을 잘 따져 적절한 지방 섭취량을 스스로 조절하는 능력과 유연성을 발휘해야 한다.

부분경화유, 트랜스지방

2015년 6월 16일 미국 식품의약국(FDA)은 트랜스지방의 주된 공급원인 '부분경화유(partially hydrogenated oils, PHO)'를 일반적으로 안전하다고 인정되는(GRAS) 식품첨가물 목록에서 제외하였다. 게다가 3년간의 유예기간을 두고 사용 금지명령을 내려 2018년 6월부터는 부분경화유를 첨가해 만든 식품을 팔면 처벌을 받는다.

미국 FDA는 이번 조치로 미국 내 심장마비 발생을 연간 2만 건 줄여 약 7천 명의 목숨을 구할 것으로 추정하였으며, 소요 비용 60억 달러(약 6조 7천억 원)에 향후 20년간 약 1,400억 달러(156조 5천억 원)의 편익을 얻을 것으로 추정하였다. 그러나 국내 언론 중 상당수가 미국 FDA가 "부분경화유(PHO)를 퇴출하였다."라는 보도 대신에 "트랜스지방을 퇴출하였다."라고 잘못 발표하는 바람에 소비자들이 혼란스러워하고 있다. 트랜스지방산과 글리세롤이 결합한 형태인 트랜스지방(trans fat)은 식품첨가물이 아니며, 부분경화유가 정확한 용어이다.

트랜스지방은 천연적으로도 존재해 식품으로부터의 완전 퇴출이 불가능하다. 우유에는 2~5%, 모유의 지방 성분에도 1~7%의 트랜스지방이 섞여 있다. 우리나라의 경우 식품 30 g당 0.2 g 이하 함유된 경우 '트랜스지방 제로(0)'로 표시할 수 있다. 미국 FDA도 트랜스지방 함량이 100 g당 0.5 g 미만인 경우 함량을 제로(0)로 표시할 수 있도록 허용하고 있다. 이런 미량의 트랜스지방은 제거하기도 어렵고 크게 해가 되지 않기 때문에 굳이 제거할 필요가 없다.

지방(fat)은 요즘 온갖 성인병의 주범으로 몰리면서 천덕꾸러기 신세가 되고 있다. 그러나 사실 지방은 인간의 생명에 없어서는 안 될 필수 물질로 g당 9 kcal(Cal)의 에너지(열량)를 제공하며, 지용성 비타민(비타민 A, D, E, K)의 체내 흡수와 이용을 돕는다. 액체 상태의 '불포화지방'은 산소를 만나면 산패되기 때문에, 이를 방지하고 보존성 향상을 목적으로 불포화지방을 고체 상태로 가공하게 되었다. 이러한 경화(고체화) 과정에서 수소를 첨가했을 때 분자구조의 형태에 따라 트랜스지방이 생성되는 것이다. 마가린과 쇼트닝이 대표적인 트랜스지방 함유 식품인데, 2004~2005년 식약처 조사 트랜스지방 함유 고순위 가공식품을 살펴보면 스낵 과자, 비스킷, 페스트리, 케이크, 초컬릿, 전자레인지용 팝콘, 피자 등이 해당된다. 그러나 일반적으로 트랜스지방 함유량이 높을 것으로 여기는 햄버거와 감자튀김은 실제 트랜스지방을 거의 함유하지 않아 제로(0 g)로 표시되고 있다.

트랜스지방을 만드는 부분경화유가 식품가공에 쓰이기 시작한 것은 100년이 넘었다. 독일 화학자 빌헬름 노르만이 실험실에서 액체 천연지방(기름)에 수소를 첨가해 버터와 같은 고체 형태의 트랜스지방을 처음 발견하였다. 당시 트랜스지방은 무엇보다도 값이 싸고, 기름의 산패를 방지해 보존기간을 연장하였고, 고소한 맛과 특유한 향을 내 획기적인 발명으로 여겨졌다.

이후 1909년 프록터 앤 갬블(P&G)사가 노르만 박사로부터 트랜스지방 제조 특허를 구매해 1911년 최초의 쇼트닝, 트랜스지방 제품인 '크리스코(Crisco)'를 시판하였다. 1950년대 쿠머로우 박사는 심장질환으로 사망한 사람들의 동맥을 조사하던 중 많은 양의 트랜스지방이 포함돼 있다는 사실을 발견하였다. 이때부터 쿠머로우는 행동하는 학자로 변신해 트랜스지방 추방 운동에 앞장서게 되었다.

1990년대 접어들면서 트랜스지방은 식품가공에는 도움이 되나 사람의 건강에는 해가 된다는 분석이 잇따르게 되었다. 21세기가 되자 트랜스지방이 동맥경화, 심장질환, 당뇨 등 성인병 유발은 물론 기억력, 성기능까지 감퇴시킨다는 보고가 연이어 나오게 되었다. 2006년에는 미국 FDA가 가공식품 표시(label)에 트랜스지방 함유량 표기를 의무화하였고, 뉴욕시는 모든 레스토랑에 트랜스지방 사용을 금지시켰다. 이후 2009년 쿠머로우 박사는 미국 FDA에 트랜스지방 사용금지를 요구하는 시민 청원을 냈고, 2013년에는 미국 FDA와 보건부를 상대로 소송을 제기하였다. 2015년 6월 16일 마침내 트랜스지방으로 대표되는 부분경화유는 GRAS 목록에서 제외되며, 가공식품으로부터 퇴출 명령을 받게 되었다.

미국 FDA의 이번 결정은 전 세계 식품업계에 큰 파장을 불러올 것이다. 수 년 전부터 그 사용이 줄어들긴 했지만, 미국의 가공식품 제조업체들은 3년 후 '부분경화유' 사용을 중단하거나, 자사의 부분경화유가 안전하다는 사실을 입증해 FDA의 예외 승인을 받아야만 사용할 수 있다. 우리나라 정부와 식품산업계는 이미 10년 전부터 트랜스지방 저감화를 위해 노력해 왔으며, 현재 우리나라는 전 세계적으로 트랜스지방을 가장 적게 섭취하는 나라가 되었다. 우리나라 소비자들에게 노출된 트랜스지방의 위해 가능성은 거의 없어 미국발 부분경화유 금지 조치가 당분간 우리나라에는 큰 영향을 주지 않을 것으로 생각된다.

고지방-저탄수화물 다이어트 식이

요즘 '고지방-저탄수화물 다이어트 신드롬'으로 버터가 품귀 현상을 빚고 있다고 한다. 한때 다이어트의 적으로 알려졌던 지방이 오히려 살을 빼는 데 효과적이라는 사실이 알려지면서 최근까지만 해도 지는 제품군이었던 버터가 제 세상을 만난 것이다. 게다가 버터 인기에 편승한 천연 마케팅으로 '천연버터'까지 나와 난리가 났다고 한다. 버터는 없어서 못 팔고 치즈, 삼겹살도 인기가 하늘을 찌르는데, 안 그래도 남아돌아 문제인 쌀은 더 팔리지 않는다고 한다.

사실 지방은 항상 나쁜 것이 아니라, 인간의 생명 유지에 없어서는 안 될 필수적인 존재이다. 1 g당 9 kcal(Cal)의 에너지(열량)를 제공하며 지용성 비타민(비타민 A, D, E, K)의 체내 흡수와 이용을 돕는다. 우리 국민 한 사람이 하루에 섭취하는 지방의 양은 평균 46.1 g으로 1일 섭취 총열량(2,000 kcal)의 20% 가량을 지방을 통해 얻는다고 한다.

식약처에서 제시하는 지방의 1일 섭취권장량(영양소 기준치)이 50 g이고, 세계보건기구(WHO)의 60 g 이하 권고치와 비교하면 양호한 수준이다.

사람들은 건강에 문제가 생기면 자신의 식습관과 생활습관은 생각지 않고, 그 원인을 죄다 음식에 돌린다. 고기, 달걀, 우유, 밀가루, 패스트푸드, 탄산음료, 설탕, 소금, 첨가물 등등 누가 일부러 먹인 게 아니라 자신이 선택해서 먹은 것인데도 음식이 나빠 그렇다고 하고, 그걸 만들어 파는 사람에게 죄를 뒤집어씌운다. 그러나 약은 부작용이 생기거나 수면제 등을 남용해 과량 복용하고 자살한 사람의 책임을 수면제에다 돌리거나 만들어 판 제약회사에 물리지는 않는다. 유독 식품에만 그렇게 화풀이를 한다.

작년 WHO 산하 국제암연구기관(IARC)에서는 고기를 1군 발암물질로 지정하기도 했지만, 반대로 "고기 먹는 사람이 오래 산다."고 주장하는 학자들이 더 많다. 고기가 주는 면역 강화 효과를 더 크게 본 것이다. 실제 고기를 잘 먹지 못하던 과거와 북한과 같은 빈곤국 국민들의 평균수명이 더 짧다. 한국의 기대 수명이 해방 전 45세 미만, 1960년 52.4세, 2005년 78.5세, 2021년 현재 83.6세(여자 86.6세, 남자 80.6세)로 급격히 늘어나고 있는 것을 보면 알 수 있다. 1980년대 이후 설탕 소비량은 지속적으로 감소해 왔지만 비만율은 폭발하고 있다. 비만율의 원인은 설탕이 아니라 총칼로리 섭취량의 증가였다. 즉, 주된 열량원이 무엇인가가 아니라 양이 문제였다는 것이다. 물론 자동차 등 편리한 교통수단의 보급으로 운동량 부족 등도 거들었을 것이다.

지방을 떠나 건강을 해친 원흉인 나트륨, 당 등 사람이 먹는 모든 음식은 양면적이다. 어느 음식도 예외가 없다. 약점을 후벼 파 해코지를 하려 한다면 모든 음식을 다 악(惡)으로, 독(毒)으로 만들 수가 있다. 대부분의 전문가들은 '고지방-저탄수화물 식단'을 해서는 안 된다고 하고 '고지방 다이어트'가 무조건 지방을 많이 먹으라는 뜻은 아니라고 한다. 비만 등 성인병이 걱정이라면 "저지방식이냐, 고지방식이냐, 저탄수화물이냐, 고탄수화물이냐"를 논할 것이 아니라 식사량을 줄이고 소모 칼로리를 늘여 체내 총 잉여 칼로리를 줄이는 방향으로 접근해야 옳다.

음식이 원인이 되어 건강을 해치는 원인은 복합적이다. 비만이나 건강을 잃은 원인을 식품 자체에만 돌리지 말고 편식, 과식, 폭식, 야식, 운동 부족 등 나쁜 습관에 있는 게 아닌지 다시 한번 생각해 보고, 절제된 식습관과 생활 습관을 지키도록 노력하기를 당부하고 싶다. 음식이 무슨 죄가 있는가? 먹을 '식(食)' 자는 '사람 인(人) + 좋을 량

(良)'이다. 즉, 사람에게 좋은 것을 말한다. 오남용하고 탐닉하고 나쁘게 만든 사람이 잘못이다. 죄 없는 음식을 나쁘게 만들어 공포를 조장하는 사람들에 대한 경고가 필요한 시점이다.

프로틴(단백질) 식품

작년부터 열풍을 몰고 온 '덤벨 경제'와 면역 강화에 대한 욕구를 불러일으킨 코로나19의 만남으로 올해 '프로틴(단백질)' 식품 열풍이 불고 있다. 특히, 최근 홈트(집에서 트레이닝하는)족이 늘면서 기존 젊은 청년들과 여성들 사이에서 인기를 끌던 프로테인 식품이 중장년층, 고령자들에게까지 확산돼 주목을 끌고 있다. 몸을 만드는 단백질과 함께 미용에 대한 관심으로 단백질의 일종인 콜라겐의 인기도 꾸준하다.

'프로틴(protein, 단백질)'은 이전에는 보디빌더, 운동선수 등 몸을 만들 사람만이 사용한다는 이미지가 강하였다. 그러나 최근에는 단백질이 면역 강화와 몸에 필요한 필수 영양소라는 인식이 확산되고 운동을 즐기는 인구가 증가하면서 일반인에게도 열풍이 불고 있다. 프로테인 열풍의 진원지인 일본은 2013년 이후 매년 두 자릿수 성장을 이어가며 관련 시장의 급성장 추세를 보인다. 고령화 사회에 진입해 시니어 층과 건강을 갈망하는 사람이 증가하고 있는 만큼 프로테인 시장은 더더욱 확대될 것으로 예상된다.

작년부터 일고 있는 덤벨 경제(dumbbell economy)는 '건강 및 체력 관리를 위한 지출이 증가하는 현상'을 일컫는다. 게다가 '워라밸(work and life balance)'의 유행으로 삶의 질을 추구하는 풍조가 확산되면서 특히 주목받고 있다. 그 영향으로 스포츠 시설 이용 및 운동 관리 앱 사용 증가, 단백질 보충제 섭취 증가 등 건강을 위한 소비가 늘고 있다.

게다가 코로나19 영향으로 재택근무, 사회적 거리두기로 집에 머무는 시간이 늘면서 중장년층들도 면역력 향상을 위한 운동을 하기 시작하며 프로테인 식품을 찾게 되었다. 또한 고령화 사회 진입으로 사회 주도층이 된 노인들의 면역 강화 노력과 근육 만들기도 한몫하고 있어 더욱 인기를 끌고 있다. 이러한 니즈에 맞춰 과거 잘 팔리던 대용량 분말타입의 헬스보충제나 닭 가슴살을 넘어 프로테인 음료나 바 타입, 요거트, 쉐이크 등 간편하게 먹을 수 있는 다양한 제품이 출시되며 시장을 키우고 있다. 시중 대표

제품으로는 매일유업의 셀렉스, 일동후디스의 하이뮨, 푸르밀의 퍼펙트 파워쉐이크, 빙그레의 요플레 프로틴, 풀무원 다논의 고단백 발효 요거트 오이코스(OIKOS) 등이 있다. 또 한편으로 요즘 국내외에서 식물성 단백질원, 비상식량으로 핫한 두부도 넓게 보면 프로테인 열풍의 일종으로 봐야 한다.

그러나 프로틴의 효과를 지나치게 과장한 광고들도 판치고 있다. 주로 화장품에 많지만 일반식품이나 건강기능식품도 꽤 많다. 특히, 단백질의 일종인 콜라겐 함유 제품을 미용 목적으로 허위 또는 과대 광고하는 사례가 여전히 가장 많다. 사실 콜라겐은 단백질 덩어리라 흡수되려면 소화 과정을 거쳐 아미노산이나 저분자의 펩타이드로 분해되어야 한다. 콜라겐 자체는 온전히 흡수되지 않으므로 콜라겐을 먹으나 고기 같은 다른 단백질을 먹으나 아미노산을 먹으나 같다. 물론 콜라겐을 우리 몸에서 합성하는 데 필요한 아미노산이 더 많이 흡수될 가능성은 있겠으나 그 영향은 미미하다고 봐야 한다.

콜라겐을 먹는다고 반드시 콜라겐이 우리 몸에서 다시 만들어진다는 보장이 없으니 눈에 띄는 미용 효과를 원하는 사람은 콜라겐을 먹어도 소용이 없다. 특히, 사람이 먹는 건강기능식품이나 화장품 원료는 대부분 생선 콜라겐이고 일부가 돼지나 소 콜라겐이라 그대로 흡수될 리도 없겠지만 설령 그렇다고 하더라도 사람 콜라겐도 아니니 사람에게 그대로 저장될 턱이 없다. 콜라겐이 부족하면 피부의 탄력이 떨어지고, 주름살이 증가하는 건 맞는 말이지만 이걸 먹거나 바른다고 우리 몸에서 콜라겐이 생긴다는 것은 사실이 아니다.

그리고 고단백 식품이 꼭 좋은 점만 갖고 있는 것은 아니다. 당연히 단점도 있는데, 식품 중 존재하는 미생물의 증식을 촉진시켜 부패가 빠르고 변질이 용이하며, 해충 발생 등 안전성에 취약한 측면도 있다. 최근 세계적인 영국계 기업 마이프로틴에서 생산한 초코바 형태의 단백질 보충제에서 수십 마리의 벌레 떼가 발견돼 논란이 일기도 하였다.

이렇듯 프로테인 제품은 잘만 활용하면 좋은 음식이나 보관에 주의해야 하고, 탐닉하며 너무나 큰 기대를 걸거나 의존하면 실망할 수 있으니 제대로 알고 이용하는 지혜가 필요하다.

인산염 : 커피믹스

N유업은 최근 출시한 커피믹스 신제품이 기존 커피믹스 크리머에 사용한 첨가물인 '인산염'을 뺀 획기적 제품이라고 대대적으로 선전 중이다. 현재 우리나라 커피믹스 시장 점유율은 D식품이 약 80%를 차지하고 있고, N유업을 포함한 기타 업체들이 나머지 20%를 나눠 차지하고 있다.

이런 독점적 시장에서 N유업이 난공불락의 커피믹스 시장 공략을 위해 인산염 카드를 꺼내들었다. N유업은 커피믹스에 들어가는 첨가물의 80%를 차지하는 카제인과 인산염을 천연원료로 대체해 자연식품에 가까운 커피믹스를 탄생시켰으며, 인산염을 쓰지 않고도 커피가 잘 용해될 수 있는 기술을 특허 출원했다고 한다. 이것이 경쟁제품을 비방한 것인지 소비자의 건강을 위한 안전성 문제 해결 신기술 활용 제품 개발인지 살펴보겠다.

인산염(phosphate, 燐酸鹽)은 인과 나트륨, 칼륨 등이 결합된 인산의 염으로, 무기화합물이다. 식품에 첨가되어 다양한 기능을 하는데, 유화제, 산도조절제, 흡착제, 팽창제, 소포제, 습윤제, 고결방지제 등 다양한 용도로 사용된다. 인산염은 특히, 가공식품의 원료를 다른 성분들과 잘 섞이게 하고, 생산 효율성을 높이는 역할을 하기 때문에 커피믹스에 사용돼 왔다. 인산염은 우리나라를 포함한 전 세계적으로 기준 없이 사용할 수 있는 식품첨가물로 허용되어 있을 정도로 안전성이 입증돼 있다. 급성독성은 소금과 비슷한 수준이며, 미국에서는 일반적으로 안전하다고 인정된 첨가물인 GRAS에 속한다.

그러나 인산염을 과잉 섭취하면 두통이나 구역질, 쇼크나 혈압 강하, 혼수상태, 운동장애 등 치명적 인체 손상을 초래할 수 있고, 칼슘이나 철분의 흡수가 떨어져 골다공증이나 빈혈을 유발하는 등 각종 부작용이 있다고 알려져 있다. 그러나 안전성은 그 물질 자체의 독성과 섭취량으로 결정된다. 커피믹스 한 봉지에 포함된 인산염의 양을 따져 그 안전성 여부를 살펴봐야 하는데, 첨가물로서의 인산염 첨가량은 사람에게 독성을 줄 만큼 많은 양이 아니기 때문에 안전성 면에서는 문제가 없다고 봐야 한다.

N유업은 인산염 1일 권장섭취량이 700 mg인데, 한국인들은 하루 평균 1,215 mg을 섭취하기 때문에 커피에서라도 줄여보고자 신제품을 출시했다고 한다. 그러나 하루에 커피를 3~4잔 마셔야 100 mg 정도의 인산염을 섭취하게 되므로 우리나라 국민이 섭

취하는 인산염의 양에 있어 커피가 차지하는 비중은 매우 미미하다고 볼 수 있다. 소비자는 우리 국민의 인산염 섭취가 1일 권장섭취량을 초과해 위해성을 주는 것으로 착각할 수도 있다. 결국 N사의 광고는 소비자를 불안하게 만들고 경쟁사의 제품을 비방하는 카제인나트륨에 이은 제2탄의 노이즈 마케팅이라 볼 수 있다.

모든 식품첨가물은 식품에 사용될 때 기능과 이유가 있다. 물론 모든 물질은 독성 또한 갖고 있다. 국민의 건강을 위해 허용된 식품첨가물이라 하더라도 그 사용을 줄여나가는 기업의 노력은 박수를 받아 마땅하다. 그러나 법적으로 허용된 첨가물을 줄이는 것이 사회와 공익을 위한 순수한 목적이었고, 당사 제품의 경쟁 우위를 널리 알리는 포지티브 전략으로 건전한 시장을 형성하고자 했다면 호평을 받았을 것이다.

이번 인산염 광고 논란처럼 경쟁기업과 제품을 비방하는 네거티브 전략으로 소비자를 불안하게 만드는 행위는 자제되어야 한다. 이제는 우리나라 식품산업도 세계 10대 강국으로서의 건전한 시장 형성과 선진국으로서의 성숙한 기업 문화를 보여야 할 시기라 생각된다.

:: 식품원재료

커피와 카페인

식약처 식품의약품안전평가원(이하 평가원)은 성인의 경우 하루에 커피 4잔, 청소년은 에너지음료 2캔 이상을 마실 경우 카페인 최대 1일 섭취권고량을 넘길 수 있으므로 주의가 필요하다고 밝혔다. 2019년 국내 유통 21품목 883건을 대상으로 카페인 함량 실태를 조사한 결과, 1회 제공량당 카페인 함량은 볶음커피(원두), 액상커피, 조제커피(커피믹스), 인스턴트커피, 탄산음료 순으로 높았으나 최근 3년간(2015~2017) 우리 국민 1인당 하루 평균 카페인 섭취량은 평균 65.7 mg으로, 최대 1일 섭취권고량의 17.6% 수준에 불과해 안전한 수준이라고 한다.

세계적으로 연간 1인당 커피 소비량은 평균 132잔인데, 우리 국민은 3배가 넘는 1인당 연간 353잔을 마신다. 매일 커피를 한 잔씩 마신다는 이야기다. 그리고 전 세계인이 매일 섭취하는 카페인 양은 평균적으로 70 mg이고 세계에서 가장 많이 마시는 미국인은 211~238 mg이라고 한다.

평가원이 조사한 우리나라 1회 제공량당 평균 카페인 함량은 볶은커피가 91.5 mg(분말 7 g 기준), 액상커피 88.2 mg(250 mL 기준), 조제커피 55.8 mg(분말 12 g 기준), 인스턴트커피 54.5 mg(분말 2 g 기준)이었다고 하며, 커피전문점 액상커피가 132.0 mg(400 mL 기준)으로 높았으며, 에너지 음료는 80.2 mg(250 mL기준)이었다고 한다. 식약처는 카페인 최대 1일 섭취권고량을 성인의 경우 400 mg 이하, 임산부는 300 mg 이하, 어린이·청소년은 체중 kg당 2.5 mg 이하로 설정해 관리하고 있다. 이에 비추어 연령별로 성인(만 19세 이상, 78.0 mg), 청소년(만 13~18세, 16.2 mg), 어린이(만 7~12세, 5.4 mg), 미취학 어린이(만 1~6세, 1.6 mg) 모두 카페인 최대 1일 섭취권고량의 19.8%, 11.3%, 6.2%, 3.7% 수준에서 카페인을 섭취하고 있어 다행히도 매우 안전한 수준이라고 한다. 성인은 액상커피를 통해 44%의 카페인을 섭취하고, 청소년과 초등학생은 탄산음료를 통해 50~60% 섭취하고 있다.

일반적으로 커피의 위험성이라고 하면 카페인을 말한다. 이는 코카인, 암페타민 등과 같이 흥분제 성분으로 분류되는데, 콜라, 초콜릿 등 대부분의 음식에 함유돼 있을 뿐만 아니라 감기약, 진통제, 식욕억제제 등 의약품에도 광범위하게 사용된다. 그러나 실제 카페인 섭취량은 적은 편이고, 따로 식품에 첨가하는 물질이 아니다. 그래서 미국 식품의약국(FDA)에서는 안전한 식품첨가물인 GRAS(generally recognized as safe)로 분류하고 있고 우리나라에서도 식품첨가물로 허용되어 있다.

물론 카페인을 과잉 섭취하면 불안, 메스꺼움, 구토 등이, 중독 시에는 신경과민, 근육경련, 불면증 및 가슴 두근거림, 칼슘 불균형 등의 부작용이 나타날 수 있다. 그러나 커피를 마시면 피로가 덜해지고 정신이 맑아지며, 이뇨 작용을 통한 체내 노폐물 제거에 도움을 주는 좋은 면도 있다. 그 외 장관의 연동운동을 도와주기도 하며, 예전 서양에서는 진한 커피를 천식치료제로 사용한 적도 있었다.

최근 커피시장이 무섭게 커 간다. 2018년 기준 6조 8천억 원, 2023년엔 약 8.6조 원 규모로 성장할 것이라고 한다. 벌써 우리나라가 유럽, 미국, 일본에 이어 세계 6위의 커피 소비국이 되었다. 과거 우리나라의 커피산업은 인스턴트 커피믹스가 주도하였는데, 88서울올림픽 때 원두커피 전문점이 등장하면서부터 커피시장이 다양화되기 시작하였다. 2000년대 들어서면서 배전두(원두) 커피시장이 에스프레소 시장으로 전환되기 시작하였고, 던킨도너츠, 뚜레주르 등 외식업체들도 커피 판매 비중을 높이기 시작하였다.

현재의 커피시장은 분말제품이 정체 중임에도 불구하고 프랜차이즈 커피전문점과 액상(RTD) 커피시장의 성장 덕에 급성장 중이다. 자가 소비 확대로 커피머신을 갖추고 캡슐커피를 소비하는 인구가 크게 늘어난 것도 큰 역할을 하였다.

세계인들이 가장 좋아하는 커피의 원산지는 북아프리카 에디오피아의 카파(Kaffa)로 추정되며, 14세기 말 아라비아인들이 볶아 먹기 시작하였다고 한다. 유럽에서는 이교도의 음식으로 거부되다가 교황 클레멘트 8세가 세례를 주어 기독교인도 마실 수 있게 되었으며, 우리나라에서는 고종 황제가 처음 마셨다고 한다. 커피를 소리 나는 대로 한자로 써 '가배(珈琲)'라고 쓰고, 빛깔과 맛이 탕약과 비슷해 '서양에서 들어온 탕'이라는 뜻으로 '양탕국'으로 불렀다고 한다. '생두(green bean)'를 건조시켜 300~400°C에서 볶으면 '원두'가 되고, 이를 분쇄하면 '레귤러커피'가 된다. 커피의 쓴맛은 카페인, 떫은맛은 탄닌에 의한 것이며, 향기는 로스팅 또는 배전이라는 볶음 과정에서 생긴다. 커피 추출 방법은 드립, 에스프레스, 콜드브루, 더치로 나눈다.

커피 역시 다른 모든 음식들처럼 좋은 점과 나쁜 점을 모두 갖고 있다. 커피는 주식(主食)이 아닌 사람에게 즐거움을 주는 기호(嗜好) 식품일 뿐이다. 우리 국민이 평균적으로 매일 한 잔 정도 커피를 마신다고 하니, 아직은 커피를 통한 국가적 위험성은 그리 걱정하지 않아도 될 것 같다. 다만, 하루 4잔 이상 과음하는 사람들에게는 걱정거리가 될 수는 있을 것 같다. 커피를 적절한 때와 장소에서 적당량만 즐긴다면 안전성 문제에서 자유로울 수 있고 사람[人]에게 좋은[良] '식(食)품(品)'으로 오래오래 사랑받을 수 있을 것 같다.

고카페인 음료

> 최근 고카페인 음료 시장이 뜨겁다. 커피가 좋아 하루에 여러 잔씩 물처럼 마시는 사람이 많아졌고 지난 2007년 턴온을 시작으로 2010년 핫식스, 2011년 레드불 수입 등 에너지 음료 시장도 폭발적으로 성장 중이다. 덩달아 피로회복제 박카스의 인기도 높다고 한다. 에너지 음료가 잠을 쫓는 데 효과가 있고 피로회복에도 도움이 된다고 알려져 중·고교 시험기간에는 매출이 10배 이상 급상승한다고 한다.

한편에서는 '죽음을 부르는 고카페인 음료'라는 걱정의 목소리가 크다. 이는 피로를 회복시키는 게 아니라 일시적 각성 효과로 사람을 쉬지 않고 일하게 해 체력을 쥐어짜고 무리하게 만들어 오히려 부작용이 크다는 우려 때문이다.

프랑스에서는 한 운동선수가 에너지 음료인 레드불을 과다 섭취해 사망한 사건이 있었고, 미국에서도 14세 학생이 몬스터에너지 2캔을 마신 뒤 심장 부정맥으로 사망하는 등 에너지 음료 관련 사고가 외국에서 많이 발생하고 있다. 사람들은 이러다 우리도 몇 사람 죽어 나가는 게 아닌가? 나라 전체가 카페인 중독이 되는 게 아닌가? 걱정하며, 하루에 에너지 음료나 커피를 몇 잔까지 마시면 괜찮은지 자주 묻곤 한다.

작년 기준 172개국에서 연간 100억 개 이상 팔린 세계 에너지 음료 1위 제품 레드불도 젊은 층의 저칼로리에 대한 수요에 부응해 최근 저칼로리 레드불 슈가프리를 출시하였다. 롯데칠성음료의 핫식스도 같은 달 제로 칼로리 핫식스 더킹 제로를 출시하며 매출이 23% 증가했다고 한다. 빙그레도 제로 칼로리 에너지 드링크 슈퍼부스트 2종을 출시하였고 광동제약은 골퍼들을 위한 온더그린, e-스포츠를 위한 온더게임, 실내 피트니스를 즐기는 소비자들을 위한 음료베이스 등 액티비티음료 시리즈 온더(ON THE)를 내놓았다. 기능성 차 전문 브랜드 티젠은 분말스틱형 에너지 음료 티젠 에너지티를 출시하였다.

수 년 전부터 카페인 음료 시장이 뜨겁게 달궈지고 있다. 커피를 하루에 여러 잔씩 마시는 사람이 많아졌고 에너지 음료 시장도 최근 10년간 폭발적으로 성장하는 중이다. 에너지 음료 시장 1위는 핫식스, 2위는 몬스터에너지인데, 모두 최근 급성장하였다. 한국농수산식품유통공사(aT)에 따르면 에너지 음료가 가장 많이 팔린 유통 채널은 편의점(66.6%)과 슈퍼(23.5%)였고, 대형마트는 7.8%에 불과하였다. 즉, 코로나로 소비자들이 편의점을 많이 찾게 된 것도 한몫한 것 같다.

카페인(caffeine, $C_8H_{10}O_2N_4$)은 1820년 스위스 생리학자 런지(Lunge)가 커피콩에서 처음 발견하였는데, 백색의 결정성 분말 식물성 알칼로이드로서 무색, 무취에 약간의 쓴맛을 지닌다. 이후 1827년 영국의 쿠드리(Coduri)가 녹차 잎에서 발견해 테인(theine)이라 명명하였다. 이는 흥분제 성분으로 코카인, 암메타민 등과 같이 분류된다. 쥐를 대상을 한 반수치사량인 LD_{50}는 192 mg/kg(rat, oral)으로 농약인 DDT(150 mg/kg)보다 독성이 약간 약한 정도다.

사실 카페인은 75% 이상 커피를 통해 섭취되는데, 에너지 음료 외 콜라, 초콜릿에도 함유돼 있고 감기약, 진통제, 식욕억제제 등 의약품에도 광범위하게 사용된다. 카페인은 식품에 추가로 넣어 먹는 첨가물도 아니고 섭취량도 적어 우리나라는 물론 미국 FDA에서도 안전한 GRAS 식품첨가물로 허용돼 있다.

모든 음식이 그렇듯 카페인도 선(善)과 악(惡), 두 얼굴을 갖고 있다. 과잉 섭취하면 불안, 메스꺼움, 구토 등이, 중독 시에는 신경과민, 근육경련, 불면증 및 가슴 두근거림, 칼슘 불균형 등의 증상이 나타날 수 있다. 1 g 섭취 시 약간의 불안, 감정 변화, 불면 효과가 나타나며, 1.5 g에서는 위장장애와 부정맥, 2~5 g에서는 불안, 전율, 마음의 동요, 10 g에서는 척수 자극을 보인다고 한다.

그러나 카페인은 100~200 mg 정도 섭취 시에는 각성 효과, 피로 감소, 수면 지연, 빠른 두뇌 회전 등 긍정적 효과가 있으며, 이뇨 작용을 통한 체내 노폐물 제거에 도움을 주는 좋은 면이 있다고 한다. 그 외 장관에서 위산 분비를 촉진하고 연동운동을 도와주며 호흡기관의 근육 피로를 완화시켜 호흡을 편하게 해주기도 한다. 예전 서양에서는 진한 커피를 천식치료제로 사용한 적도 있었을 정도로 장점도 많다.

세계인이 매일 섭취하는 카페인 양은 평균적으로 70 mg, 세계에서 가장 많이 마시는 미국인은 211~238 mg이라고 한다. 카페인의 인체 위해성이 없는 '1일 섭취허용량(ADI)'은 '성인 1인당 400 mg 이하, 임산부는 300 mg 이하, 어린이는 체중 kg당 2.5 mg 이하'로 정해져 있다.

원두커피 한 잔에는 115~175 mg의 카페인이 함유돼 있고, 캔커피(74 mg), 커피믹스(69 mg), 콜라(23 mg), 녹차(15 mg, 티백 1개 기준) 등에도 적지 않은 카페인이 들어 있다. 에너지 음료에도 당연히 다량의 카페인이 포함돼 있는데, 박카스 1병(100 mL)에는 30 mg, 핫식스와 레드불에도 각각 한 캔당 80 mg, 62.5 mg의 카페인이 첨가돼 있다. 일반적으로 커피를 기준으로 하루 서너 잔까지는 인체에 해를 끼치지 않는다는 이야기이다.

에너지 음료는 피로를 느끼거나 졸음을 쫓고 싶을 때, 운동할 때나 느끼한 고지방, 고단백 식사를 할 때 달콤하고 탁 쏘는 탄산 맛을 즐기고 싶거나 카페인을 느끼고 싶을 때 마신다. 에너지 음료 역시 주식(主食)이 아닌 기호식품(嗜好食品)이다. 말 그대로 당길 때 편하게 먹으면 된다. 카페인 과다 복용 시 부작용이 있으나 식약처의 위해평가 결과, 에너지 음료를 통한 카페인 노출량은 매우 낮아 우려할만한 수준이 아니라고 하니 이미 그 안전성은 입증되었다.

카페인은 정상적인 사람에게는 크게 문제시되지는 않으나 어린이와 임산부는 주의해야 한다. 또한 청소년은 카페인 하루 권고량이 125 mg이라 커피 음료 1개와 에너지 음료 1개만 마셔도 초과한다. 그러므로 과유불급(過猶不及), 지나침보다는 부족함이 낫다. 지나치게 탐닉하지만 않는다면 건강한 식도락을 즐길 수 있다고 본다. 정부는 에너지 음료의 안전성을 확보하고, 당과 카페인 함량을 표시해 관리하면 된다. EU, 호주, 대만 등 선진국에 이어 우리나라도 2014년 2월부터 '고카페인 함유 식품'은 표시를 하고 있고, 카페인 함유량이 제품 표시에 적혀 있다. 소비자는 표시를 읽고 당과 카페인 함량을 확인한 후 선택하면 된다.

크릴오일

지난 4월 말 식약처는 홈쇼핑, 온라인 등에서 판매 중인 크릴오일 부당 광고 829건을 적발하였다. 소비자 기만(55.5%), 건강기능식품 오인·혼동(27.5%), 부당 비교(10.4%), 거짓·과장(4.9%), 질병 예방·치료 효능 표방(1.7%) 등의 사유로 적발되었다고 한다. 국내에 유통되고 있는 크릴오일 제품은 전부 어유나 기타 가공품에 해당하는 '일반식품'인데 의약품, 건강기능식품인양 효능을 과장하였다고 한다. 게다가 6월 9일에는 식약처가 시중에 유통되는 크릴오일 제품 41개를 수거해 검사한 결과 12개 제품이 부적합인데, 이 중 5개 제품은 항산화제인 에톡시퀸 기준치(0.2 mg/kg)를 초과하였고 최대 2.5 mg/kg까지 검출되었다고 한다. 그리고 7개 제품은 추출용매 중 사용할 수 없는 성분인 초산에틸, 이소프로필알코올, 메틸알코올이 들어 있거나, 사용할 수 있는 성분(헥산, 아세톤)의 기준치를 초과했는데, 이들은 전량 회수·폐기되고, 관련 업체는 행정처분된다.

"크릴오일이 혈관 내 기름 성분을 없애 혈액순환 개선에 효과가 있다."고 난리가 났었는데, 일부 제품은 의학적·과학적 근거가 없는 허위·과대광고에 항산화제, 추출용매 등 기준 규격 위반으로 철퇴를 맞았다. 크릴오일은 일반식품이라 건강에 효과가 없기 때문이다. 특히, 위반된 항산화제 에톡시퀸은 사람이 섭취하면 DNA를 손상시키고 암을 유발할 수 있는 화학 성분이나 방부 및 항산화 보존 효과가 탁월해 주로 생선류의 부패와 지질의 산화 방지에 쓰인다.

크릴(krill)은 흔히 '크릴새우'라고 불리는 갑각류이지만 난바다곤쟁이목(Euphausiacea)의 해양생물로 십각목(Decapoda)의 새우와는 다르다. 이는 플랑크톤을 먹고 살며, 남극해 지역의 고래, 바다표범 등 여러 생물의 먹이로 유명하다. 크릴은 엄청난 수산자원이지만 불소가 많아 사람이 먹을 수가 없으므로 사료나 낚시 미끼로 쓰거나 기름을 짜서 쓴다. 이 크릴오일의 주성분은 크게 인지질, 오메가-3 지방산, 아스타잔틴 3가지이다. '인지질(레시틴)'은 혈중 콜레스테롤 개선에, '오메가-3 지방산'은 혈중 중성지질 개선이나 혈행 개선에, '아스타잔틴'은 눈의 피로도 개선에 도움을 준다고 인정받았다. 이들 모두 식약처로부터 건강기능식품 원료로 인정되었는데, 이를 합쳐 놓은 크릴오일은 오히려 함량 미달로 일반식품이다.

시중에 떠도는 크릴오일의 주 효능은 "첫째, 인지질은 물에도 기름에도 잘 섞여서 체내 지방이 분해되고 혈관을 깨끗하게 해준다. 둘째, 인지질 함량이 높아 두뇌 건강, 치매 예방에 좋다. 셋째, 항산화 물질인 아스타잔틴이 들어 있어 노화 방지, 산화 방지 효능이 있다."는 것이다. 게다가 다른 기름과 달리 추출 시 화학용매를 사용하지 않기 때문에 더 안전하다는 주장도 있고, 살 빼는 데도 특효라는 이야기도 있다. 그러나 이들은 모두 사실이 아니다.

문제의 발단은 "크릴오일에는 이들 건강 기능 성분이 함유되어 있다."로 끝났어야지 "이걸 먹으면 이런 효과가 있다."라고 주장하는 바람에 시작된 것이다. 체내 기능과 효능을 낼 정도라면 얼마나 먹어야 하는지 양(量)에 대한 언급도 없이 말이다. 예를 들면 "항암 효과가 있으니 쌀을 먹어라."는 주장과 같다. 사실 쌀 속에는 항암 성분이 있기는 하나 실제 항암 효과를 내려면 쌀 수 톤을 매일 먹어야 하는데, 이는 현실적으로 불가능하다. 크릴오일도 마찬가지이다. 특정 성분을 추출해 캡슐에 담아 건강기능식품으로 효과를 낼 양을 담아야 한다. 국내 크릴오일 제품은 대부분 1정당 크릴오일이 1 g(1,000 mg) 함유되어 있는데, 인지질이 절반 이상이며 오메가-3 지방산류가 120 mg, 항산화 물질인 아스타잔틴이 300 μg 정도라고 한다.

즉, 크릴오일은 건강기능식품 원료를 함유하기는 하지만 그 양이 건강기능식품이 요구하는 효능을 주는 양에는 미치지 못한다. 건강기능식품이 되려면 아스타잔틴을 하루 6 mg 이상 먹어야 하고 오메가-3 지방산도 하루 500 mg 이상 먹어야 하는데, 크릴오일 캡슐 한 개를 먹으면 아스타잔틴은 20분의 1, 오메가-3 지방산은 3분의 1에도 못 미치기 때문이다. 물론 3개, 20개 씩 먹으면 효과를 볼 수 있는데, 소비자에게 그렇게 알리지도 않았을 뿐 아니라 메스꺼움, 식욕 감퇴, 설사 등 기름 과용이 주는 부작용으로 이렇게 많이 먹을 수도 없다.

우리 몸에서 지방(lipid = fat & oil)의 주 역할은 세포막을 구성하는 것과 잉여 에너지를 저장하는 것이다. 사실 인지질은 특별하거나 귀한 물질이 아니다. 인지질은 우리 몸에서 얼마든지 합성이 가능하며, 달걀이나 콩에도 많이 함유돼 있기 때문이다. 모든 생명체는 세포로 구성돼 있고, 세포는 인지질이 주성분인 세포막으로 둘러싸여 있어 어떤 식품이든 인지질을 갖고 있다. 특히, 달걀노른자는 크릴보다 몇 배나 많은 인지질을 갖고 있다.

또한 불포화지방인 오메가-3 지방의 가장 큰 단점은 산패되기 쉽다는 것이다. 산패된 오메가-3는 내부 성분의 변질, 활성산소 유발 등 발암 위험이 있다. 크릴오일 제품에 함유된 아스타잔틴은 그 항산화력이 뛰어남에도 불구하고 함량이 미미하다보니 크릴오일이 빨리 산패된다. 그래서 항산화제를 별도로 첨가하게 되고 이번 항산화제 기준치 초과 검출 사건도 발생한 것이다.

게다가 인지질이나 불포화지방산을 먹으면 살이 빠지는 데 도움이 된다는 말은 전혀 사실이 아니다. 지방은 기본적으로 열량이 높기 때문에 살 뺀다고 크릴오일을 먹는 것은 무덤을 파는 것과 같다. 그리고 크릴오일 구매자는 꼭 제조사에서 제안하는 양만 먹어야 하며, 특히 오메가-3 지방산은 산패가 쉽기 때문에 장기간 보관하며 먹는 것보다는 소량씩 자주 사서 먹는 편이 더 낫다.

야생 꿀(석청)

방송을 보다보면 종종 등산객들이 산세가 험한 산의 절벽이나 인적이 드문 바위틈에서 야생 꿀, 즉 석청(石淸, wild honey)을 발견해 먹다가 중독되거나 사망하는 사고가 발생하곤 한다. 우리나라에서도 석청이 생산되기는 하지만 채취하는 사람이 많지 않고 생산량도 적다. 석청은 히말라야산이 가장 유명한데, 아피스 라보리오사(*Apis Laboriosa*)라는 벌이 만든 것으로 네팔이나 티베트산 석청이 유명하다.

꿀(honey)은 단맛의 대표 음식으로 당분을 많이 함유하는데, 벌꿀(자연 꿀)과 당밀(인공 꿀)이 있다. 벌꿀은 오랜 옛날 자연에서 얻은 인류 최초의 식품으로 그리스 제신(諸神)들의 식량이었다. 그 후 꿀이 사체(死體)의 방부제, 미이라의 제작, 과실 보존을 위한 당장 그리고 약품으로 사용되어 왔다. 최근에는 야생벌의 수가 줄어 꿀이 귀해진 반면, 인공적으로 벌을 길러 꿀을 채집하는 양봉업이 발달해 이른 봄에서 늦가을까지, 제주도에서 강원도에 이르기까지 벌통을 차에 싣고 꽃을 찾아 옮겨 다니며 꿀을 생산하기도 한다.

보통 석청은 향이 진하고 달지만 약간 씁쓸한 맛이 남는다. 또한 인체에 빠르게 흡수돼 신진대사를 돕고 비타민, 미네랄이 풍부해 원기 회복에 도움을 주며, 천식이나 감기 환자의 기침을 멈추게 하고, 아토피성 피부염이나 두통, 변비, 혈액순환 장애 등에 효과가 있다고 알려져 건강식품과 약용으로 널리 사용되고 있다. 그러나 석청을 먹으면 어지러움이 나타나는 명현 현상을 보일 수 있고 발열, 구토, 두통, 복통이 생기기도 한다. 이는 석청에 다량 존재하는 독소인 그레이야노독(Grayanotoxin) 때문이다. 이 그레이야노독은 개화 시기의 진달래과 식물의 잎, 꽃, 줄기 등에서 생성되는 자연 독으로, 신경을 마비시키는 신경독이다. 과량 섭취 시 약 3시간 후 과도한 타액 분비, 발한, 메스꺼움, 구토, 현기증이 나타나고, 환각 현상이 나타나기 시작한다. 심하게 중독되면 동공 확대, 혈압 강하, 심박수 이상, 혼수상태, 체온 상승, 부정맥, 호흡 마비 등으로 사망에 이를 수도 있다.

그레이야노독 중독증은 이 독이 포함된 꿀인 '광밀'에 의한 것으로 흔히 미친꿀병(mad honey disease)으로 불린다. 주로 히말라야 산맥에서 채집된 석청 섭취가 원인인데, 그 외 진달래나 철쭉 등을 직접 섭취하거나 전, 술, 차 등을 만들어 먹을 때 발생하기도 한다.

그레이야노독의 역사는 기원전 400여 년 전부터 시작된다. 그리스의 용병이자 의사, 작가였던 크세노폰의 원정기에 행군 중 꿀을 먹은 로마 병사들이 모두 구토와 설사 증세를 보였고, 일어서지도 못했다는 기록이 있다. 또한 이 독은 사람을 독살하는 데도 사용되었는데, 기원전 67년경 로마 장군 폼페이우스가 군대를 이끌고 터키의 헵타코메테스를 침략할 당시 이를 막기 위해 진달래에서 뽑아낸 그레이야노독으로 로마 군대를 중독시켰다고 한다.

그레이야노독 중독의 가장 주된 원인은 등산객이 자연산 석청을 채취해 먹은 경우와 잘못된 민간요법의 맹신으로 수입산 석청을 지나치게 과량 섭취하기 때문이다. 석청은 깊은 산속에서 채취해 일반 꿀에 비해 토코페롤이나 칼슘 등 영양분이 풍부하고 생산량이 매우 적어 산삼처럼 귀한 것으로 인식되고 있다. 그러나 민간요법에 만병통치약, 최음제, 정력제 등으로 잘못 알려져, 과량 섭취에 의한 중독 사건이 자주 발생하고 있다.

그레이야노독 중독을 예방하는 방법으로 정부는 수입 석청의 원산지와 그레이야노독 허용 기준을 설정해 관리하고, 섭취 시 주의사항을 지속적으로 홍보해야 한다. 소비자는 개화 시기의 철쭉이나 진달래 섭취를 삼가야 하며, 수입 석청 섭취 시 표시된 적정 섭취량을 지키는 습관을 가져야 한다.

슈퍼푸드 아마씨드

> 그동안 '슈퍼푸드'로 알려지면서 인기를 끌던 아마씨드에 과다 섭취 주의령이 내려졌다. 한국소비자원(이하 소비자원)에서 시판되는 수입산 30개(렌틸콩 6개, 아마씨드 6개, 치아씨드 6개, 퀴노아 6개, 햄프씨드 6개)와 국산 12개(들깨 4개, 서리태 4개, 수수 4개) 등 총 8종 422개 곡물의 중금속을 검사한 결과를 발표하였다. 다른 곡물보다 중금속인 카드뮴이 더 많이 들어 있어 건강상 안전 문제가 우려된다는 것이다. 게다가 영양 성분도 일반 곡물보다 그다지 우월하지도 않다고 하니 슈퍼곡물에 대한 환상도 이제 사라질 위기다.

이 뉴스가 소비자들에게는 충격이었을지 모르나 전문가라면 누구나 다 알고 있던 상식 수준의 사실이다. 다른 음식보다 특정 영양소를 더 많이 함유한다고 해 슈퍼푸드라고 불리는데, 이는 이익을 보려는 사람들이 만들어 낸 허상이다. 모든 영양소를 단번에 완벽하게 공급하는 음식은 없다. 식이보충제 역시 의료 목적으로 반드시 필요한 사람들도 있겠지만, 대부분 정상인은 현대의 식습관과 영양 상태로 볼 때 필요치 않다.

수입업자들은 아마씨드와 같은 수입 곡물이 일반 토종 곡물보다 영양이 더 풍부한 슈퍼푸드라 광고하고 있지만, 실제 소비자원의 분석 결과, 두 곡물의 주요 영양 성분 함량 차이는 그리 크지 않다고 한다. 국산 서리태 검은콩과 수입산 렌틸콩의 건조 중량 100 g당 단백질 함량은 각각 24 g, 27 g, 식이섬유는 17 g, 12 g으로 대단히 큰 차이가 아니며, 아마씨드의 오메가 지방산 함량 역시 25 g으로 22 g인 국산 들깨보다 높긴 하지만 역시 작은 차이다.

게다가 아마씨드에는 청색증을 유발할 수 있는 시안배당체가 들어 있어 「식품위생법」에 아마씨드의 섭취량을 1회 4 g, 1일 16 g 미만으로 규정하고 있을 정도로 주의가 필요하다. 물론 시안배당체는 그 자체가 유해하지는 않지만, 섭취 시 체내에서 효소 작용으로 분해되면 시안화수소(HCN)를 생성해 작은 혈관에 환원혈색소가 증가하거나 산소포화도가 떨어져 온몸이 파랗게 변하는 청색증을 유발할 수 있다. 또한 소비자원의

8종 422개 곡물 분석 결과에 따르면 아마씨드에는 카드뮴(cd)이 다른 곡물보다 높은 농도(0.246~0.560 mg/kg)로 검출된다고 한다. 카드뮴에 반복적으로 장기간 노출되면 폐가 손상되거나 이타이이타이병 증상 등이 나타날 수 있어 주의해야 한다.

사실 아마씨드뿐 아니라 인류의 주식이며, 곡류 중 가장 안전하다고 하는 쌀과 밀에도 흠은 있다. 쌀은 우리나라와 동양에서만큼은 맛과 영양, 건강 등 모든 면에서 가장 완벽한 탄수화물원이라 여겨지고 있으나 미국의 『컨슈머 리포트』는 쌀의 무기비소(As) 위험성을 자주 언급한다. 그래서 "어린이에게는 쌀로 만든 시리얼과 파스타를 한 달에 두 번 이상 먹이지 말 것과 공복에 쌀로 만든 시리얼을 먹이지 말라."는 제한적 섭취 권고지침을 제시하고 있다. 또한 인류가 1만 년 동안 검증해 온 밀도 균형 잡힌 영양원이긴 하지만 글루텐이 장내 염증이나 알레르기를 일으킨다는 부정적인 보고도 있다.

모든 음식은 선(善)과 악(惡) 양면성이 있어 '나쁜 음식'과 '좋은 음식'으로 나눌 수가 없다. 적게 먹어도 영양 부족으로 위험하고, 많이 먹어도 독(毒)이 된다. 그래서 슈퍼푸드는 작게나마 있는 효능이나 독성 문제를 키워 침소봉대한 것이기 때문에 없는 말을 지어낸 게 아니라 비난하기도 애매한 측면이 있다.

이번 아마씨드 사건을 계기로 슈퍼푸드에 대한 허황된 통념을 다시 정리했으면 한다. 아마씨드는 요리에 뿌려 먹을 뿐만 아니라 쌀과 함께 잡곡밥의 형태로 혼식하는 경우가 많고 통째로 건강식으로 먹는 경우도 많다고 한다. 과량을 섭취하는 소비자들에게는 안전 문제가 우려된다고 하니, 곡물제품을 구매할 때는 객관적 영양 정보와 개인의 알레르기 민감성, 체질 등을 고려해 선택하는 것이 좋다.

정제식품

예전 SBS 일요특선 다큐멘터리 '정제란 무엇인가?'가 충격을 준 데 이어 아직도 인터넷에는 많은 천연(天然) 찬양, 정제(精製) 비하 글들이 난무하고 있다. "정제 밀가루는 통밀로부터 여러 공정을 거치면서 영양 성분이 많이 빠져나가 소량 섭취는 우리 몸에 나쁘지 않지만, 과도하게 섭취하면 비만, 성인병, 당뇨 등 악화 요인으로 작용할 수 있다."라는 엉터리 이야기도 있고, '정제염은 나쁜 인공(합성)소금, 천일염은 좋은 자연(천연)소금'이라는 괴담도 있다. 주로 엉터리 쇼 닥터나 셰프들이 하는 이야기이다.

『표준국어대사전』에 정제(精製)는 "정성을 들여 정밀하게 잘 만듦.", "물질에 섞인 불순물을 없애 그 물질을 더 순수하게 함."이라고 정의하고 있다. 『위키백과』에서도 정제식품을 "가공, 도정 등을 통하여 불순물과 색소, 속껍풀 따위를 제거한 식품을 말한다."라고 정의하고 있으며, 흰 설탕, 흰 밀가루, 흰 조미료, 흰 소금 등이 있다고 한다. 즉, 정제는 영양소가 제거되거나 나쁜 물질이 혼입되는 과정이 아니라 인간의 건강과 생명을 보호하기 위해 원물로부터 불순물이나 독(毒), 위해인자를 제거하거나 원물을 보호하던 겁질, 색소 등 핵심적이지 않은 부위를 제거하는 행위로 원물의 가치(價値)를 높이는 과정이다. 원물을 하얗게 만드는 행위는 고급제품을 만드는 것이므로 나쁘다고 할 수가 없다고 본다.

정제라는 단어를 영어로 살펴보면 'refine', 'purification'이다. 한마디로 이물질을 제거해 깨끗하게 만들어 고급화한다는 좋은 의미다. 과거 일본에서 정제식품이 처음 등장했을 때 이는 깨끗하고 귀한 프리미엄 식품으로 선망의 대상이 됐었다고 한다. 무엇이든 비싸고 희소해야 그 가치를 인정받는다. 최근 식품가공 기술의 발달로 쉽고 싸게 정제된 음식을 접하게 되다 보니 너무나 흔해져서 그 가치가 평가절하되어 버린 것이다. 오히려 바로 먹기 어렵고 저장도 쉽지 않아 잘 유통되지 못하던 천연 원재료 자체가 희소성과 향수 마케팅에 편승하여 오히려 프리미엄 식품으로 자리 잡고 있는 것이 현실이다.

그리고 합성(合成)과 정제는 완전히 다른 말인데, 많은 사람들이 둘을 같은 의미로 묶어 버린다. 합성은 "둘 이상의 것을 합쳐서 하나를 이룸."이라고 정의하고 있어 합성은 더하기인 붙이는 것이고, 정제는 나쁜 것을 제거해 핵심만 남기는 빼기 과정인데도 말이다.

돈을 들여 힘들게 정제한 식품임에도 불구하고 천연 그대로보다 천시를 당하고 있는 대표적 음식이 바로 설탕과 소금이다. 백설탕은 원당, 흑설탕을 정제한 것이고, 정제소금은 바닷물을 사용해 부유물을 제거한 후 이온교환막을 통해 중금속과 불순물을 걸러내고 증발관으로 끓여 만든 소금이라 염화나트륨을 제외한 미네랄은 거의 존재하지 않는다. 반면, 천일염은 개펄인 염전에서 해수를 증발시키고 바닥을 긁어 얻기 때문에 토사(土沙)로부터 대부분 유래되는 미네랄이 많다. 어떻게 보면 염화나트륨의 농도가 높은 순수한 정제염이 진짜 소금이라 봐야 한다.

안전성과 위생 측면에서는 당연히 정제염이 천일염보다 더 우수하다. 과거 우리나라에서는 개펄 오염으로 인한 불순물과 유해물질의 우려로 천일염이 지난 45년간 식용 불가능한 광물로 분류됐었다. 그러다 13년 전인 2008년 3월에야 식약처가 천일염의 중금속, 토사 등 식품으로서의 안전 기준 규격을 설정하면서부터 다시 식품으로 인정받게 된 것이다.

우리 민족은 유독 천연(자연)에 대한 로망을 갖고 있다. 반면, 정제에 대해서는 인공적이라 거부감을 갖는 경향이 있다. 천연제품으로 돈을 벌려는 사람들의 무분별한 노이즈 마케팅이 분명 한몫했다고 본다. 물론 천연이 좋은 점도 있으나 기능이나 영양적 측면에서 인체에 영향을 끼칠 정도는 아니다.

소비자는 천연이라는 제품에 효과 대비 과도한 비용을 지불하고 있다고 생각한다. 소비자들은 "천연은 자연 그대로!", "정제는 천연 상태의 원재료를 더 깨끗하고 순도 높게 만든 고급!"이라는 의미를 제대로 알았으면 한다. 과학적 측면에서 실질적 제품의 가치를 평가해 보면 천연에 비해 정제가 프리미엄이라고 봐야 한다.

나노식품

요즘 온통 나노(nano) 열풍이다. 나노식품에도 열광하지만 나노마스크 등 건강제품에도 '나노' 자가 들어가면 소비자들의 호기심과 인기가 하늘을 찌른다. 그러나 대부분의 사람들은 정작 나노가 무슨 뜻인지 잘 모른다. 뭔가 있어 보이는 단어라 나노가 붙으면 몸에도 좋고 효능이 엄청난 전지전능의 프리미엄 제품이라고 받아들인다. 그래서 기업들도 미세한 분말이나 작은 입자라면 일단 나노를 제품 앞에 붙이고 본다. 최근 나노 필터로 만든 나노마스크의 허가를 식약처에 신청하겠다고 하는 기사를 봤다. 그러나 나노식품뿐 아니라 나노 의약품, 나노 의약외품 역시 법적인 용어가 아니므로 심사, 승인 대상도 아니고, 현재 국가의 안전성·유효성 심사기준도 마련돼 있지 않은 상황이다.

나노(nano)는 그리스어로 '아주 작은 것'을 말한다. 희랍어의 난쟁이를 뜻하는 '나노스(nanos)'에서 유래돼 현재 과학계에서는 크기의 단위로 사용된다. 우리 선조들도 서양인 못지않게 과거부터 자세히 물질의 크기를 세분화했었는데, 10^{-6} m의 작은 물질을 '미(微, 작다)'라고 불렀다고 한다. 그래서 1 μm(10^{-6} m) 크기의 세균 등을 미생물(微生物)이라 불렀고 영어에서는 'fine(미세하다)'이라고 표현하였다. 1 nm(10^{-9} m)의 크기는 '진(塵, 먼지)'이라는 표현을 썼고 영어로는 나노(nano)라 불렀다.

1 nm는 10^{-9} m, 즉 10억 분의 1 m이다. 이 크기는 머리카락 두께의 1/50,000에 해당하고, 수소원자 지름의 10배에 해당한다. 전형적인 세균의 크기가 1 μm이니, 세균의 1/1,000 정도로 보면 된다. 요즘 과학계에서도 뜨는 '나노기술'은 물질의 특성을 나노 수준에서 밝히고 제어하는 기술을 말하는데, 1950년대 미국의 파인만 박사가 처음 사용하면서부터 인기를 끌고 있다.

현재 식품시장에서 인기를 끌고 있는 나노식품으로는 은 나노입자, 산화티탄 등 저장기간 연장을 위한 맞춤형 보존료, 식품 미세가공, 향, 냄새, 맛, 색이 강화된 나노캡슐 식품, 영양소나 기능성 성분 나노 운반체, 상 점막 흡수율을 높인다는 나노 건강기능식품(α-토코페롤, β-카로틴, β-글루칸, 오메가-3 지방산, EPA, DHA, 쿠르쿠민, 코엔자임 Q10 등), 나노 크기로 분쇄한 곡물, 항산화 물질을 함유한 에멀션, 공기와 산소가스 등 나노버블, 나노화 전분, 나노식이섬유, 나노비타민, 나노칼슘, 나노철분, 나노스테롤 등이 알려져 있다. 이산화규소(실리카)의 나노입자가 고결방지제로 식염, 다시, 콘소메, 후리카케 등 조미료에도 첨가되고 있고 백금 나노콜로이드는 미네럴 워터, 요구르트 등 건강식품에도 사용되고 있다. 작년 10월 삼양식품이 경상남도 밀양에 소재한 나노융합국가산업단지에 공장 착공식을 하면서 나노라면에 대한 관심도 커지고 있는 상황이다.

치약과 가공식품, 씹는 사탕으로 유명한 멘토스는 나노기술로 만든 병에 든 껌을 판매하고 있는데, 식품 포장재로서의 나노물질 또한 각광받고 있다고 한다. 산화아연, 산화마그네슘의 나노입자들과 무정형 실라카가 식품포장재로 주로 쓰이고 있다. 미국에서는 맥주의 가스 손실을 방지하는 데 나노기술이 쓰이고 있는데, 사브 밀러사가 사용하는 플라스틱 맥주병에는 진흙으로 만든 나노입자가 병의 벽에 있는 빈 공간을 꽉 채워 맥주에서 탄산과 향이 빠져나가기 어렵게 만들었다고 한다.

이론적으로 나노식품의 작은 입자인 나노물질은 기관과 세포를 쉽게 관통해 체내 흡수율을 높일 수 있다. 그러나 이 특징 때문에 나노식품은 양날의 검으로 불린다. 즉, 좋은 물질은 체내 흡수가 빨리되어 좋지만 나쁜 물질 또한 세포 안으로 들어오기가 쉽다는 말이다. 현재까지 나노입자나 나노소재의 건강 위험성을 평가한 정보가 부족해 나노식품의 안전성은 명확히 밝혀지지 않은 상태다.

나노식품은 우리나라 식약처에서 아직까지 법적으로 허용되지 않은 용어로 시장에서만 통용되고 있다. 그러나 여러 선진국에서 공식적으로 사용되고 있어 앞으로 우리나라에서도 나노식품의 안전성 평가 기준, 관리의 기준과 규격 등이 만들어져 법적으로 허용될 것으로 예상된다. 그러나 대부분의 전문가들은 식품에 사용되는 나노라는 용어에 대해 허황된 유행이나 콘셉트 정도로 보고 있다. 즉, 나노는 길이의 단위일 뿐, 신기한 것도 우리 몸에 들어와서 대단한 효능을 주는 것도 아니라는 이야기이다.

스모킹(훈연)

스모킹(smoking, 훈연) 소시지, 햄, 연어 등이 인기를 더해 가고 있다. 훈연법은 향이 좋고 보존 효과가 있어 오래전부터 사용해 왔는데, 화학보존료가 개발되기 시작한 20세기 중반부터 퇴조하기 시작하였으나, 최근 자연식품, 웰빙 등의 분위기에 힘입어 다시 관심을 받기 시작하였다. 그러나 연기 속 벤조피렌(benzopyrene), 벤즈안트라신(benzanthracene) 등 발암성 물질의 존재가 부각되면서 논란이 되고 있다.

훈연법(燻煙法, smoking)은 식품에 연기를 쬐어 특유의 풍미와 보존성을 주는 가공법을 말한다. 특히, 목재를 연소시켜 만든 연기 속 항균 및 항산화 성분을 식품 표면에 흡착시키거나 건조와 함께 상승효과를 주어 저장성을 향상시키는 방법을 말한다. 이것은 가장 오래된 식품보존법의 하나로 불을 조리에 활용한 직후 발견한 것으로 보인다. 일부 문화권에서는 높은 수준으로 사용하였는데, 특히 스칸디나비아와 북아메리카 북서지방의 훈연생선, 유럽과 미국의 훈연 햄 등이 유명하다.

고대로부터 인간은 생(生)고기를 상하지 않게 보존하기 위해 건조, 염장(염지), 스모킹 등 세 가지 방법을 주로 사용하였으며, 지리와 기후 조건에 따라 여러 방법이 사용되어 왔다. 특히, 이 방법은 온도와 습도가 높은 독일, 폴란드, 러시아 등 북유럽 지역의 육류 저장에 적합해 이 지역을 중심으로 최상의 스모킹 소시지가 발달하였다. 그리스에서는 기원전 10세기경부터 고기 보관을 위해 스모킹하거나 소금에 절여 왔다는 기록이 있다.

태워서 발생하는 연기(煙氣)는 불완전 연소에 의해서 생기는 물질의 혼합물이며 수증기, 각종 기체, 미세입자 등 200종 이상의 성분이 포함된 것으로 알려져 있다. 연기 중 스모킹 효과를 내는 중요한 성분으로는 페놀(phenol), 유기산(organic acid), 알코올(alcohol), 카보닐 화합물(carbonyl compounds), 탄화수소(hydrocarbon) 등이 있다.

이 중 페놀류, 폼알데하이드 및 유기산은 항균성이 있어 미생물의 증식을 억제한다.

페놀 성분과 알데하이드의 상호 작용에 의해서 고기의 표면에 일종의 수지막이 형성되어서 미생물의 내부 침입을 방지하고, 훈연색을 나타내고 스모킹 제품 특유의 향미를 갖게 한다. 훈연된 육가공 제품들이 지방함량이 많음에도 잘 산화되지 않고 변질되지 않는 이유는 연기 성분 가운데 특히 페놀화합물이 강한 항산화성을 갖기 때문이라 한다. 훈연의 향미를 좋게 하는 성분으로는 알데하이드류와 케톤(keton) 등의 화합물이 있고, 알코올류도 항균역과 함께 다른 휘발 성분의 운반 역할을 하여 스모킹 향을 강하게 한다.

가문비나무, 소나무(침엽송)와 같이 목질이 무른 나무는 빨리 타버려 연기 발생시간이 짧으므로 훈연제로 부적합하다. 훈연제는 단단한 나무의 원목을 조각내어 절편(chip)이나 톱밥(saw dust)의 형태를 사용하는데, 히코리(hickory, 미국산호두과) 톱밥이 가장 선호된다.

스모킹은 햄, 소시지, 베이컨 등의 육류와 청어, 고등어, 정어리, 꽁치, 연어 등 어류에 많이 이용된다. 향이 좋고 보존성이 강해 식량 확보에 중요한 역할을 하고 있지만 연기 중에 포함된 독성물질 등의 안전성 문제가 발목을 잡고 있다. 장점을 살리고 단점을 극복하는 획기적 스모킹 적용법이 아질산염 등 소비자가 두려워하는 첨가물의 대안으로 활용되어 모처럼 기회를 만난 스모킹 산업 활성화에 기여했으면 한다.

벌집 유동파라핀

얼마 전 미디어 '먹거리 X파일'에서 '양봉업자는 절대로 안 먹는 벌집 아이스크림'이라는 테마가 방영되었다. 당시 한창 벌집 아이스크림이 인기를 끌고 있던 터라 그야말로 시장에 찬물을 끼얹은 사건이 됐었다. 이 벌집은 바로 이형제로 사용되는 식품첨가물 유동파라핀을 말한다.

유동파라핀은 석유에서 얻은 탄화수소류의 혼합물로서 현행 『식품첨가물공전』에 식품첨가물로 등재되어 있다. 한때 천연첨가물로 분류돼 인기를 끌기도 했던 유동파라핀은 주로 빵류, 캡슐류, 건조과채류에 이형제로, 신선과채류에 피막제 용도로 사용되고 있으며, 화장품에서도 각종 베이스 오일(base oil)로 광범위하게 사용되고 있다. 이 유동파라핀은 1887년경 구소련 실험실에서 개발되어 8년 후 유럽에 러시안 오일(Russian oil)로 수출됐었다. 이후 제1차 세계대전 때 석유제품 제조사였던 소네본사가 정제법을 개발해 제약산업에 활용함으로써 본격적으로 생산되기 시작하였다.

이는 점도가 높은 끈적한 액체로 냄새와 맛이 없고, 원유에서 석유제품을 생산하고 남은 부산물을 정제해 제조한다. 그런 이유로 광유(鑛油), 미네랄오일(mineral oil), 미네랄파라핀(mineral paraffin) 등으로 다양하게 불린다. 이는 물과 알코올에는 녹지 않지만 유지, 에테르, 클로로폼, 벤젠 등 유기용매에 잘 용해되며, 산, 열, 빛에 안정한 특징이 있다. 이는 식품산업에서는 주로 빵이나 비스킷류 제조 시 그 형태를 유지하기 위해 사용된다. 즉, 반죽이 용기에 붙거나 구울 때 용기에 달라붙어 제대로 구워지지 않거나 발효 시 가스가 균일하게 형성되도록 하기 위해 첨가되는 이형제(releasing agent)로 활용되고 있다.

식품의 이형제로는 주로 식물성 기름이 많이 사용되지만 유동파라핀을 사용하면 기름 가스의 생성이나 기계의 부식이 적고, 윤활성과 점도가 좋아 반죽 분할 과정에서 중량 오차가 적다고 한다. 또한 이는 식물성 기름에 비해 산패가 적어 제품 중 불쾌취가 잔존하지 않는 장점이 있고, 한때 천연첨가물로 분류돼 가공식품에 많이 사용되고 있다.

그러나 이 유동파라핀은 인체에 흡수될 경우 체내에서 소화, 흡수되지 않아 복통과 설사를 일으킬 수 있는 단점이 있으며, 비타민 A, D, E 등 지용성 비타민의 흡수를 감소시킨다. 우리나라에서는 석유에서 추출한 파라핀 중 액체 형태인 유동파라핀만 식품첨가물로 허용하고 있다. 그러나 식품에 직접 뿌리는 것은 허용되지 않는다. 이형제로서의 사용량은 빵에는 0.15%, 캡슐에는 0.6%, 건조과채류에는 0.02%만이 허용되어 있다.

특히, 파라핀 소초(comb foundation, 巢礎)가 인체 안전성 문제를 일으키고 있다. 이는 밀랍과 파라핀으로 된 육각형 벌방의 형태를 이룬 얇은 판으로 일벌들이 벌집을 짓는데 기초가 된다. 이는 사람이 먹으라고 만든 것이 아니라 벌이 스스로를 보호하고 꿀을 잘 보존하기 위해 만들어진 것이라 사람이 먹기에도 불편하지만 해충으로부터 보호하기 위한 목적도 있어 먹을 경우 안전성에 문제가 있다. 다행히도 파라핀 소초는 아예 씹히지 않을 정도로 단단해 소비자가 씹을 경우 구분이 용이할 뿐더러 업체에서 식품에 함부로 사용할 수도 없다고 한다. 차가운 아이스크림 위에 올라간 달콤한 벌집은 보기도 좋고 콘셉트도 좋지만 먹어서 몸에 좋을 게 전혀 없는 소소익선의 물질이다.

소비자는 벌꿀 섭취 시 꿀만 먹고 벌집은 버리는 것이 좋다. 또한 유동파라핀으로 코팅된 과일을 구매, 섭취할 경우 지용성이므로 솔, 스펀지를 이용하거나 세척제를 사용해 섭취 전 제거해야 한다. 집에서 잼을 만드는 경우에도 과도하게 윤이 나지 않는 과일을 선택하는 것이 좋고, 코팅된 과채류를 구매했을 경우에는 껍질을 깨끗이 세척한 후 섭취하는 것이 좋다.

콜라 캐러멜색소

세상에서 가장 달콤한 축복받은 음료 "콜라에서 발암물질이 검출되었다."는 보도로 세상이 떠들썩한 적이 있었다. 이 이슈는 2012년 3월 미국 캘리포니아주에서 시작되었는데, 콜라의 짙은 갈색을 내는 캐러넬색소에서 4-메틸이미다졸(4-MI)이라는 발암 가능 물질이 발견됐기 때문이다. 최근 미국의 한 소비자 단체가 조사한 110가지 탄산음료 중 콜라 등 일부 음료에서 캐러멜색소에 의한 4MI의 함유량이 지나치게 높다고 한다. 이러한 논란으로 미국 캘리포니아주는 캐러멜색소 함유량이 높아 하루 30 ㎍ 이상 섭취하게 될 경우 암 유발 경고문 부착을 규정하고 있다.

캐러멜(caramel)은 설탕이나 포도당 자체를 끓여서 검게 만든 것이다. 포도당, 설탕, 전분의 당화엿 등 당류는 소량의 물과 함께 가열되면 150~200°C에서 갈색이 되어 달고 향기로운 물질인 캐러멜로 변한다. 이 캐러멜색소(caramel color)는 물에 잘 녹고 암갈색 또는 검은색의 비타르계 천연색소인데, 간장, 과자류, 청량음료류, 알코올성 주류 등에 식품착색제로 사용된다. 이는 냄새가 없거나 설탕 탄화의 특이한 냄새가 있으며, 상쾌한 쓴맛을 갖고 있다. 또한 이 색소는 산에 안정해 탄산음료에 사용되는 캐러멜색소, 빵에 사용되는 캐러멜색소, 건조 캐러멜 등이 있으나, 최근에는 액상 캐러멜을 분말화한 캐러멜도 많이 사용된다.

캐러멜색소는 설탕을 만들고 남은 찌꺼기인 당밀을 10시간 이상 끓여 만드는데, 당밀 자체만으로 끓이면 오래 걸리고 색이 잘 검어지지 않는다. 그래서 업계에서는 시간과 비용을 절감하기 위해 암모니아를 첨가하는데, 이 공정 때문에 시중에 유통되는 대부분의 캐러멜 색소는 4-MI라는 발암가능물질이 생성된다.

최근 동물실험에서 폐종양을 일으켰다는 보고가 나온 후 캐러멜색소 함유 식품의 안전성이 논란의 중심에 서 있다. 국제암연구소(IARC)는 4-MI를 "발암가능물질(possibly carcinogenic)"인 "2B 등급"으로 분류하고 있다. 캐러멜색소는 I, II, III, IV가 있는데, 암모늄을 첨가해 만드는 캐러멜색소는 III, IV이기 때문에 우리나라와 유럽(EU)에서는 이

두 가지만 제조 과정 중 발생되는 4-MI를 250 ppm 이하로 기준을 설정해 관리하고 있다. 그러나 미국에서는 I~IV 모두를 250 ppm 이하로 관리한다.

외국에서 유통 중인 코카콜라의 4-MI 평균함량은 미국 0.4 ppm, 캐나다·맥시코·영국 0.4~0.45 ppm, 일본 0.2 ppm, 브라질 0.75 ppm 수준이다. 미국 FDA는 자국 내 유통 중인 코카콜라에서 검출된 4-MI 평균함량이 355 mL 기준 103 μg으로 70 kg 성인이 하루에 1,000캔 정도 마셔도 안전한 수준이라고 발표하였다. 국제식품첨가물전문가위원회(JECFA)와 유럽식품안전청(EFSA) 등도 현재 4-MI 기준인 250 ppm 이하로 관리되는 캐러멜색소의 섭취로 인한 4-MI의 노출량은 독성학적으로 걱정할 수준이 아니라고 평가하고 있다.

우리나라 식약처 또한 2012년 7월 조사된 국내 유통 8개사 16개 제품의 콜라 중 4-MI의 노출량이 평균 0.271 ppm으로 캐러멜색소 중 4-MI 허용 기준(250 ppm) 대비 약 0.1% 수준으로 매우 안전하다고 평가하였다. 그러나 이 콜라 내 4-MI 평균농도(0.271 ppm)는 355 mL 용량의 일반 캔 기준으로 4-MI가 약 96 μg 포함돼 있다는 것이다. 즉, 국내 유통되는 콜라는 한 캔만 마셔도 미국 캘리포니아주 하루 기준치의 3배 이상을 섭취하게 되는 것이며, 캘리포니아주에서 판매 중인 콜라가 4 μg 함유하고 있으므로 미국 내 판매 제품보다 24배 이상 많이 검출된다는 것이다.

미국 캘리포니아주는 발암 경고문 부착 의무화로 콜라 중 4-MI의 발생량을 대폭 감소시켰다고 한다. 우리나라에서도 소비자시민모임이 콜라의 4-MI 허용 기준을 미국 수준으로 낮추라고 요구하고 있다. 최근 청소년을 중심으로 콜라 등 탄산음료 소비가 급증하고 있어 정부는 국내 4-MI 허용 기준을 재검토해야 할 것이다. 미국의 허용 수준이 국내 산업 현실을 고려할 때 수용하기 어렵다면 적절한 현실적 대안을 제시해야 할 것이다. 또한 4-MI는 소비자의 몸에 좋을 것이 하나도 없는 소소익선의 물질이므로 기업도 저감화를 위해 노력해야 하고, 소비자도 섭취량 감소를 위한 식습관 개선에 앞장서야 한다.

벌레 색소 코치닐

얼마 전 미국에서 스타벅스가 "딸기크림 프라푸치노에 코치닐추출색소를 첨가한다."고 공개하자 채식주의자들이 항의해 결국 코치닐추출색소를 토마토추출리코펜색소로 대체했다고 한다. 국내에서도 2014년 4월 한 TV 프로그램에서 '코치닐색소의 비밀'이 방영되면서 사회적으로 큰 파장을 일으켰고, 소비자들에게 코치닐추출색소는 벌레 추출물이라는 부정적인 인식을 심어주게 되었다.

코치닐(cochineal)이란 마른 연지벌레 암컷을 말하며, 이 벌레를 말려 얻은 농축물을 코치닐추출색소(cochineal extract)라 한다. 코치닐추출색소의 1일 섭취허용량(ADI)은 1982년부터 WHO/FAO 합동첨가물위원회(JECFA)와 유럽식품안전국(EFSA)에서 체중 kg당 5 mg으로 규정하고 있다.

식품첨가물 착색료(colorant)는 식품의 색을 향상시키기 위해 첨가하는 물질로 천연색소와 인공색소로 분류된다. 이 중 인공색소는 식품 착색을 위해 화학적으로 합성한 색소를 말하며, 타르계와 비타르계 색소로 나뉜다. 비타르계 색소는 천연색소를 화학적으로 합성하거나 화학 처리한 것으로 β-카로텐, 아나토(annato, 수용성), 카르민(carmine) 등이 있다. 이 중 카르민은 코치닐추출색소의 주성분인 카르민산(carminic acid)에 염을 반응시켜 얻은 레이크 염료로 비타르계 색소이다.

음식은 혀와 입으로만 먹는 것이 아니라 "소리로 먹고, 냄새로 먹고, 눈으로 먹는다."고 한다. 눈은 음식을 먹기 전 식욕을 돋우는 역할을 하기 때문에 생산자들은 소비자들의 눈길을 끌기 위해 외관과 색을 향상시키는 색소를 많이 사용한다. 그러나 불행히도 모든 향과 색이 단순히 식품의 질과 외관을 향상시키는 데만 사용된 것이 아니라 때로는 덜 신선한 식품을 위장하고 변질을 속이기 위해 사용되기도 하였다. 또한 선명한 색을 내기 위해 석유의 원료인 타르(tar)에서 추출한 타르색소를 사용함에 따라 안전성 문제와 더불어 색소에 대한 부정적인 인식을 주게 된 것이다.

코치닐추출색소와 관련된 두 가지 이슈는 "과연 이 색소가 진정한 천연첨가물인가와 알레르기 유발 여부"이다. 코치닐추출색소는 건조 시 변색 방지와 용해도 증가를 위해 안정제와 유화제가 첨가된다. 즉, 코치닐추출색소 그 자체는 천연에서 왔지만 추출 시 안정제, 유화제가 첨가되기 때문에 엄밀하게 살펴볼 때 천연첨가물이라 말할 수 있는지가 논란거리이다.

알레르기 이슈를 살펴보면, 2009년 캐나다의 한 아이가 코치닐추출색소가 든 요거트를 먹고 알레르기 반응을 보이면서 안전성 문제가 대두되었다. 이후 많은 국가에서 코치닐추출색소로 인한 알레르기 사례가 줄줄이 보고되면서 WHO는 코치닐추출색소를 알레르기 유발 의심물질로 결론짓고 알레르기 환자들에게 주의를 당부하였다. 그러나 모든 항원이 모든 사람에게 알레르기 반응을 일으키지는 않기 때문에 코치닐추출색소가 일부 민감자들에게만 알레르기를 유발한다면 사용을 금지할 것이 아니라 주의표시를 하면 된다.

이런 연유로 코치닐색소는 천연첨가물로서의 인정 여부와 알레르기 표시, 덧붙여 식용 허용 여부까지도 소비자들의 강한 챌린지를 받고 있다.

생산자는 비록 허용된 식품첨가물이라 하더라도 사회적, 기능적으로 그 중요도가 낮은 색소의 경우, 그 사용을 줄이는 노력을 해야 한다. 부득불 사용할 수밖에 없는 경우에만 소량 사용하고, 반드시 표시해 소비자의 알권리를 지켜줘야 한다.

소비자는 색소 사용 여부와 함유량에 대한 정보를 표시로 확인한 후 구매를 결정하는 것이 좋다. 모든 식품첨가물은 양면성을 갖고 있다는 것을 인정하고 충분한 지식을 활용해 좋은 점을 잘 활용하는 것만이 현명한 소비자가 되는 첩경이라 생각된다.

질소과자 논란

요즘 소비자들이 뿔이 났다. 식품업체가 봉이 김선달보다 더하다고 한다. 물장사도 모자라 이제는 공기 장사를 한다고 한다. 빵빵한 봉지에 과자가 몇 개 들어 있지도 않은 소위 '질소과자' 논란 때문이다. 소비자는 과자의 질소 충진 때문에 포장에 비해 내용물이 터무니없이 모자란 것에 화가 많이 났다.

물론 과자봉지 속의 질소는 과대포장이 목적이 아니라 과자의 파손 방지라는 좋은 취지로 넣은 것이다. 질소(窒素, nitrogen)는 상온에서 화학적으로 비활성이라 과자봉지의 충전제로 주로 쓰이며, 자동차의 에어백에도 활용되고 있다. 또한 숨 쉬는 자연 공기의 80%를 차지해 색깔, 맛, 냄새가 없고, 안전하고 저렴하기까지 한 것 또한 알고 있다.

과자에 질소를 충진하는 두 번째 목적은 유통 과정에서 일어나는 "과자의 변질을 막는 것"이다. 대부분의 식품은 산소와 만나면 변질된다. 과자, 특히 기름에 튀긴 유탕과자는 유통 중 산패가 잘 일어나는데, 산소 대신 채워진 반응성 낮은 질소는 지방의 산패를 방지하고 신선도를 유지해 바삭한 식감과 향을 유지시켜 준다.

그동안 급속냉동에 주로 활용되던 액화질소도 최근 요리에 활용된다고 한다. 낮은 온도(-196°C)의 액체질소는 부패되기 쉬운 식품을 수송할 때 냉동제로도 쓰인다. 실제 질소기체를 초저온으로 만들어 고압으로 압축시키면 산소나 수소분자에 비해 안정적이라 식품의 냉동, 건조 또는 생체물질의 변성을 막는 용도로 사용할 수 있다.

질소는 1772년 스코틀랜드 물리학자 다니엘 러더퍼드가 처음 발견하였다. 1789년 프랑스의 화학자 라부아지에는 "질소는 산소와 달리 호흡과 관련이 없으며, 생명을 지속한다."는 뜻의 그리스어인 'zotikos'에 부정을 뜻하는 접두사 a를 붙여 'azote'라 명명하였다. 'Nitrogen'이라는 지금의 질소원소의 명칭은 1790년 장 샤프탈이 질소가 초석(질산칼륨)의 주성분이라는 사실에 근거해 초석을 뜻하는 라틴어 'Nitrum'과 생성한다는 뜻인 그리스어 'gennao'를 합성해 'nitrogene'으로 제안하였고, 이후 영어 표기인 'nitrogen'이 만들어진 것이다.

질소는 대기 부피의 약 78%를 차지하며 대기 중 가스 형태로 주로 발견되는데, 해수나 암석에도 광범위하게 존재한다. 이는 우주에서 여섯 번째로 많은 원소이기도 하다. 자연적으로 발견되는 질소의 동위원소는 14N, 15N이 있는데, 이 중 14N이 99.6%로 대부분을 차지한다. 이외 12N, 13N, 16N, 17N는 방사성 동위원소로 매우 불안정하다.

대부분의 질소는 질소화합물 제조에 쓰이는데, 다이너마이트를 비롯한 각종 폭약 제조의 기본 원료로 사용된다. 산화질소는 휘발성이 매우 크며, 웃음가스라고 알려진 일산화이질소(N_2O)는 마취제로도 쓰인다. 그 외 이산화질소(NO_2)는 질산 제조공정의 중간물질로 화학공정에서 강력한 산화제로 쓰이며, 로켓 연료로도 사용된다.

모든 가공식품에서의 첨가물 사용은 과유불급(過猶不及)이다. 과자에 질소를 첨가한 것이 문제가 아니라 지나치게 많은 양을 봉지에 넣어 파는 것이 문제이다. 질소 충진으로 감자칩의 원형 유지와 바삭한 식감을 즐기게 해준 것은 고마운 일이지만, 제품의 신선도를 유지하는 수준에서 과대포장이라는 느낌이 들지 않을 정도의 양만 넣었으면 하는 것이 소비자의 바램이다.

식초와 빙초산

2018년 4월 4일, 식약처는 자극성 강한 캔디류의 안전관리 기준을 강화하였다. 신맛이 나는 캔디(sour candy)를 한 번에 많은 양 섭취하거나 혀에 물고 오랫동안 녹여 먹으면 입속의 피부가 벗겨지는 등 인체에 해를 끼칠 수 있어 캔디류에 총 산 규격을 신설하였다. 아울러 캔디류 표면에 신맛 물질을 도포하는 경우에는 도포물질의 산 함량이 50%를 넘지 않도록 제조·가공 기준도 함께 신설하였다.

최근 신맛이 인기를 끌고 있다. 식초(食醋)가 열풍을 일으키며 건강식품으로 인기를 누리고 있고, 그중에서도 특히 과일발효초가 몸에 좋다고 알려지며 시판 식초 음료의 30%를 차지하고 있다고 한다. 어른뿐 아니라 어린이들에게도 예외가 아닌데, 젖산발효로 시큼함을 주는 요구르트 젤리, 신맛 캔디의 인기가 하늘을 찌르고 있다. 그러나 한편으로는 신맛에 가려 콜라보다도 높은 당(糖) 함량으로 걱정스러운 시각도 있다.

'산성(acidic, 酸性)'이란 염기에 수소이온을 잘 주는 성질이며, 알칼리를 중화시키는데, 수용액에서 pH(수소이온농도)가 7보다 작고 신맛이 나는 것을 말한다. 그러나 산성식품(acidic food)은 『식품과학기술대사전』에서 식품의 최종평형 pH가 4.6이거나 그 이하인 식품으로 정의한다. 이는 일반적으로 pH 7(중성) 이하가 산이긴 하나 식품에 저장효과를 줘 저온살균이 가능한 협의의 산성인 식품을 의미한다. 보툴리즘 원인균인 클로스트리듐 보툴리눔(*Clostridium botulinum*) 등 식중독 미생물과 부패성 미생물의 내열성 포자들이 산성식품에서는 증식하지 못하기 때문에 pH 4.6을 중요시 여긴다. 그리고 pH가 4.7 이하인 토마토, 배, 파인애플과 이들의 주스, pH가 4.9나 그 이하인 무화과도 저산성 식품으로 분류된다.

우리가 직접적으로 먹는 산성식품 외 중국집 단무지, 양배추절임, 무절임, 오이피클, 물냉면에 쓰이는 빙초산 등이나 마요네즈, 토마토케첩 등 소량 첨가해 사용하는 것까지 합치면 가공식품은 그야말로 산(acid) 천지이다. 마요네즈, 토마토케첩, 커피 등도 pH가 7보다 훨씬 낮은 산성식품들이다. 사실 카페인은 pH가 6.9라 거의 중성인데, 아메리카노로 대표되는 블랙커피의 pH는 물의 농도, 원두 로스팅에 따라 달라질 수 있으며 거의 pH 5 정도로 산성이다.

그리고 산성이라고 다 신맛만 있는 것이 아니다. 식품 자체가 가진 고유의 산도(pH)

와는 달리 인체 내에서 대사되고 흡수된 영양 성분에 따라 산성/알칼리성 식품으로 분류되기 때문이다. 구연산, 사과산, 초산은 신맛을 주지만 클로로겐산, 퀸산은 쓴맛, 글루탐산은 감칠맛을 준다. 비타민이나 미네랄은 약알칼리를 띠기 때문에 이들이 풍부한 미역, 다시마, 양배추, 배, 바나나 등 과일과 채소류들은 알칼리성을 띤다. 레몬도 신맛이 나 산성이라고 생각하기 쉽지만 대사돼 흡수된 영양소로 인해 알칼리식품으로 분류된다. 식품 자체는 산성을 띠지만, 체내 흡수될 때 산성물질은 배설되고 비타민, 미네랄이 주로 흡수되면 알칼리성이 된다.

신맛 하면 식초와 빙초산이 대표적인데, 외식이나 가공식품에는 전통 양조식초보다 값이 훨씬 저렴한 빙초산이 널리 사용된다. 식초는 초산, 구연산, 아미노산 등 60여 종의 유기산을 함유하고 있어 식욕 증진, 에너지 발생 및 피로 해소에 도움을 준다. 또한 초산 농도가 높아 항균력이 강해 보존성 좋은 초절임에 사용된다. 생선회 등 날 음식을 먹을 때 레몬이나 식초를 뿌리는 것 또한 시큼한 맛과 아울러 살균 효과를 얻기 위해서다.

가장 오래된 식초(vinegar)는 BC 1450년경 이스라엘 지도자 모세가 붙인 아라비아어 '시에히게누스'라고 한다. 중국에는 공자시대 때 이미 식초가 있었는데, '염매'라는 살구식초가 있었고, 우리나라에는 삼국시대에 식초제조법이 전래됐다고 한다. 우리나라에서는 술이 변해 '초'가 된다는 기록이 있었고, 『지봉유설』에서도 '초'와 '술'의 언급이 있어 식초의 기원과 제조법이 술의 역사와 함께한 것으로 추측된다. 식초는 제조법에 따라 양조초와 합성초로 구분된다. 양조초는 술 만드는 양조법에 의해 만들어지는 식초로 그 원료에 따라 쌀, 보리 등 곡물을 사용하는 곡물초와 과실을 사용하는 과실초로 나뉜다. 100% 양조법으로 만들어진 식초만을 양조초라고 표시할 수 있으며 식초의 영문명 'vinegar'도 양조초에만 허용된다. 합성초는 화학적 합성으로 만들어진 식초이다. 와인식초는 저장돼 있던 포도주가 우연히 초산발효된 것이 그 시초가 됐는데, 가장 오래된 과실초이다.

즉, 식초의 영문명인 'vinegar'는 프랑스어로 포도주(와인)인 'vin'과 신맛인 'aigre'를 합친 합성어인 'vinaigre(비네글르)'이다. 예전부터 포도주를 초산 발효시켜 식초를 만들었기 때문에 이렇게 불린 것으로 생각되며, 주로 와인 명산지가 와인식초의 산지이기도 한 것은 이런 연유에서다.

식초는 효소 작용을 억제해 채소의 갈변을 지연시켜 우엉, 연근 등의 조림에 이용되며, 안토시아닌계 색소와 반응해 예쁜 붉은색을 띠게 해 생강 등의 초절임에 필수품이다. 또한 소금의 짠맛을 부드럽게 해주는 작용이 있어 생선 소금구이에 요긴하게 활용된다. 또한 초산 농도가 높은 식초는 미생물에 대한 살균력이 강해 식품 원재료의 보존성을 높이기 위해 초절임에 사용된다. 생선회 등 날 음식을 먹을 때 레몬이나 식초를 사용하는 것 또한 살균 효과를 얻기 위해서이다.

빙초산은 섭씨 16°C 이하에서는 얼음과 같은 결정을 만들기 때문에 붙여진 이름이다. 식초의 주성분이 초산이고, 빙초산도 식품첨가물로 허용돼 식용식초로 쓸 수 있다 보니, 소비자는 식초와 빙초산을 헷갈려 한다. 그 차이를 알아보면 효모(yeast)를 이용해 당을 알코올로, 즉 술로 만든 후 다시 초산균을 이용해 전통적 발효 방식으로 만든 것은 '양조식초', 석유(tar)에서 추출한 초산(acetic acid)으로 합성해 만든 것은 '빙초산(氷酢酸, glacial acetic acid)'이다.

미국, 유럽 등 선진국에서는 초산 99%의 빙초산을 소매점에서 판매하는 것을 금지하거나 식용 빙초산의 초산 농도를 화상을 유발하지 않는 25% 이하로 낮춰 판매하는 추세이다. 우리나라도 초산 농도 29% 이내만 소비자에게 판매할 수 있도록 빙초산을 엄격히 관리하고 있다. 빙초산은 비록 식용이라도 강산성인 초산 농도 29%라 원액 접촉 시 화상을 입을 수도 있고, 바로 마시면 식도와 위 점막이 손상된다. 식약처의 안전관리 대책처럼 산(酸)이 많이 함유된 식품은 소비자 스스로 사용법을 잘 숙지해 안전 문제가 발생하지 않도록 늘 주의해야 한다.

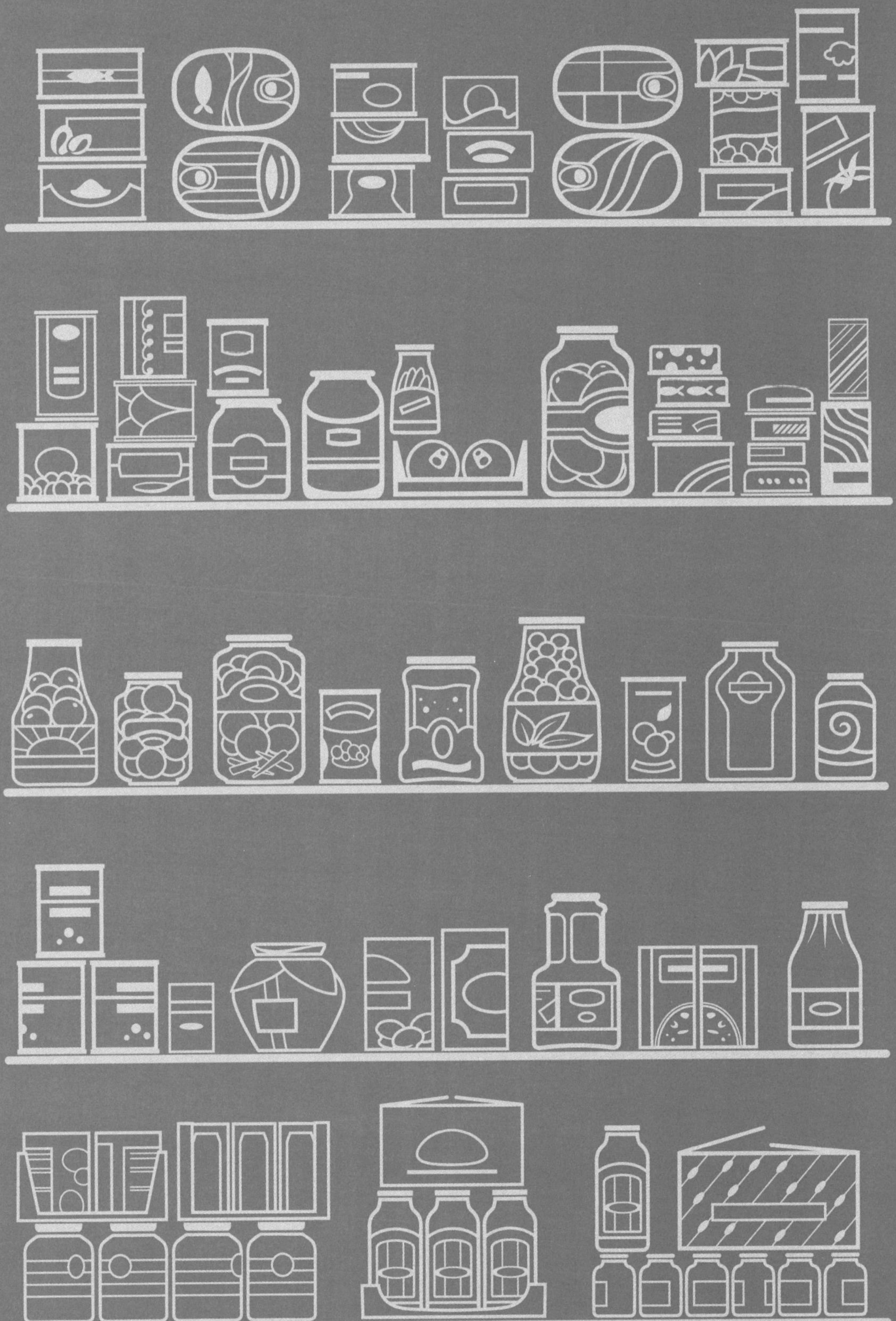

03

식품 제조 · 가공 중
발생되는 독성물질

:: 벤조피렌 : 참기름, 들기름

2017년 9월 21일 부산 특별사법경찰은 추석맞이 특별 단속에서 참기름 값의 5분의 1 수준인 옥수수유를 30%가량 섞은 가짜 참기름을 적발하였다. 또한 식품의약품안전처(이하 식약처)는 가짜 또는 유사 참기름·들기름의 유통을 막기 위해 제조 방법에 상관없이 참기름과 들기름에 다른 식용유지 혼합을 금지하는 '식용유지류 제조·가공 기준' 개정을 행정 예고해 때아닌 향미유 시장이 들썩 거렸다. 지난달 식약처는 한 농업법인회사에서 제조·판매한 '차미들기름' 제품에서 벤조피렌(기준 : 2.0 μg/kg 이하)이 초과 검출(3.2 μg/kg)되어 해당 제품을 회수 조치한 적도 있었다.

식품 중 벤조피렌 문제가 우리나라에서 주목받게 된 것은 2006년 올리브유에서 다량 검출돼 매스컴을 탄 이후부터이다. 고급이라 웰빙식품으로 각광받던 올리브유에서 발암물질이 검출되면서 사회적 이슈가 되어 올리브유에만 벤조피렌 규격(2.0 μg/kg 이하)이 적용되었다. 그러나 다른 기름에는 벤조피렌 권장 규격(2.0 μg/kg, ppb)이 적용되기 시작했는데, 참기름, 들기름, 심지어는 대기업의 옥수수기름 제품에서도 권장기준치를 초과하는 사례가 빈발함에 따라 2007년 12월부터는 모든 식용유지로 벤조피렌 기준이 확대, 적용되기 시작하였다. 또한 가다랑어포(가쓰오부시)에도 발암물질 벤조피렌 기준치(0.01 mg/kg)가 정해져 이를 초과한 제품의 유통·판매가 금지되고 회수된 사례가 지금까지 많이 발생하고 있다. 이 기준 설정이 N사 너구리라면 사건의 발단이라 볼 수 있다.

벤조피렌(benzopyrene, $C_{20}H_{12}$)은 1996년 담배연기가 폐암을 유발한다는 것이 입증되면서부터 발암물질로 규정된 다환방향족탄화수소이다. 이는 주로 유기물의 불완전 연소 시 부산물로 생성되는데 세계보건기구(WHO) 산하의 국제암연구소(IARC)에서 1군(group 1) 발암물질로 분류하고 있다.

벤조피렌은 석탄이나 원유의 콜타르 등에서 발생하며, 목재의 연소, 자동차 배기가스, 담배연기 등에서 주로 발견된다. 대기, 물, 토양 등 어디에나 존재하므로 농산물, 어패류 등 가공하지 않은 식품에도 미량 존재한다. 식품의 고온 조리 가공 시 탄수화물, 단백질, 지질 등이 분해되어 생성되기도 하는데, 주로 고기를 굽거나 땅콩, 커피 등 음식을 볶을 때 발생한다. 식약처의 벤조피렌 오염도 모니터링 결과 햄, 베이컨 등 육류에서의 오염도가 54.4%로 가장 높았고, 채소(19.2%), 곡류(11.5%), 과일류, 서류, 식용유지류, 어류, 패류의 순이었다고 한다.

소비자원 자료에 따르면 삼겹살을 노릇하게만 구워도 16 ppb 검출되고, 갈비를 좀 세게 굽기만 해도 50~480 ppb까지 검출된다고 한다. 식품을 통한 벤조피렌의 섭취 문제가 제기되고 있으나, 모든 발암물질이 그렇듯이 섭취량이 중요하다. 벤조피렌의 급성독성의 지표인 반수치사량 LD_{50} 값은 250 mg/kg으로 니코틴(24 mg/kg)보다는 약 10배, 청산가리(10 mg/kg)보다는 약 25배 독성이 약한 정도다.

그러나 벤조피렌은 적게 먹을수록 좋은 소소익선(小小益善)의 물질이다. 그 발생과 섭취를 줄이는 요령으로는 기름에 튀기거나 볶은 음식의 섭취를 줄이고, 불꽃이 직접 닿지 않도록 해 검게 탄 부분이 생기지 않도록 고기를 구워 먹는 것이 좋다.

벤조피렌 초과 검출된 참기름, 들기름 회수 조치 뉴스가 우리나라에서 끊임없이 발생한다. 대부분 중소기업이나 농업법인 등 영세한 회사들이다. 과연 우리나라의 식용기름 벤조피렌 기준이 타당한지 다시 한번 생각해 봐야 할 때라 생각한다. 유럽(EU) 사람들은 참기름, 들기름을 잘 먹지 않는데, 우리가 벤치마킹한 올리브유 기준이 과연 타당한가에 대한 논의가 필요한 시점이라 본다.

물론 기준은 항상 공평할 수가 없다. 사회경제적 상황에 따라 '비용'에 더 무게를 둬 생산자가 유리할 수도 있고, 소비자의 안전 등 '편익'을 더 중요시해 생산자들에게는 지나치게 비현실적일 수도 있다. 사회가 발달함에 따라 이 균형을 수시로 수정, 보완해 나가는 것이 정부의 역할이라 생각한다. 최근 발생했던 시리얼 대장균군 검출 사건도 산업계 입장에서는 손해를 본 규격이라 생각한다. 곡물을 주원료로 압착해 눌러 만든 시리얼은 살균제품이 아니기 때문에 대장균군이 발생할 수밖에 없는데, 그동안 '대장균군 음성' 기준이 적용됐던 것이다.

보편적인 기술로 중소기업도 그 기준을 맞출 수 있는지, 그동안 벤조피렌 기준 초과로 행정처분을 받아 범법자가 되고 사업을 접은 생산자들이 억울했던 것은 아닌지, 섭취량을 고려한 위해성 평가 결과 기준을 약간 더 완화해 줘도 안전성에 문제가 없는지 다시 한번 '비용과 편익'을 고려한 기준 규격의 재검토가 필요한 시점이다.

:: 2. 3-MCPD : 간장

> 식약처는 지난 2020년 7월 산분해간장을 제조할 때 생성되는 유해물질, 특히 3-MCPD(모노클로로프로판디올)의 기준을 강화하는 내용의 「식품의 기준 및 규격」 개정안을 행정 예고하였다. 3-MCPD로 인한 소비자 불안을 해소하기 위해 산분해간장과 혼합간장의 3-MCPD 기준을 현행 0.3 mg/kg에서 0.02 mg/kg 이하로 10배 이상 강화하였다. 그러나 업계 현실 등을 감안해 단계적(2020년 7월 1일 0.1 mg/kg 이하, 2022년 1월 1일 EU 수준인 0.02 mg/kg)으로 적용할 예정이라고 밝혔다.

3-MCPD의 관리 기준은 국가마다 차이가 있다. 현재 미국과 캐나다는 오히려 우리나라 현행 0.3 mg/kg보다 3배 약한 1 mg/kg 이하 규격을 갖고 있다. CODEX 규격은 아직 설정되어 있지 않으며, 간장 주요 수출국인 일본과 중국은 따로 기준·규격을 설정하고 있지 않다. 3-MCPD 0.02 mg/kg 이하로의 기준 강화는 수입국인 EU와 호주/뉴질랜드의 기준을 따른 것으로 국제적인 안전성 문제나 이슈가 없는 상황임에도 불구하고 간장 수출국인 우리가 왜 선제적으로 수입국인 EU 규격을 따라 10배 이상 더 낮춰야 하는지 이해할 수가 없다. 산분해간장 및 혼합간장의 3-MCPD(염소화합물) 관리 기준을 현행 0.3 mg/kg 이하에서 0.02 mg/kg 이하까지 10배 이상 강화하는 계획은 재검토돼야 한다고 본다.

3-MCPD는 단백질에 염산을 가해 가수분해하는 과정에서 생성되는 물질인데, 국제암연구소(IARC)에서 2군 발암물질(2B, 발암가능물질)로 규정하고 있다. 1일 인체노출안전기준(TDI)이 2.9 μg/kg bw로 이미 설정되어 있고, 우리 국민들의 노출량이 1.5%에 불과해 위해성 평가 결과 안전하다고 결론 나 있다. 그리고 3-MCPD의 독성치인 반수치사량(LD_{50}) 값을 살펴보면 '150 mg/kg'으로 고추에 많은 기능성 물질인 캡사이신(47 mg/kg)보다도 독성이 3배나 적고, 비타민 D_3(37 mg/kg)보다 4배나 독성이 적은 비교적 안전한 물질이다.

3-MCPD는 산분해 과정에서만 생성되는 물질이 아니라 곡류 및 맥아 등 열 가공 과정 중에도 많이 발생한다. 최근 홍콩, 벨기에 등에서 초콜릿 잼, 마가린, 과자류에서의 3-MCPD, 글리시딜 지방산 에스터 검출과 유해성 논란이 발생된 바도 있다.

올 4월에 식약처가 발표한 『식품의 3-MCPD 기준·규격 재평가보고서』에 따르면

3-MCPD 노출 정도는 현재의 관리 기준으로 볼 때 안전성 면에서 우려할 정도는 아닌 상황으로 판단되었다. 시중 유통식품 5,767건에 대한 3-MCPD 재평가 결과, 식품 중 3-MCPD의 평균 오염도는 0.004 mg/kg(ND~3.14), 검출율은 5.3%였다고 한다. 1일 인체노출량도 제 외국 노출량과 비교해 볼 때 상대적으로 낮은 안전한 수준이었다고 한다. 게다가 우리나라에서 3-MCPD 검출량이 많은 식품은 간장이 아니라 오히려 침출차, 빵류 등이었다고 한다. 간장을 통한 3-MCPD 노출량은 김치, 커피, 발효유류보다도 더 적었을 정도로 위해성 평가 결과 안전함에도 불구하고 왜 얼마 먹지도 않는 양념인 간장만 갖고 3-MCPD 규격을 낮췄는지, 그것도 수출국이면서 수입국인 EU 수준으로 낮췄는지 이해가 되지 않는다.

EU는 GMO 등 식품표시에 있어 철저한 자국의 이익에 기반한 '전략적 표시제'를 운영 중이다. 우리나라는 누구에게도 이익이 되지 않는 간장의 3-MCPD 규격 강화를 수출 상대국들의 요구도 없는데, 왜 먼저 나서서 하려고 하는지 모르겠다. 간장은 섭취량도 미미하고 정부에서 실시한 '3-MCPD 위해성 평가' 결과도 매우 안전한데도 말이다.

오히려 3-MCPD 규격 강화는 간장이 아니라 섭취량이 훨씬 많은 차류나 빵류부터 했어야 옳다. 지난 10월 13일 식약처 국정감사에서 보건복지위원회 최혜영 의원은 닭발, 막창 등 간편식 직화식품 절반에서 3-MCPD가 검출되었고, 검출된 11개 중 8개가 간장 기준치(0.1 mg/kg)를 적용한다면 기준치 초과가 되고 심지어는 6배나 초과한 제품도 있었다고 한다. 이런 면에서 보면 간장에만 3-MCPD 규격을 만들고 강화한 것은 형평에 맞지 않다. 다른 식품에 대한 3-MCPD 규격을 추가 설정하던지, 간장에 대한 규격을 완화해야 한다.

:: 아크릴아마이드 : 갈색 탄수화물 음식

선진국을 중심으로 밀가루나 감자처럼 탄수화물이 많이 든 식품을 고온에서 오래 조리해 먹으면 암 위험이 커진다는 경고가 잇따르고 있다. 탄수화물이 많이 든 식품을 섭씨 120℃ 이상의 고온으로 조리할 때 생기는 '아크릴아마이드'가 암을 유발할 수 있다는 것이다. 미국 식품의약국(FDA)은 지난 2013년부터 음식 속에 든 아크릴아마이드 섭취를 줄여야 한다고 경고하였고, 최근에는 영국 식품기준청(FSA)도 경고를 내놨다.

이번 설에 "탄수화물 바싹 튀기지 마세요!"라는 갈색음식 경계령이 내려졌다. 특히, 설음식은 튀김, 부침 등 유난히도 기름에 튀기고 구워 먹는 음식이 많다. 그러나 세상에는 공짜는 없는 법! 인류는 불 맛을 즐긴 대가를 치러야 한다. 불을 많이 사용해 탄수화물이나 단백질의 갈색이 진해질수록 암 발생 위험이 커지게 된다. 토스터에 구운 식빵, 기름에 튀긴 감자 등을 짙은 갈색이 될 때까지 튀기거나 부쳐서 먹으면 바삭바삭한 식감과 고소한 맛을 얻을 수는 있으나 고온에서 오래 조리할수록 발암성 물질이 많이 생긴다.

바로 탄수화물을 고온에서 가열할 때 생기는 '아크릴아마이드(acrylamide)'다. 이 물질은 무색의 백색 결정으로 1950년대 중반부터 폴리아크릴아마이드나 혼성 중합체의 제조에 사용되는 공업용 화학물질이다. 펄프, 제지 공정, 폐수처리와 같은 다양한 산업분야에서 사용되고 있으며, 실험실에서도 겔 형성 용도로 사용된다.

이 아크릴아마이드는 감자, 시리얼 등 탄수화물이 풍부한 식품을 고온 조리했을 때 아스파라긴산과 당의 화학반응에 의해 생성된다. 식품의 조리온도가 120°C 이하에서는 생성되지 않고, 그 이상 고온에서 가열시간에 비례해 생성된다.

2002년 4월 스웨덴 식품규격청이 아크릴아마이드 생성 사실을 처음 보고하였다. 이후 여러 나라가 그 위험성을 경고하기 시작하였는데, 미국 FDA도 지난 2013년부터 음식 속에 든 아크릴아마이드 섭취를 줄여야 한다고 경고하였으며, 최근에는 영국 식품기준청(FSA)도 뒤를 이었다.

세계보건기구(WHO)의 국제암연구소(IARC)는 아크릴아마이드를 동물실험에서 유전자 변형, 위종양, 신경독성, 신장 및 간독성 등을 유발하며, 인간에게 암을 유발할 가능성이 있는 인체발암추정물질인 '2군 발암물질(2A)'로 분류하였다. 또한 미국 산업위생

사협회(ACGIH)도 이를 동물에는 발암성이 있으나, 인체에서는 발암성이 확인되지 않는 물질인 'A3등급'으로 분류하고 있다.

아크릴아마이드와 관련된 국제적인 유해 기준은 없지만 WHO는 마시는 물에 한해 하루권장량을 리터당 0.5 ppb 미만으로 제한하고 있다. WHO가 식품 중 아크릴아마이드의 위해성 평가를 수행한 결과, 식품 섭취를 통한 장기간의 노출량은 현재 0.3~0.8 μg/kg bw/day로 추정돼 인체에 크게 영향을 주지는 않는다고 한다. 우리나라 식약처에서도 유통 중인 가공식품의 아크릴아마이드 모니터링을 주기적으로 실시하고 있는데, 이미 10년 전부터 정부와 산업체가 협력해 저감화 사업을 추진해 온 터라 그 발생 수준이 미미해 안심해도 된다고 하니 여간 다행한 일이 아닐 수 없다.

그러나 아크릴아마이드는 먹어서 우리 몸에 이익될 게 전혀 없는 소소익선(小小益善)의 물질이다. 현대의 식단에서 완전히 제거할 수는 없지만, 조리법만 살짝 바꿔도 섭취량을 상당히 줄일 수 있다. 특히, 굽거나 튀기거나 볶을 때는 검게 태워서는 안 되며, 황금빛이 돌 때까지만 조리하는 게 바람직하다. 즉, 고온이나 지나치게 오랫동안 조리해서 섭취하는 것을 피해야 한다. 또한 물에 끓여 낸 것이나 날것은 아크릴아마이드가 검출되지 않으므로 가능한 한 기름을 사용하지 않는 가공 및 조리법을 활용해야 한다.

:: 에틸카바메이트 : 발효식품 양조간장

지난 6월 12일부터 "매일 먹는 양조간장에 발암물질이?"(조선일보), "양조간장 발암주의보"(TV조선) 등 많은 대중매체들은 잇달아 기사를 쏟아냈다. 이는 S여대 식품영양학과 고 교수팀이 『한국식품조리과학회지』 최근호(2017, vol 33)에 발표한 '조리방법이 간장 내 에틸카바메이트 함량에 미치는 영향'이라는 논문 내용이 보도된 것이 원인이었다. 전국에서 수집된 재래간장 14종에서는 에틸카바메이트가 검출되지 않았으나 개량간장(양조간장) 6종에서 2.51~14.59 μg/kg의 에틸카바메이트가 검출됐다는 것이다. 게다가 시판 양조간장에서 검출된 에틸카바메이트는 미량이라도 평생 섭취하면 위험하다는 주관적인 결론까지 내려 파장을 일으키고 있다.

간장(soy sauce)은 다양한 생리활성을 갖는 우리나라 대표 장류지만 단점도 있다. 제조 방법에 따라 재래식과 개량식으로 구분되는데, 이번에 이슈가 된 것은 '양조간장',

즉 '개량식간장'이다. 이는 대두, 탈지대두와 곡류 등에 별도로 곰팡이인 누룩균을 인위적으로 접종, 배양해 식염수를 섞은 것을 말한다.

간장을 포함한 대부분의 발효식품은 에틸카바메이트(ethyl carbamate, EC)라는 발암물질을 생성한다. 이는 일명 우레탄으로 알려진 무색, 무취의 백색 분말인데, 마취제로 사용돼 왔다. IARC에서는 이를 1987년 인간에게 암을 일으킬 가능성이 있는 물질(Group 2B)로 분류했었으며, 2007년부터 인간에게 유력한 발암물질(Group 2A)로 상향 조정하였다.

EC는 1970년대 초 발견되었는데, 식품 및 알코올성 음료의 저장 및 숙성 과정 중 효모에 의해 분해된 요소가 에탄올과 반응해 생성되는 독성물질이다. 일본식 된장(miso), 일본식 청국장(natto), 요구르트, 치즈, 김치, 젓갈, 간장 등 발효식품에서 미량 생성되고, 매실주, 와인 등 과실주에서 다량 만들어진다.

1985년 캐나다에서 와인(30~100 ppb), 위스키(150 ppb), 과실주(400 ppb), 청주(200 ppb) 등 주(酒)류에 대해 세계 최초로 잔류 기준을 설정하였고, 미국에서도 주류 중 허용 기준을 브랜디(10~45 ppb), 위스키(55~70 ppb), 리큐르(10~25 ppb), 와인(10~15 ppb), 사케(55~60 ppb)에 설정하였다. 우리나라도 2008년에 알코올 함량 15% 미만인 와인에 대해 30 ppb로 설정하였으며, EC 생성 저해효소인 우레아제를 식품첨가물로 신규 지정하였다. 그러나 장류에 대해서는 섭취량이 적어 그 위해성이 미미하다고 판단해 기준을 설정하지는 않았다.

단기간에 EC를 과량 섭취하면 구토, 의식불명, 출혈을 일으키고 신장과 간 손상을 일으킨다. 쥐를 대상으로 50%를 사망시키는 반수치사량(LD_{50})은 체중 kg당 2g에 불과해 급성독성이 소금(4 g)보다 두 배 강하며, 카페인(192 mg), 벤조피렌(250 mg)의 10분의 1 정도 된다. 생성된 EC는 90% 정도 간에서 흡수되며, 효소에 의해 에탄올, 암모니아, 탄산가스로 분해돼 배설되나, 일부는 발암물질로 전환된다.

발효식품에서 발효 과정 중에 EC가 발생하는 것은 자연스러운 현상으로, 익혀 먹는 고기에도 수만 가지 발암물질이 발생한다. 현재 소비자가 섭취하는 간장의 양으로는 인체에 나쁜 영향을 줄 수가 없고 양조간장에 함유된 EC의 양 또한 너무나 미미해 그 위험성을 우려할 정도는 아니라고 본다.

소비자들이 갖고 있는 "발효식품은 무조건 안전하고 좋다."는 환상을 깨야 한다. 모든 발효식품은 우리 몸에 좋은 영양소만 있는 것이 아니라 맛과 향, 보존성을 주는 것에 대한 대가를 반드시 치러야 한다. 장류뿐만 아니라 과실주 등 모든 발효식품에는 EC 등 발암성 물질이 자연적으로 발생할 수밖에 없다.

이번 시판 양조간장 EC 논란은 위해요소(hazard)만 생각했지 양(dose)의 개념을 세내로 따지지 않아 괜한 소비자의 불안감을 조장한 것이다. 앞으로는 이런 과학적 위해성 평가 없는 단순 모니터링 보도를 객관적으로 검증하고, 허위나 오류에 대해서는 책임을 지우는 학회나 올바른 전문가로 구성된 민간 평가기구의 운영이 필요한 시점이라 생각한다.

:: 바이오제닉아민 : 발효식품

장류, 젓갈류와 같은 발효식품은 히스타민 등 바이오제닉아민 때문에 걱정이다. 물론 생명에 지장을 주는 심각한 부작용을 유발하는 것이 아니라 주로 알레르기 같은 경미한 부작용이라 아주 심각한 문제는 아니지만 부적합 제품도 많고 알레르기를 자주 일으킨다.

바이오제닉아민(biogenic amine)은 어류와 같은 고단백 식품이 많이 갖고 있는 아미노산의 미생물 효소에 의한 탈탄산반응으로 형성되는 아민의 일종인 질소 유독화합물을 말한다. 주로 미생물이나 동식물 체내에서 합성되는데, 단백질 합성에 관여하므로 세포의 성장에 중요한 역할을 해 살아 있는 세포의 필수 구성성분이다.

또한 바이오제닉아민은 식품의 구성 성분으로 비발효식품인 과일, 채소, 육류, 우유, 생선 등에 소량 함유되어 있고, 바나나, 감귤과 같은 과일, 치즈, 육제품, 포도주, 맥주, 침채류 등 발효식품, 부패된 어류, 육류, 치즈 등에서 많이 발견된다.

그리고 단백질 식품을 저장, 발효, 숙성할 때 다양한 유산균과 부패미생물의 작용으로 생성된다. 대표적으로 지방족화합물인 푸트레신(putrescine), 카데버린(cadaverine), 아그마틴(agmatine), 스퍼미딘(Spermidine), 스퍼민(Spermine), 방향족화합물인 티라민(tyramine), 페닐에틸아민(2-phenylethylamine), 헤테로고리화합물인 히스타민(histamine), 트립타민(tryptamine) 등이 있다.

이 중 지방족화합물은 부패의 지표물질로서 흔히 이용되고, 방향족 및 헤테로고리 화합물은 신경계나 혈관계에 악영향을 주어 위해물질로 간주되는데, 히스타민 또는 티라민 중독을 야기하기도 한다. 특히, 잘 알려진 히스타민은 고등어, 꽁치, 정어리, 참치 등을 비위생적으로 보관해 부패할 때 생성된다. 바이오제닉아민 생성을 주도하는 디카복실레이스(decarboxylase)라는 효소는 대부분의 식품 부패미생물이 갖고 있기 때문에 단백질 식품의 유용한 부패지표 효소로 사용된다. 또한 식품 중 히스타민, 푸트레신 및 카데버린 농도를 미생물학적 품질의 척도, 그리고 육류, 어류, 치즈, 포도주, 침채류 등에 대한 부패의 척도로서 이용하고 있다.

바이오제닉아민 중독은 냉장·냉동고가 보급되지 못한 오래전에 온난한 해양 지역에서 수산물을 당일 먹지 못하고 보관하면서부터 발생하기 시작하였다. 미국에서도 히스타민 중독이 많이 발생했었는데, 비고등어과인 식용돌고래에 의해 주로 발생하였으며, 곱사연어, 볼락, 방어, 청새치, 부시리에 의해서도 발생하였다. 이 외에 청어, 멸치, 게르치, 정어리도 관련돼 있으며, 일본에서는 백새치에서 발생한 보고도 있다. 어류에서의 바이오제닉아민 함량은 근육의 종류, 미생물 분포 등에 따라 다르다. 볼락 같은 흰색 근육보다 참치, 고등어 등 붉은색 근육에서 바이오제닉아민이 더 많으며, 또한 장 내벽에서의 함량이 높다. 원래 짙은 색이 흰 근육보다 더 빨리 많은 량의 아민을 생성한다고 한다.

우리나라의 발생을 살펴보면 지난 2005년 식약처에서 실시한 모니터링 결과, 멸치통조림에서 히스타민이 최고 131.8 mg/kg 검출되었고, 마른멸치에서는 13.8 mg/kg 검출되었다고 한다. 2007년도 히스타민 모니터링에서는 멸치에서 최고 70.1 mg/kg, 고등어통조림에서 16.5 mg/kg 검출되었고, 2009년에는 시판 꽁치, 과메기에서 33～124 mg/kg, 삼치에서는 45.5 mg/kg 검출됐었다.

미국 FDA는 참치, 백새치 등의 안전한 섭취를 위해 히스타민 안전 기준을 500 ppm 이하로 설정하고, 바이오제닉아민의 검출량으로 어류의 신선도를 판단하기를 추천하고 있다. 또한 냄새 등 관능검사도 부패의 지표가 되는데, 어류의 부패취는 열처리 가공 중에 감소, 제거될 수 있지만, 히스타민은 열에 안정해 열처리 후에도 그대로 남아 있기 때문에 부패의 지표로서 가장 유용하게 사용할 수 있다.

바이오제닉아민의 인체 위해성은 비교적 낮은 편이나 다량 섭취 또는 이들의 체내 분해 대사기작이 저해된 경우 건강을 크게 손상시킬 수 있다. 특히, 신경과 혈관에 악영향을 주는 것으로 알려져 있다. 이 중 히스타민중독은 고농도의 히스타민이 함유된 식품 섭취 후 발생하는데, 보통 고등어과, 꽁치과 어류뿐만 아니라 정어리, 멸치, 청어 등 비고등어과 어류를 섭취한 후에도 종종 발생한다.

히스타민은 인체 내에서 많은 반응과 관련되어 있고 생물학적으로 강력한 활성을 가진 아민이다. 비만세포와 호염구에 과립 형태로 저장되어 있다가 알레르기 반응 등 특별한 반응이 있으면 혈관 내에 분비되어, 심혈관계 등 여러 증상을 일으킨다. 피부에는 발진, 두드러기, 부종, 국소염증 등을, 위 장관에는 메스꺼움, 구토, 설사, 복통 등을 일으키며, 저혈압, 두통, 두근거림, 홍조, 히스타민중독증 등을 유발하기도 한다. 게다가 티라민은 가장 강력한 혈압증진 아민으로 고혈압을 유발할 수 있으며, 두통, 우울증, 알츠하이머, 파킨슨병을 갖고 있는 사람에게는 활성저해물질이 함유되어 무독화 시스템이 작동되지 않아 심각한 위해를 초래할 수 있다. 또한 바이오제닉아민은 니트로사민(*N*-nitrosamin)과 같은 발암물질로 전환될 수 있는 잠재성도 가지고 있다.

쥐를 대상으로 한 급성독성(LD_{50})은 티라민과 푸트레신의 경우 체중 kg당 2,000 mg, 스퍼미딘과 스퍼민은 600 mg이다. 무영향농도(no observed adverse effect level, NOAEL)의 경우 티라민, 카데버린, 푸트레신이 체중 kg당 180, 스퍼미딘과 스퍼민이 각각 83, 19 mg이다. 어류 중 히스타민의 경우 체중 kg당 50 mg 미만은 '안전(safe)', 50~200 mg은 '독성유발가능(possibly toxic)', 200~1,000 mg은 '보통독성(probably toxic)', 1,000 mg 초과는 '위험수준의 독성(toxic and unsafe)'으로 가이드라인이 제시되어 있다.

이러한 바이오제닉아민의 다양한 독성 정도는 식품 섭취량, 히스타민 섭취 농도, 다른 아민들의 존재, 알코올이나 약의 복용, 개인의 장내 생리 상태 등의 영향을 받는다. 특히, 훈연제품의 경우 푸트레신, 카데버린과 같은 2차 아민이 아질산(nitrite)과 반응하여 발암물질을 형성할 수도 있다. 그러나 현재 우리나라 발효식품에서 검출되는 바이오제닉아민의 함량과 섭취량을 함께 고려해 볼 때, 독성은 인체에 위험한 수준은 아니며, 니트로사민 생성으로 인한 인체 악영향 또한 아직 명확하지 않다.

현재까지 우리나라를 비롯하여 세계적으로 바이오제닉아민의 기준이나 규격을 설정해 식품을 관리하는 국가는 없다. 그러나 히스타민에 대해서만은 국제식품규격위원회(CODEX)를 비롯한 유럽연합(EU) 등 일부 국가에서 어육 및 가공어육제품에 대해

100~200 ppm 이하를 권장하고 있으며, 미국은 가다랑어 및 참치통조림에 대해 500 ppm 이하, 호주 및 뉴질랜드는 어류 및 어류제품 중 200 mg/kg 이하로 규정하고 있다. 일본에서는 식물 발효식품 중 히스타민과 티라민 권장 규격을 불검출로 정하고 있다. 우리나라는 2010년 6월 식약처 고시로 냉동식용어류머리 중 다랑어류에 한해 히스타민 200 ppm 이하로 규정하고 있다.

이러한 기준은 어육의 선도를 판별하는 기준으로 보는 것이 타당하나, 발효식품과 같이 발효, 숙성 과정에서 자연적으로 생성되는 바이오제닉아민에 대해서는 수산물과 같은 품질 및 안전 기준을 적용하기에는 무리가 있다. 우리 국민들이 즐겨 섭취하는 전통 발효식품의 바이오제닉아민 기준 규격은 수산물과는 다른 잣대가 필요하다.

바이오제닉아민은 일단 생성되면 살균이나 조리 등 가열에 의해 파괴시키기 어렵기 때문에 식품의 제조 과정 중 그 발생을 미리 예방하는 것이 최선이다. 바이오제닉아민의 저감화 방법으로는 초기 부패 미생물 수가 적은 청결한 원재료의 사용이 가장 좋은 방법이며, 방사선조사, 고압 처리 등의 살균으로 원료 중 오염된 미생물 수를 감소시키는 방법이 있고, 글리신, 마늘, 유기산 등 보존료 첨가와 냉동/냉장 등 저온저장 등의 정균법으로 균의 성장을 억제하는 방법이 있다.

바이오제닉아민은 신선한 어류에는 거의 없거나, 매우 낮은 수준으로 존재한다. 이 물질이 존재한다면 미생물 오염을 의심할 수 있으므로, 어류의 부패 정도와 신선함을 판단하는 데 사용된다. 즉, 신선한 해산물보다는 일반적으로 미생물이 증식할 기회가 많은 가공품에서 바이오제닉아민 함량이 높다. 특히, 젓갈류와 장류가 가장 문제인데, 제조 시 원재료와 제조 공정을 청결하게 유지해 식품 원료 중 초기 부패미생물 오염을 감소시키는 것이 중요하다. 원료를 가열하지 않고 생물 상태를 유지하는 비가열 살균법 중 감마선조사, 고압살균, 전기저항법 등의 방법으로 원료의 초기 부패미생물을 감소시켜 발효, 숙성 중 바이오제닉아민 생성을 억제시킬 수 있다.

부패미생물의 생육을 억제해 오염 수준을 유지시켜 주는 정균법으로는 보존료를 첨가하는 방법이 가장 일반적인데, 글리신, 마늘추출물 등 천연보존료를 사용하거나 발효수산물이나 발효소시지 등을 제조할 때 유산균 등 발효스타터 균주를 사용해 유기산을 생성케 하는 것 또한 효과적인 바이오제닉아민 제어 방법으로 알려져 있다. 유기산을 첨가해 원료 어류의 pH를 4.5 이하로 조절하거나 소금을 첨가함으로써 부패미생물의 효소 활성을 억제해 바이오제닉아민 생성량을 줄일 수도 있다.

그리고 원료의 보존 환경을 조절하는 방법이 있는데, 가장 효과적인 방법은 미생물의 생육을 억제하는 온도를 활용하는 것이다. 발효온도와 저장온도가 낮을수록 부패세균의 활동이 느려져 바이오제닉아민 생성량 적어진다. 즉, 저온서장, 서온발효가 효과적이고 안전한 저감화 방법으로 부상하고 있다. 기타 진공포장 등 공기 중 산소를 조절해 부패 미생물의 성장을 억제하는 방법도 있다.

통조림 제조 과정 중 높은 살균온도에서도 히스타민은 안정해 거의 파괴되지 않는다. 즉, 이미 생성된 히스타민을 제거하는 것은 거의 불가능하고, 그 생성을 미연에 방지하는 것이 최선의 제어법이다. 또한 히스타민은 알레르기의 원인일 뿐 아니라 부패의 지표가 되므로 어류 공급자는 원료의 히스타민 함량 분석치를 잘 활용해 늘 신선한 제품만을 시장에 공급해 주어야 한다.

:: 전자레인지 식품의 안전성

전자레인지 괴담이 넘쳐난다. "식품이나 물을 전자레인지로 데우면 진동으로 분자 배열이 바뀌어 건강에 해롭고 발암물질이 만들어진다.", "유용한 영양분이 파괴되고 음식으로서 생명력을 잃는다.", "이 음식을 먹으면 혈액의 헤모글로빈이 감소하고 나쁜 콜레스테롤이 증가하면서 인체 면역력이 약화된다." 등등 많은 엉터리 이야기가 인터넷에 떠돌고 있다.

이런 내용들은 모두 풍문일 뿐 사실이 아니다. 전자레인지는 적외선과 음파의 중간에 위치한 '마이크로파(microwave)'를 이용해 물의 온도를 올려 가열해 주지만 물과 음식의 성질에는 아무런 영향을 미치지 않기 때문이다. 전자레인지 작동 시에는 투시 창에 금속 망이 설치돼 있어 전자파가 외부로 누출되지 않을 뿐 아니라, 형광등 빛을 쬔 것처럼 식품에는 전자파가 전혀 남지 않는다. 물론 마이크로파가 사람 몸에 직접 닿으면 위험하다. 그러나 기계의 작동이 멈추면 전자파가 즉시 사라져 우리 몸과 접촉할 수가 없다.

가스레인지나 오븐은 외부에서 열을 가해 음식 표면으로부터 내부로 열이 전해진다. 그러나 전자레인지는 식품에 존재하는 물 분자를 진동시켜 음식을 내부로부터 가열하는 원리라 장점이 많다. 빠른 가열 방식으로 영양소 손실도 적고, 연기나 미세먼지도 발생하지 않는다. 그러나 이런 새롭고 낯선 원리의 가열 방식에 대한 일부 소비자의 거부감이 아직까지도 남아 있어 괴담이 만들어진 것인데, 이는 신토불이, 전통에 대한 향수와 집착 등이 원인일 것이라 생각된다.

과거에는 석유난로와 석탄, 그 이전에는 장작불이나 숯불로 음식을 익히고 데웠다. 지금도 그런 연기가 자욱한 장면을 보면 향수 때문인지 좋아 보이고 구미가 당긴다. 그러나 연기와 그을음으로 인한 초미세먼지와 발암물질의 생성 등은 안전성과 환경 측면에서는 문제가 많은데도 전통 방식이라 아무도 비난하지 않는다.

1830년 난로(stove)가 미국에 처음 등장했을 때 사람들은 불꽃이 보이지 않는 화덕이라 두려움에 거부했었다고 한다. 그러나 시간이 약이었다. 결국에는 난로가 승리해 산업화 시대의 개화된 시민이자 신분의 상징인 귀한 물건으로 대접받게 되었다고 한다. 물론 전자레인지도 단점이 있다. 음식이 균일하게 가열되지 않으며, 작동 시 발생하는 고열에 의해 비닐이나 플라스틱 포장재로부터 내분비계 장애물질이 용출될 수도 있다. 그래서 전자레인지를 사용할 때에는 전자파가 투과할 수 있는 종이, 유리, 도자기, 합성수지 폴리프로필렌(PP) 등과 같은 재질의 용기가 사용된다. 멜라민수지, 페놀수지, 요소수지 등은 고온에서 폼알데하이드 용출 우려가 있어 전자레인지용으로는 사용되지 않는다. 특히, 알루미늄포일(은박지)과 금속용기는 마이크로파가 반사돼 음식이 가열되지 않을뿐더러 강한 불꽃을 일으키기 때문에 전자레인지에서의 사용을 금하고 있다.

밤, 달걀, 소시지 등 껍질이 단단한 음식도 전자레인지 작동 시 압력으로 터질 수 있어 껍질을 제거하거나 칼집을 낸 후 사용해야 한다. 기름이 많은 식품을 랩으로 싸서 사용할 경우, 인체에 유해한 물질이 나올 수 있으므로 주의해야 한다. 밀봉된 용기나 포장은 뚜껑을 조금 열어 사용하고, 해동 시에는 포장을 제거한 후 가열해야 한다. 종이용기에 싸인 식품을 가열할 때는 화재에 주의해야 하며, 가열된 음식을 전자레인지에서 꺼낼 때에는 용기가 뜨거우므로 오븐 장갑이나 냄비홀더를 반드시 사용해야 한다. 이러한 주의사항을 잘 지켜 장점을 잘 활용한다면 전자레인지야말로 편리하고 안전하게 음식을 데울 수 있는 금세기 최고의 발명품이라 생각한다.

:: 에어프라잉 식품의 안전성

요즘 에어프라잉이 대세다. 기름 없이 뜨거운 공기로만 바삭한 튀김요리를 만들기 때문이다. 건면(乾麵)의 인기가 하늘을 찌르는 것처럼 소비자들의 건강에 대한 갈망이 기름에 대한 거부감으로 이어져 유탕(油湯)이 아닌 에어프라잉(air frying)에 열광하고 있다. 치킨에 이어 감자, 삼겹살, 옥수수구이, 고구마 맛탕, 홈런볼 등 과자까지 그야말로 온통 '에어프라잉' 열풍이다.

에어프라이어(air fryer)의 조리원리는 간단하다. 최대 200°C 고온의 열선에서 열을 내면서 내부 공기를 회전시켜 음식을 익히고 수분을 순식간에 날려버린다. 이는 기본적으로 헤어드라이어의 원리와 유사하다. 기름 대신 공기를 가열한 후 에어프라이어의 상단에 달린 팬이 전기열선으로 가열된 공기를 아래쪽으로 강하게 밀어냄으로써 강제 대류현상을 일으켜 익히는 원리로, 용기 구석구석 뜨거운 열기가 전달되어 음식이 골고루 익게 된다.

에어프라이어가 등장하기 전 기존에 사용하던 오븐이나 전자레인지는 공기회전 없이 외부 공기를 차단하고 열로만 조리하므로 조리시간이 오래 걸리고 수분이 빨리 제거되지 못하는 단점이 있어 음식의 바삭함이 에어프라이어만 못하다. 게다가 음식 자체의 기름이 빠져나가지 못하고 그대로 음식에 남게 되므로 기름을 좀 빼내고 먹고 싶은 소비자들의 기대에는 미치지 못한다. 그리고 기존의 기름에 튀기는 유탕과 비교해 볼 때 이 방식은 기름을 사용하지도 않고 뜨거운 공기로만 조리하므로 유증기나 기름때도 없어 위생적이고 깔끔할 뿐 아니라 비용면에서도 이익이다. 음식 자체의 기름으로만 튀기고 오히려 그 기름을 빼내 버리기 때문에 건강 문제로 지방(lipid = fat + oil)을 걱정하는 현대인들에게 인기가 매우 높다.

물론 에어프라잉 튀김요리의 맛이 2% 부족하다는 사람들도 있다. "튀김 맛의 절반은 기름 맛으로, 공기에 튀겨 먹는 요리는 식감이 부족해 진정한 튀김이 아니다."라며 부정하는 사람들도 많다. 『두산백과』에서 말하는 튀김의 정의를 보면 '끓는 기름에 채소나 어육을 밀가루에 묻혀 튀겨낸 요리'를 말하기 때문이다. 물론 튀김의 재료는 따로 정해진 것이 없다. 고구마, 감자, 단호박, 새우, 오징어, 양파, 깻잎, 쑥갓 등 다양한 식재료가 대상이 된다. 무엇보다 튀김 기름의 온도가 중요한데, 어패류는 180~190°C, 채소류는

170~180°C가 적당하다고 한다. 도서 『튀김의 발견』에서는 '튀김'을 식재료가 잠길 정도로 충분히 많은 양의 고온의 기름을 사용하여 단시간 내에 익혀 낸 요리로 정의하고 있다.

물론 에어프라잉 조리음식도 단점이 있다. 탄수화물이나 단백질을 고온에서 조리할 때 발암물질이 생기기 때문이다. 식약처는 "에어프라이어로 고온에서 감자튀김, 빵 등 탄수화물 음식을 장시간 조리하면 발암물질로 추정되는 아크릴아마이드가 다량 생성될 수 있어 주의해야 한다."고 한다. 식약처가 삼겹살, 연어, 식빵, 냉동감자를 온도·시간을 달리해 조리한 후 발암눌질인 벤조피렌과 아크릴아마이드의 생성량을 분석한 결과, 삼겹살과 연어 등 단백질 음식에서는 벤조피렌이 검출되지 않았고, 아크릴아마이드 생성량도 안전한 수준이었다. 그러나 식빵은 180°C에서 24분 또는 190°C에서 16분 이상, 냉동감자는 190°C에서 40분 이상 조리했을 때 아크릴아마이드가 유럽연합(EU) 권고 기준치(식빵 0.05 mg/kg·냉동감자 0.5 mg/kg) 이상으로 검출되어 주의해야 한다고 밝혔다.

선진국을 중심으로 밀가루나 감자처럼 탄수화물이 많이 든 식품을 고온에서 오래 조리해 먹으면 암 위험이 커진다는 경고도 잇따르고 있다. 바로 아크릴아마이드 때문인데, 이것은 감자, 시리얼 등 탄수화물이 풍부한 식품을 고온 조리했을 때 아스파라긴산과 당의 화학반응에 의해 생성된다. 식품의 조리온도가 120°C 이하에서는 생성되지 않고, 그 이상의 온도에서 가열시간에 비례하여 생성된다. 2002년 4월, 스웨덴 식품규격청(FSA)이 아크릴아마이드 생성 사실을 처음 보고하였고, 미국 식품의약국(FDA)도 지난 2013년부터 음식 속 아크릴아마이드 섭취를 줄여야 한다고 경고하고 있으며, 최근에는 영국 식품기준청(FSA)도 뒤를 잇고 있다.

아크릴아마이드는 먹어서 우리 몸에 이익이 될 게 전혀 없는 물질이다. 현대 식단에서 완전히 제거할 수는 없지만, 조리법만 살짝 바꿔도 그 섭취량을 상당히 줄일 수 있다. 특히, 굽거나 튀기거나 볶을 때는 검게 태워서는 안 되며, 황금빛이 돌 때까지만 조리하는 게 바람직하다. 물에 삶거나 찌는 조리법보다는 못하지만 기름을 사용하지 않는 가공 및 조리법이 좋다고 하니 에어프라이어를 활용하면 좋을 것 같고 고온이나 지나치게 오랫동안 조리해서 섭취하는 것만은 피하는 것이 좋을 것 같다.

:: 수출용 라면 2-CE 초과 검출 사건

2023년 계묘년이 시작되자마자 연초부터 대만 수출용 신라면 블랙 두부김치 사발에서 유해물질이 검출된 가운데 태국도 동일 제품 검사에 착수했다고 한다. 현재 태국 식품의약청(FDA)은 신라면 블랙 두부김치 사발제품 3,040개를 유통 중단 및 회수 조치하고 시장에서 수거, 검사 중이라 한다. 이는 해당 제품에 발암물질인 에틸렌옥사이드(EO) 검출 가능성을 염두에 둔 것인데 실제 검출된 물질은 EO가 아닌 비발암성 환경오염물질 '2-클로로에탄올(2-CE)'이다. 수출 라면 EO 사건은 2021년 5건, 2022년 8건 모두 유럽에서만 발생했었는데, 이번 대만에서 발생한 건은 유럽 이외 국가에서는 처음이다.

지난 2021년 8월 6일 독일에 수출한 모듬해물탕면 채소믹스와 면에서 발암물질 에틸렌옥사이드(EO)의 대사산물인 2-클로로에탄올(2-CE)이 검출돼 난리가 났었다. 당시 채소믹스의 2-CE 검출량은 롯트별로 각각 7.4 ppm, 5.0 ppm이었으며, 면에서는 0.18 ppm이 검출되었다.

이 사건 직후 8월 9일 우리 식약처는 라면 제조업체 현장조사 및 수거검사를 실시하였다. 이어 8월 17일 그 결과를 발표하였는데, EO는 모든 제품에서 검출되지 않았고, 제조 공정 과정에서도 EO가스를 사용하지 않았다고 확인하였다. 그러나 2-EC는 수출용 모듬해물탕면 야채믹스 원재료 중 건파에서 0.11 ppm(mg/kg), 내수용 모듬해물탕면 야채믹스에서 2.2 ppm, 수출용 팔도 라볶이 분말스프에서 12.1 ppm 검출되었다고 발표하였다.

에틸렌옥사이드(ethylene oxide, EO, C_2H_4O)는 식품 중 세균, 바이러스, 곰팡이 등에 살균소독용으로 널리 사용되는 무색의 인화성, 고반응성 가스이다. 일부 국가에서는 농산물 등의 훈증제, 살균제로도 사용되고 있고 병원 장비와 의료용품의 멸균 용도로도 이용된다. EO는 WHO의 국제암연구소(IARC)에서 흡입 시 1군 발암물질로 규정한 유독물질이다. 또한 미국에서는 독성물질 관리 프로그램상 'K등급'으로 인체발암원으로 알려진 물질이다. EO는 가스라 식품에 사용되더라도 거의 잔류되지 않고 2-CE로 전환된다. 그래서 식품에서는 EO가 사용되더라도 대부분 2-CE의 형태로 검출된다.

2-클로로에탄올(2-chloroethanol, 2-CE, C_2H_5ClO)은 발암성 물질은 아니지만 흡입 또는 피부에 흡수될 경우 높은 독성을 지니는 무색의 액체이다. 따라서 저농도에 장기간

노출되거나 고농도로 단기간 노출되면 건강에 유해한 영향을 줄 수 있다. 이는 다양한 반응에 사용되는 EO의 중간체, 부산물 등으로 생성될 수 있으나 식품 원재료 생산 시 사용되는 유기염소계 등 특정 농약이나, 비료의 2차 대사산물로도 발생 가능하고, 토양이나 환경에도 천연으로 존재해 토양에서 생산되는 라면스프 원재료인 농산물이나 향신료 등에 일정 농도로 존재할 수 있다.

식약처의 위해성 평가 결과, 2-CE의 인체노출안전기준(1일 체중 kg당 0.824 mg) 대비 '1일 추정 노출량'은 전 연령에서 0.3%, 3~6세 영유아는 0.8% 수준에 불과해 안전하다고 결론이 났다. 이어 2-CE는 국내에서 허용된 물질은 아니지만 자연 중 비의도적으로 오염되거나 발생할 수 있어 식품(농축수산물 및 가공식품) 중 2-EC 잠정 기준을 30 ppm(mg/kg)으로 설정하였다. 다만, 영·유아를 섭취 대상으로 하는 식품에는 10 ppm이 적용된다. 그리고 국내에서는 EO가 허용되지 않은 물질이라 농약 PLS(농약 허용물질 목록 관리제도)의 일률 기준인 '0.01 ppm 이하'를 적용한다.

유럽연합(EU)에서는 돌연변이와 발암성에 대한 우려로 EO를 식품 생산에 사용하는 것을 금지하고 있어 잔류허용기준이 없다. 게다가 2-CE를 EO의 대사산물로 보고, 검출된 EO와 2-CE 합을 EO로 표시하며, 정량한계 값인 0.02 ppm을 기준으로 사용한다. 독일 연방위해평가연구소(BfR)의 예비위해평가 결과, 2-CE의 위해성이 EO와 비슷한 것으로 평가되었기 때문이다. 이에 EO 사용이 금지된 곡류, 과일류, 채소류는 원칙적으로 EO가 잔류하면 안 되므로 0.02 ppm, 향신료 등은 건조 농축 등의 이유로 조금 높은 수치인 0.1 ppm을 넘지 못하도록 규정하고 있다.

국제 규격인 코덱스(CODEX)에는 EO와 2-CE에 대한 잔류 기준이 따로 없다. 다만, 미국과 캐나다는 EO의 경우, 향신료, 건조 허브류에 대해 7 ppm, 2-CE는 향신료, 건조 허브류, 건조 채소류, 참깨 등에 940 ppm이라는 높은 잔류허용기준치를 갖고 있다. 물론 미국, 캐나다는 EO를 자국 내에서 농산물 수확 후 처리제로 허용하고 있기 때문에 EO, 2-CE 각각에 대해 관대한 잔류허용치를 갖고 있다. 그러나 이 값들도 위해성 평가 결과, 안전성이 담보된 허용치이다. 우리나라는 2021년에 2-CE 잠정 기준을 만들었지만 대부분의 다른 나라들은 아직까지도 식품 중 EO와 2-CE 잔류 기준 자체가 없는 상황이다. 사실 EU와 대만이 라면 스프에서 검출했다고 하는 EO는 사실 EO가 아니라 2-CE이다.

이번 사건을 보면 지난 2012년 10월 발생했던 라면 벤조피렌 검출 사건이 생각난다. 이미 안전하다고 결론이 난 사안이었으나 국내에서 회수 명령이 떨어지자 대만을 위시한 일본, 홍콩, 중국 등 아시아 국가들이 앞을 다투어 회수 조치에 동참해 우리 라면 수출기업에 피해를 끼쳤던 사건이었다. 최근 아시아를 위시한 전 세계 식품 경쟁사들은 우리 내표 수출품인 라면이 인기를 끌자 K-Food를 견제하고 있다. 유럽에서 발생했던 2021년 5건, 2022년 8건의 우리나라 수출 라면 2-CE 검출 사건은 비록 부적합으로 회수되긴 했지만 그 잔류량이 워낙 미량이라 연방위해평가연구소(BfR)의 위해성 평가 결과 우려할만한 수준이 아니라는 결론(low concern)에 이르렀다. 이를 알면서도 2012년 라면 벤조피렌 사건 때와 마찬가지로 아시아에서 가장 먼저 대만이 흠집 내기에 나선 것이다.

사실 식품의 기준과 규격은 식품산업에만 국한된 문제가 아니다. 각 나라의 국력과 생존에 직결되기 때문에 식품의 기준과 규격 쟁탈전을 총성 없는 전쟁이라 할 수 있다. 최근 일본산 수산물의 방사능 잠정 허용치를 두고 식품무역에 국한된 작은 문제가 아니라 일본과 우리나라의 소리 없는 외교전쟁으로 여겨지는 것도 다 같은 이유이다. 올 초부터 대만, 태국 등 우리 K-Food의 아시아 경쟁자들이 일으키고 있는 우리나라 수출 라면 2-CE 검출의 노이즈 확산 사태는 '세계음식대전(大戰)'이라고 봐야 한다.

우리는 전략적으로 대응해야 한다. 다행히도 2012년 라면 벤조피렌 사건 때와는 달리 식약처는 제조 현장조사와 위해물질 모니터링을 즉각 실시하였고, 2-CE 잠정 기준도 적절한 안전 수준으로 만들었다. 이는 매우 시의적절하고 전략적인 대처로 우리 식품산업 보호와 수출 경쟁력 향상에 크게 기여했다고 본다.

그러나 우선적으로 유럽연합(EU)과 대만이 EO와 2-CE를 합쳐 관리하고 있는 현재의 불합리한 기준·규격을 CODEX와 연계해 2-CE 잔류량만 별도로 관리하도록 해야 한다. 그리고 EU는 잔류허용치도 현재 0.02 ppm이라는 실질적인 불검출 값인 검출 한계치를 유지하고 있으나 2-CE가 천연 유래로 검출되는 물질이라는 걸 인정해 잔류허용치를 현실적으로 더 높이게 해야 한다. 다음은 우리 소비자들의 인식이다. 인체 위해성을 전혀 우려하지 않아도 될 라면 2-CE 사태에 대해 다른 나라의 전략적 노이즈에 휘둘려 괜한 걱정을 할 필요는 없다. 오히려 지금은 우리나라로 수입되는 식품에 대한 안전 기준을 더욱 강화하고 규제 장벽도 더 높여야 할 때이다.

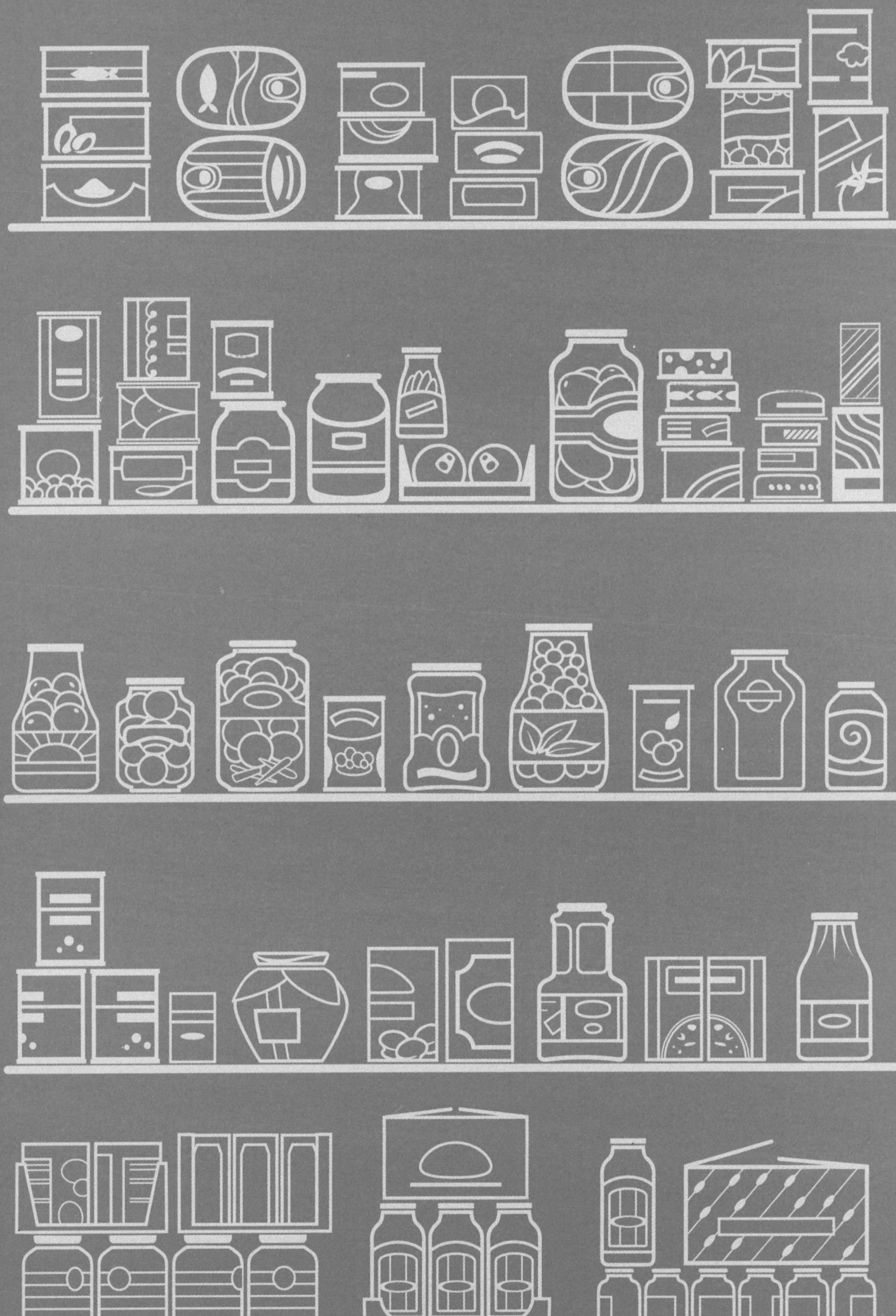

04
살충제(농약)

:: 농약 PLS 제도 바로 알기

안전사용기준이 설정된 농약만을 사용하도록 관리하는 '농약 PLS(허용물질목록 관리제도)'가 2019년 1월 1일부터 전면 시행되는 것에 맞추어 수입업체, 국내 농가, 식품업계가 난리가 났다. 이는 기준이 정해지지 않은 농약에 대해 불검출 수준(0.01 mg/kg, ppm)으로 관리하는 제도로서 2016년 12월부터 견과종실류(호두, 아몬드, 커피, 카카오 등)와 열대과일류(바나나, 파인애플 등)를 대상으로 실시해 왔고, 2019년부터는 채소, 과일 등 모든 농산물로 확대 적용된다. 또한 축산물, 수산물 PLS도 순차적으로 적용된다고 한다.

'농약잔류허용기준'이란 농작물 재배 시 사용한 농약이 최종제품에 잔류하며 인체 건강상 악영향을 주지 않는 수준으로 정부가 허용한 수치이다. 이 제도는 생산자가 병해충 방제에 최소한의 농약만을 사용토록 해 국민 건강을 보호하자는 바람직한 제도이다. 2018년 3월 20일 기준 농산물에 469종(207품목), 사료 포함 축산물에 84종(36품목)의 농약에 잔류허용기준이 설정돼 있고 농축산물과 이를 원료로 사용한 가공식품 모두가 해당된다. 잔류허용기준이 설정되지 않은 농약이 식품에 0.01 mg/kg을 초과하여 잔류할 경우 수입이 금지된다. 그러나 등록돼 있지는 않으나 수출국에서 합법적으로 사용하는 농약이라면 '수입식품 중 농약잔류허용기준(IT)' 신청을 통해 잔류허용기준을 설정하면 된다.

농약 PLS는 농약의 오남용으로부터 국민의 건강을 보호하기 위해 국내외에서 사용이 등록돼 잔류허용기준이 설정된 농약 이외에는 사용을 금지하는 제도로 현재 유럽연합(EU), 일본, 대만 등에서 시행 중이다. 미국, 캐나다, 호주 등에서는 유사한 제도로 기준이 없을 경우 '불검출(zero tolerance)'을 적용하고 있어 어쩌면 우리보다 더 엄격한 제도를 운영하고 있다고 볼 수 있다.

이 제도는 국내에서 사용되는 70~80%의 농산물을 수입에 의존하는 우리 상황에 확인되지 않은 농약이 무분별하게 사용되는 것을 우려해 수입식품의 안전관리 목적으로 도입한 어쩔 수 없는 선택으로 생각된다. 그러나 국내산 농산물도 국제 무역 질서상 이 제도를 따라야 하기 때문에 국내 농민들은 불편할 수밖에 없고 그동안 해오던 관행을 바꾸기 싫어 불평이 이만저만이 아니다.

이 PLS 제도가 지금 떠들썩해졌다고 하여 우리나라에서 이제야 소개된 것은 아니다. 10여 년 전부터 시행을 예고해 왔기 때문이다. 사실 그동안 등록된 농약을 사용하였고, 사용 방법, 시기, 횟수, 사용량과 허용 기준을 잘 지켜 온 선량한 농민들과 수입업자, 식품기업에게는 전혀 두려울 것이 없다. 다만, 이를 무시하고 미등록 농약과 양에 대한 개념 없이 주먹구구식으로 농사를 짓던 농민들이나 수입업자, 식품기업들에게는 불편하고 행정처분이 두려울 수밖에 없을 것이다.

다만, 열심히 노력하고 이번 시행에 준비를 철저히 해온 생산자나 산업 역군들에게 불편함을 주고, 불이익을 주는 일은 없는지 꼼꼼히 살펴볼 필요가 있다. 다행히도 식약처에서 신규 농약잔류허용기준 신청 절차를 신속·간소화해 식품기업들의 신청 노력과 비용을 줄여 주고자 노력하고, 등록 농약 또한 그룹핑하여 한 번에 여러 농약을 하나의 군으로, 유사한 식품군을 묶어 추가 허용하여 허용물질목록(positive list)을 조속히 확대하는 방안, 현재 370종이 가능한 다 성분 동시분석 대상 농약의 400종 이상으로 확대, 토양 유래 등 비의도적 오염 농약 기준의 설정, 엽채류와 곡류 등 소 면적 재배작물에 대한 예외 인정, 인삼 등 다년산 작물의 예외 인정, 이해 당사자인 생산자·식품업계뿐 아니라 전 국민을 대상으로 커뮤니케이션을 강화하는 등의 노력을 하고 있으니 기대해 보자.

2022년 6월 국내로 수입된 옥수수 6만 3천 톤에서 잔류농약인 말라티온이 허용 기준(0.03 ppm)보다 높은 0.8 ppm이 검출되면서 구매된 물품 공급이 중단되는 사태가 발생하였다. 이는 올 1월 식약처의 기준·규격이 일부 개정 고시되면서 말라티온의 PLS(잔류허용기준)가 기존 2.0 ppm에서 0.03 ppm으로 강화되었기 때문이다. 현재의 PLS 기준 적용이 유지될 경우 수급 불안이 지속되어 식품산업 및 국가 경제에 큰 지장을 초래할 것이라 업계는 일제히 국내 PLS 완화를 주장하였다. 게다가 연간 국내에서 소비되는 옥수수는 220만 톤으로 자급률이 0.7%에 불과해 99.3%를 수입에 의존하고 있다. 서두르지 않으면 공급 불안정 시 가격 상승 및 식품 대란까지 발생할 수 있어 국내에서 옥수수를 원료로 사용하는 약 3만 7천 개 식품제조업계, 주류업계, 제지업계는 걱정이 이만저만이 아니다.

옥수수는 127종의 PLS 설정 외에는 불검출 수준을 적용 중인데, 주로 사용하는 농약인 말라티온의 경우 최근 기존 2.0에서 0.03 mg/kg으로 강화되었다. 반면, 여전히 미국과 EU는 8.0 ppm, 일본은 2.0 ppm 기준을 적용하고 있어 우리와의 형평성에 문제가 있다. 특히, 식용 옥수수는 철저한 세척과 정제 과정을 거쳐 전분을 생산하고 있음에도 껍질만 도정해 생산하는 밀가루보다 엄격한 PLS가 적용되고 있는 것 또한 불합리하다는 의견이 많다. 현재 국내 PLS는 밀 8.0 ppm, 옥수수 0.03 ppm, 대두 0.01 ppm으로 기준이 설정돼 있기 때문이다.

요즘 같은 글로벌 무역 시대에 국가별 안전 기준을 조화해야 하는 것은 당연한 일이다. 물론 옥수수를 주로 파는 나라인 미국이나 EU의 경우 완화된 안전 기준을 적용하는 것은 사실이나 이 수치도 위해성 평가를 거쳐 충분히 안전을 확보한다는 과학적 근거로 설정된 값이라 어느 정도 존중해야 한다. 또한 전분, 콩기름, 밀가루 등 수입 완제품의 경우 PLS 적용 대상이 아니어서 옥수수나 대두를 원료로 사용해 국내에서 생산하는 가공품은 수입 완제품과 역차별을 받을 수밖에 없는 불합리한 구조이다. 게다가 수입국의 PLS 적용 기준이 우리와 달라도 수입국 기준으로 식용에 적합할 경우 그 나라에서 가공된 제품이 국내 수입 시 PLS 적용을 받지 않는 문제가 있다. 말라티온의 경우 PLS가 한국은 0.03 ppm이지만 미국은 8.0 ppm이다 보니 미국에서 옥수수가 전분으로 가공되어 국내에 수입된 제품은 PLS 적용을 받지 않는다는 것이다.

논란이 된 국가별로 다른 '농약잔류허용기준'은 농작물 재배 시 사용한 농약이 최종 제품에 잔류하며 인체 건강상 나쁜 영향을 주지 않는 수준으로 각 정부가 허용한 수치이다. 이 제도는 생산자가 병해충 방제에 최소한의 농약만을 사용토록 해 국민 건강을 보호하자는 바람직한 제도이다. 잔류허용기준이 설정되지 않은 농약이 식품에 0.01 mg/kg을 초과하여 잔류할 경우 수입이 금지된다. 그러나 등록되어 있지는 않으나 수출국에서 합법적으로 사용하는 농약이라면 수입식품 중 농약잔류허용기준(IT) 신청을 통해 잔류허용기준을 설정하면 된다. 현재 유럽연합(EU), 일본, 대만 등에서 시행 중이다.

이 제도는 국내에서 사용되는 70~80%의 농산물을 수입에 의존하는 상황에 확인되지 않은 농약이 무분별하게 사용되는 것을 우려해 수입식품의 안전관리 목적으로 도입한 어쩔 수 없는 선택이었다. 그러나 국내산 농산물도 국제 무역질서상 이 제도를 따라야 하기 때문에 우리 농민들은 불편할 수밖에 없다. 그러나 농약 PLS 제도의 주 타깃은 수입식품이기 때문에 소비자 측면에서 꼭 필요하다. 2019년 1월부터 시작된 이 PLS 제도는 지금까지는 잘 연착륙하고 있는 것 같다. 2020년 농식품부의 보고서에 따르면, 1년간 PLS 제도 시행 후 국내 농산물의 안전성이 향상되었다는 기쁜 소식도 있다.

그러나 이번 옥수수 PLS와 같은 사건이 재발하지 않기를 바라고 국가별 기준의 조화, 현실적인 국내 산업계의 대응 가능성, 소비자의 안전 등을 종합적으로 고려해 국가별 기준 값을 재점검하는 계기가 되었으면 한다.

:: 살충제 달걀

작년 '살충제 파동'으로 촉발된 달걀의 안전관리 대책으로 2019년 2월 23일부터 '달걀 껍질(난각) 산란일자 표시'가 의무화되었다. 아울러 가정용 판매 달걀의 '선별포장 유통제도'도 오는 4월 25일부터 시행된다. 또한「축산물의 가공기준 및 성분규격」을 개정해 달걀의 냉장 보존 및 유통을 의무화하였고, "30°C 이상이면서 품온보다 5°C 이상의 깨끗한 물로 세척하고, 100~200 ppm 차아염소산나트륨이나 그보다 더 효과적인 방법으로 살균하도록" 달걀의 세척 기준도 신설하였다. 즉, 물로 세척한 달걀은 반드시 냉장(0~10°C) 상태로 보관·유통해야 하며 세척 유무와 상관없이 한 번이라도 냉장 보관을 한 경우라면 냉장 상태로 유통 및 판매해야 한다. 그러나 비세척란의 경우 '가능한 한 0~15°C에'라는 단서 조항으로 상온 판매가 허용된다.

미국에서는 살모넬라균에 오염된 달걀로 인해 매년 수천 명의 식중독 환자가 발생한다. 우리나라 달걀제품 시장은 1조 4천억 원 규모로 추정되며 그 소비도 지속적으로 증가하는 추세이다. 소비자원에 접수된 달걀 관련 소비자 불만 1위는 '신선도 및 부패 변질 우려'였고, 2위는 '항생물질 잔류 여부', 3위는 '달걀의 품질등급제 및 유통기한 표시 통일', 4위는 '영양 강화 달걀에 대한 과학적 신뢰성'이라고 한다. 소비자는 달걀의 신선도와 위생·안전 문제를 가장 우려한다고 보면 된다.

이와 관련해 최근 한 대형마트에서 '물로 세척하지 않은 달걀'을 판매했다고 구설수에 오른 일이 있었다. 그러나 이것은 과학적으로나 법적으로 전혀 문제될 것이 없다. 인류는 원래부터 날달걀을 상온에서 유통해 왔고 많은 나라들은 아직도 그렇게 하고 있다. 세척이 위생 확보의 수단임에는 틀림없지만 안전을 반드시 담보하지는 않는다. 청결한 달걀이라면 상온에서는 한 달 정도, 냉장고에서는 최대 두 달 정도까지는 소비가 가능한 것으로 보고 있다. 우리나라「식품위생법」에서 물 세척을 한 달걀은 반드시 냉장 유통하도록 하고 있으나 상온 유통에 한해 공기나 마른 붓 브러시 세척(乾세척)을 허용하고 있는 데에는 다 이유가 있다. 두 방법에는 일장일단이 있는데, 청결한 달걀을 납품받아 빨리 팔 수 있는 인기 대형마트의 경우 붓 브러시로 닦아 상온에서 판매하는 건 세척이 물 세척에 비해 상대적으로 더 이익이다. 빨리만 팔 수 있다면 건 세척이 안전성 면에서도 문제가 없고 비용 면에서는 훨씬 이익이기 때문이다. 즉, 달걀의 건 세척은 비용을 절감해 소비자들에게 더 싼 가격으로 공급할 수 있고 폐수도 생기지 않아 환경 면에서 일석이조이다. 국가적으로는 오히려 대형마트에 이 방식을 권장해야 한다고 본다. 물론 식품의 보존온도가 안전에 큰 영향을 주기 때문에 상온 유통의 위험성도 감수해야 하지만 마트 입고 시 며칠 내로 팔수만 있다면 이 정도 기간은 안전성 측면에서 전혀 문제가 아니라고 본다.

소비자들은 "달걀을 사면 꼭 세척해 먹어야 하나?" 늘 궁금해 한다. 정답은 Yes일 수도 있고 No일 수도 있다. 이미 깨끗한 달걀이라면 굳이 세척을 하지 않아도 되고 세척을 안 하는 게 오히려 저장하기에는 낫다. 달걀을 물 세척하게 되면 달걀 껍질의 자연 보호막인 난각 큐티클층이 손실돼 부패와 미생물 오염에 노출될 수 있기 때문이다. 그러나 핏자국이나 똥, 깃털 등이 묻어 지저분하거나 살모넬라균, 대장균 등 세균에 오염된 달걀이라면 당연히 물 세척을 해서 먹는 것이 좋다.

유럽연합(EU)은 품질과 안전을 위해 난각의 천연 코팅층인 큐티클에 손상을 줄 수 있는 물 세척을 오히려 금지하고 있고, 유통·저장 온도 또한 신선란과 냉장란으로 구분, 적용하고 있다. 신선란은 5~20°C, 냉장란은 0~5°C의 온도로 보관토록 한다. 즉, EU는 안전성 면에서 차이가 없다고 판단해 물도 아끼고 환경을 보호하기 위한 건 세척을 채택한다. 또한 유럽에서는 닭고기 도축 후 고기를 식힐 때도 얼음물에 담그지 않고 찬 공기로 식힌다고 한다. 물론 물이 풍부하고 폐수처리가 용이한 미국에서는 아직도 물로 세척, 냉각하고 있다.

금번 우리 정부의 난각 표시제도 시행은 산란일자, 사육환경, 생산농가 표시가 핵심이다. 그동안 달걀의 '유통기한'은 산란일자 기준이었으나 포장일자 기준으로 표시하는 사례도 있었고 값이 떨어지면 달걀을 장기간 보관하다가, 가격이 오르면 포장해서 판매하는 경우가 많았기 때문에 이를 방지하고자 고육지책으로 도입한 것이라 한다. 어떤 제도든 일장일단이 있다. 이왕 도입한 제도이니 장점을 크게, 단점을 최소화할 수 있도록 서로서로 노력해야 한다.

특히, 소비자를 위한 달걀의 올바른 취급 방법으로 '구매 시 난각 표시를 확인해 산란일자, 유통기한, 사육 방식 등을 확인할 것', '깨끗하고 깨지지 않은 신선한 달걀 구입', '구입 후 바로 냉장 보관', '충분한 조리', '요리 후 2시간 이내 빠른 섭취', '깨지거나 금 간 날달걀 섭취 금지', '달걀과 접촉한 손과 주방 장비의 철저한 세척' 등이 제안되고 있으므로 항상 생활하면서 실천하도록 한다.

:: 살충제 DDT

2017년 우리나라를 강타하였던 유럽 발 '살충제 달걀' 사건을 떠올려 본다. 달걀에서 DDT, 피프로닐 등 살충제가 검출된 사건이다. 식약처는 살충제가 혼입된 달걀은 섭취해도 안전하다는 위해성 평가 결과를 발표하였지만 국민들은 난리가 났었다. 특히, 40여 년 전 이미 국내 사용이 금지된 국민 살충제 DDT가 검출된 것이 더 큰 충격을 줬는데, 이는 독성 자체가 높은 물질은 아니지만 살포 후 생물 농축성이 강하고 반감기가 길어 생태계를 교란시키기 때문에 오래전 전 세계적으로 사용이 금지되었다.

인류는 기원전 2000년 전부터 농약을 사용해 왔는데, 농업(農業)의 역사가 곧 농약(農藥)의 역사라 해도 과언이 아니다. 인간이 처음 사용한 농약은 약 4,500년 이전에 사용한 유황가루였다고 한다. 이후 15세기까지 비소, 수은, 납 등과 같은 중금속이 해충을 죽이는 데 사용되었다. 1940년대 제2차 세계대전이 종식된 후 부족한 식량으로 많은 화학 제조사들이 농약산업에 뛰어들면서 소위 '농약의 시대(pesticide era)'가 열렸다. 한국도 이전에는 마른 쑥이나 재와 같은 천연물을 병해충 방제에 이용했었으나 이후 합성유기농약들이 제조돼 이용되기 시작하였다.

농약은 「농약관리법」 제2조에 따라 "농작물을 해치는 균, 곤충, 응애, 선충, 바이러스, 잡초, 기타 농림축산식품부령으로 정하는 농식물의 방제에 사용되는 살균제, 살충제, 제초제, 기타 농림부령이 정하는 약제와 농작물의 생리 기능을 증진하거나 억제하는 데 사용되는 약제"로 정의된다. 이는 사용 목적에 따라 살균제, 살충제, 살비제, 살선충제, 제초제, 식물생장 조절제, 보조제로 분류된다. DDT는 해충을 방제하기 위해 사용되는 살충제에 해당되고, 살충제 중에서도 접촉독제에 해당된다. 접촉독제란 약제가 해충의 체벽에 접촉하여 체내로 침투함으로써 독작용을 나타내는 살충제이다.

1963년 미국 대통령 존 F. 케네디는 『침묵의 봄』이라는 책을 읽은 뒤 환경문제자문위원회를 설치하였고, 1972년 미국 환경부는 그때까지 무분별하게 사용되던 살충제 DDT의 사용을 금지시켰다. DDT는 유기염소제 살충제로 1938년에 독일에서 합성돼 해충 방제에 크게 기여하였다. 우리나라도 한국전쟁 때 DDT를 이용해 빈대, 이 등 해충 발생을 크게 줄여 많은 사람을 살렸다. 이후 기적의 약이라 불리며 최고의 전성기를 맞았으나 1979년부터 국내 시판이 금지되었다.

DDT는 1874년 오스트리아 화학자 자이들러 박사에 의해 처음 합성되었으나 1939년 스위스의 파울 헤르만 뮐러가 살충제로서의 효능을 발견해 1948년 노벨 생리의학상을 받았다. DDT가 처음 상용화될 때는 인체에 무해한 것으로 알려졌었고, 말라리아를 퇴치하는 데 매우 효과적이라 널리 이용되었다. 하지만 1962년 레이첼 카슨의 『침묵의 봄』이 출간되어 DDT의 유해성이 널리 알려지면서 세계적으로 금지되기 시작하였다.

당시 물개와 같은 해양생물의 번식력이 약해지는 등 만성중독 증상의 원인을 조사하던 중 육지에서 사용한 유기염소제 DDT가 분해되지 않고 바다로 흘러 와 먹이사슬 최상위 포식자 동물들에 영향을 준 것으로 규명되었다. 이를 지속적으로 사용하면 사람도 만성중독의 피해를 입을 것이 자명해 1972년 미국을 필두로 세계 각국이 금지하기 시작하였다. 그러나 이후 금지가 늦었던 중국 수입농산물에서는 많은 DDT 잔류 사건이 보고되기도 하였다.

DDT는 유기염소계 살충제로, 신경세포를 파괴시키며 해충을 죽인다. DDT를 경구 투여할 때 반수치사량(LD_{50})은 마우스에서 150～300 mg/kg, 개, 양, 염소는 1,000 mg/kg 이상이다. 경피 투여 시 랫트는 2,510 mg/kg이다. 사실 DDT는 급성독성이 그리 강하지 않으며 동물의 피부에도 잘 흡수되지 않는다. 국제암연구소(IARC)에서는 DDT를 2군 발암물질(Group 2A)로 분류하고 있다. 하지만 DDT는 지속성이 강하고 살포 후 생물농축성도 강해 생물체에 잔류, 분해된 물질들이 오랫동안 생태계를 교란시키기 때문에 위험하다.

식량이 부족했던 과거에는 안전보다는 생산 증대가 주목적이라 비료와 농약을 무분별하게 사용하였다. 그러나 현대에 이르러 식량 부족이 해결됨에 따라 인류는 안전에 눈을 돌리게 되었다. 그동안의 무분별한 농약 사용으로 토양이 이미 오염되어 토양에서 재배되는 농산물의 안전성을 확보하기 위해서는 지속적인 감시와 캠페인이 필요하며, 소비자 또한 농산물의 오염원에 대한 정확한 인식과 올바른 구매행동을 보여 자연스레 생산자들이 시장의 니즈를 맞추도록 해야 한다.

:: 중국발 농약 중독 독부추 사건

최근 중국 칭다오[靑島]에서 과량의 농약이 잔류한 독부추가 발견되어 6명이 중독되었다고 한다. 난양[南陽]에서도 농약 잔류량이 기준치를 초과한 독부추가 발견되어 10명이 중독되었고, 타이저우[泰州]에서는 1톤 이상의 부추를 대상으로 잔류농약검사를 실시한 결과 무려 30%가 기준치를 초과하였다고 한다. 중국은 국가적으로 고독성의 농약 사용을 금지한 지 오래지만 독부추는 여전히 사라지지 않고 있다고 한다.

우리 소비자들은 농산물에서 가장 문제시되는 오염원이 무엇이라고 생각할까? 몇 년 전까지만 해도 우리나라 소비자는 잔류농약과 중금속이 가장 위험하다고 생각하고, 미생물 관련 위해는 거의 인지하지 못하였다. 그러나 실제 미국의 식품 원인 질병 조사에 따르면 식품오염의 90%는 세균이고, 6%가 바이러스, 3%가 화학물질이라고 할 정도로 화학물질의 위협은 미미한 수준이다.

1900년대 후반까지만 해도 우리나라 식품안전 문제는 대부분 화학적 위해였다. 1970~1980년대에는 흙에서 생산되는 농산물의 경우 농약, 중금속 등 화학물질의 안전성이 주된 이슈가 되어 왔다. 그러나 1990년 이후부터는 병원성세균, 바이러스 등 미생물학적 위해가 문제시되기 시작하였다. 이어 2000년대 중반부터는 화학적 또는 미생물학적 문제가 어느 정도 해결되면서 벌레와 설치류의 배설물이나 사체, 플라스틱, 금속조각 등과 같은 이물, 즉 물리적 위해인자가 부각되기 시작하였다.

2008년 3월 미국 컬럼비아푸드에서 수입된 냉동 수입식품 유기농 야채믹스 베지터블에서 생쥐가 발견된 사건이 있었다. 대형할인점에서 판매된 제품으로 긴급 자진 회수되어 제품 전량이 폐기된 사건이었다. 이렇듯 농산물에는 이물사건이 자주 발생한다.

식량이 부족한 시절에는 안전보다는 생산 증대가 주목적이므로 비료와 농약을 무분별하게 사용하였다. 이후 점차 식량 부족이 해결됨에 따라 소비자는 안전에 눈을 돌리게 되었다. 그러나 그동안의 무분별한 농약, 동물의 분변과 인분의 사용으로 토양이 화학물질과 병원성 미생물에 이미 오염되었다. 또한 환경오염, 과도한 기기 사용 등으로 인하여 이물질의 식품 내 혼입이 자주 발생하고 있으며, 인체에 심각한 위해를 야기하고 있다.

농산물 중 존재하는 위해(hazard)는 크게 생물학적, 화학적, 물리적 위해요소가 있다. 생물학적 위해요소는 곰팡이, 세균, 바이러스, 기생충, 원충 등이 있다. 농산물에서 가장 많이 발생하는 위해요소는 미생물인데, 주로 분변 오염의 지표인 대장균(*E. coli*), 병원성 세균인 황색포도상구균, 살모넬라균, 세레우스균, 병원성대장균, 노로바이러스 등이 있다.

화학적 위해요소는 식품에서 자연적으로 존재하는 자연독과 식품의 제조·가공·포장·유통·조리 등의 과정에서 오염되는 위해요소 등으로 구분된다. 자연적으로 발생하는 화학적 위해요소는 외부로부터의 오염이 아닌 버섯독, 복어독, 곰팡이독 등의 자연독이 해당되며, 식품의 생산 및 가공 중 오염되는 화학적 위해요소는 동물용의약품, 살충제, 허용 외 식품첨가물뿐 아니라 윤활제, 세척제, 페인트와 같은 식품 생산시설, 장비, 기구 등에 사용되는 화학물질이 포함된다. 현재 식품 원료에서 주로 문제가 되는 화학적 위해요소는 항생물질 등 동물용 의약품과 농약, 중금속 등 환경오염물질의 잔류이다.

물리적 위해요소는 정상적으로 원료에서 발견될 수 없는 물질로 유리, 금속 및 플라스틱과 같은 다양한 이물질을 포함한다. 원료 유래 이물은 경작 또는 사육 과정, 운송과정, 1차 가공 등 광범위한 영역에서 혼입되므로 사전관리가 매우 어려운데, 돌, 비닐조각, 털, 종이, 금속류, 동물의 배설물 등이 주종을 이룬다. 물리적 위해요소는 완전한 예방이 불가능하여 미국 등 식품안전 최고 선진국에서도 빈발하고 있다.

농산물을 포함한 식품의 오염은 대부분 원료에서 시작된다. 인체에 해를 주고 질병을 야기시키는 주된 농산물의 오염원은 농약, 중금속 등과 같은 화학적 위해인자가 아니라 곰팡이, 병원성세균, 바이러스 등 생물학적 위해인자이다. 또한 소비자의 불만 접수, 리콜 등 생산자의 경제적 피해를 주로 일으키는 요인은 이물 등 물리적 위해요소이다. 화학적 위해요소는 그 양과 독성이 시간에 따라 거의 변화하지 않지만 생물학적 위해는 시간 경과에 따라 그 위험성이 기하급수적으로 커진다는 사실 또한 명심해야 할 것이다.

농산물의 안전성을 확보하기 위해서는 우선 안전한 생산을 위한 지속적인 감시와 캠페인이 필요하며, 소비자 또한 농산물의 오염원에 대한 정확한 인식과 올바른 구매 요령을 숙지해야 할 것이다. 농산물 구매 후 보관 시에는 냉장, 냉동 등 생물학적 위해요소의 증식을 억제할 수 있는 온도와 시간 관리를 철저히 하는 습관이 필요하다.

:: 농약 맥주 제초제 글리포세이트 발암물질 지정

최근 미국발 맥주와 와인에서 제초제 글리포세이트가 검출되어 소비자들의 우려가 증폭되고 있다. 이에 식약처는 미국 공익연구단체(Public Interest Research Group, PIRG)가 발표한 20개 주류 제품(맥주 15종, 와인 5종) 중 국내 수입되는 맥주 10종, 와인 1종과 국내 유통 중인 수입맥주 30개 제품 등 총 41개 제품에 대해 즉각 글리포세이트 모니터링을 실시한 결과 모두 '불검출'로 확인되었다고 밝혔다. 작년 5월 실시하였던 국내 제조·유통 중인 맥주 10개 제품에 대한 글리포세이트 모니터링에서도 불검출됐었다. 이번 글리포세이트 검사는 국제 공인시험법인 질량분석법을 사용하였으며, EU·일본 등의 관리 기준인 10 ppb(0.01 mg/kg)를 불검출 수준으로 적용하였다.

금번 미국에서 이슈화된 '농약 맥주' 사태는 2016년 독일 맥주에서 글리포세이트가 검출되면서부터 이미 예견된 일이다. 같은 해 우리나라에서도 수입된 미국산 시리얼 퀘이커 퀵 오츠에서 기준치 이상의 글리포세이트가 나와 전량 회수된 일이 있었다.

글리포세이트(glyphosate)는 1974년 몬산토사가 개발한 제초제 라운드업(roundup)의 주요 살충 성분인데, 2000년에 몬산토사의 독점권이 해제되어 다른 기업들도 글리포세이트 계열의 제초제를 만들어 팔기 시작하면서 급성장하였다. 이는 이 세상에서 가장 많이 사용되는 농약인데, 매년 5억 톤 정도가 사용된다. 글리포세이트는 식물체의 뿌리를 통해 흡수되어 영양 성분과 생합성 작용을 하는 특정 효소를 선택적으로 공격해 잡초의 영양 공급을 차단함으로써 말라죽게 한다.

그동안 수많은 안전성 연구 결과 글리포세이트는 다른 농약과 마찬가지로 "지침대로만 사용한다면 인체에 안전하다."는 결론을 얻어 오늘에 이르고 있다. 유럽 식품안전청(EU/EFSA), 미국 환경보호청(EPA), 일본 식품안전위원회, 호주/뉴질랜드, 우리나라 등 세계 전역에서는 글리포세이트를 식이 섭취로 인한 발암성이 없는 물질로 평가해 살충제로 허용하고 있다.

그러나 이 글리포세이트는 안전성 논란에 휩싸여 현재 전 세계적으로 가장 핫한 살충제 성분이 되었다. 2015년 국제보건기구(WHO) 산하 국제암연구소(IARC)가 글리포세이트를 2군 발암물질(Group 2A), 즉 인체발암추정물질로 발표하였기 때문이다. 또한 작년 8월에는 미국 캘리포니아주 법원이 라운드업을 사용하다가 암에 걸린 소비자에게 몬산토 측은 2억 8,900만 달러(약 3,355억 원)를 보상하라고 판결하면서 글리포세이트 논란이 증폭되었다. 프랑스 리옹지방법원도 프랑스 환경청이(ANSEE)이 2017년 승인한 글리포세이트를 주원료로 하는 제초제 라운드업 프로 360의 판매 승인을 잠재적 건강 위험을 검토하지 않았다는 이유로 취소한 바 있다.

이렇듯 글리포세이트는 안전성 우려가 워낙 큰 물질이라 해외 기사임에도 불구하고 국내에서까지 공포의 이슈로 부상하였다. 식약처의 신속한 대처로 국내에 유통되는 맥주가 제초제 글리포세이트로부터 안전한 것으로 확인되기는 했지만 소비자의 불안감은 여전하다. 맥주를 마셔야 하나 말아야 하나? 요즘 수입 맥주가 가성비가 높아 인기가 좋은데 국산 맥주로 바꿔야 하나? 다른 술을 선택하면 괜찮을까? 소비자들의 생각이 깊어진다.

맥주의 맥아, 호프 재배뿐 아니라 밀, 옥수수, 콩 등 현재 재배되는 전 세계 작물의 거의 절반이 바로 이 글리포세이트를 살충제 원료로 사용하고 있고 빵, 시리얼, 과자에서도 글리포세이트가 검출돼 소비자들의 우려와 걱정이 매우 큰 상황이다. 글리포세이트의 1일 섭취허용량(ADI)은 0.8 mg/kg이다. EU, 일본 등의 불검출 관리 기준이 0.01 mg/kg이므로 이 기준치에 해당하는 맥주를 마신다고 가정할 때 체중 60 kg 성인의 경우, 매일 48 mg까지 글리포세이트를 섭취해도 안전하다는 말이다. 매일 48 mg의 글리포세이트를 맥주를 통해 섭취하려면 맥주 관리기준치에 해당하는 0.01 mg/kg의 글리포세이트가 검출된 맥주 4.8톤을 마셔야 한다. 미국에서 가장 많이 검출된 칭따오 맥주의 글리포세이트 수치가 50 ppb(0.05 mg/kg)이니 매일 1톤을 마셔야 ADI를 초과해 위험을 주기 시작한다.

현실적으로 시판 중인 맥주의 글리포세이트 검출 수치는 관리기준치 이내의 너무나 미미한 양이라 사람에게 해(害)를 끼치지는 않는다. 사 놓은 맥주를 버려야 할지 술자리에서 맥주를 마셔야 할지 걱정할 필요까지는 전혀 없다는 이야기이다. 그러나 검출된 글리포세이트 양이 인체에 무해하기는 하나 사람이 농약을 먹어서 좋을 건 없다. 이것이 소비자들의 생각이다. 안전 당국은 앞으로도 글리포세이트가 기준치를 초과하지 않도록 관리·감독을 철저히 해야 하며, 맥주 제조업체들은 기준치 이내라 하더라도 가능한 검출량을 최소화할 수 있도록 저감화 기술을 도입하거나 원료 선별에 만전을 기울여야 할 것이다. 글리포세이트는 소비자들의 우려가 가장 큰 농약 성분이고, 수입 맥주의 인기에 힘입어 맥주 소비량도 늘어나고 있으므로 이번 기회에 법적 기준치의 재검토도 필요하다고 본다.

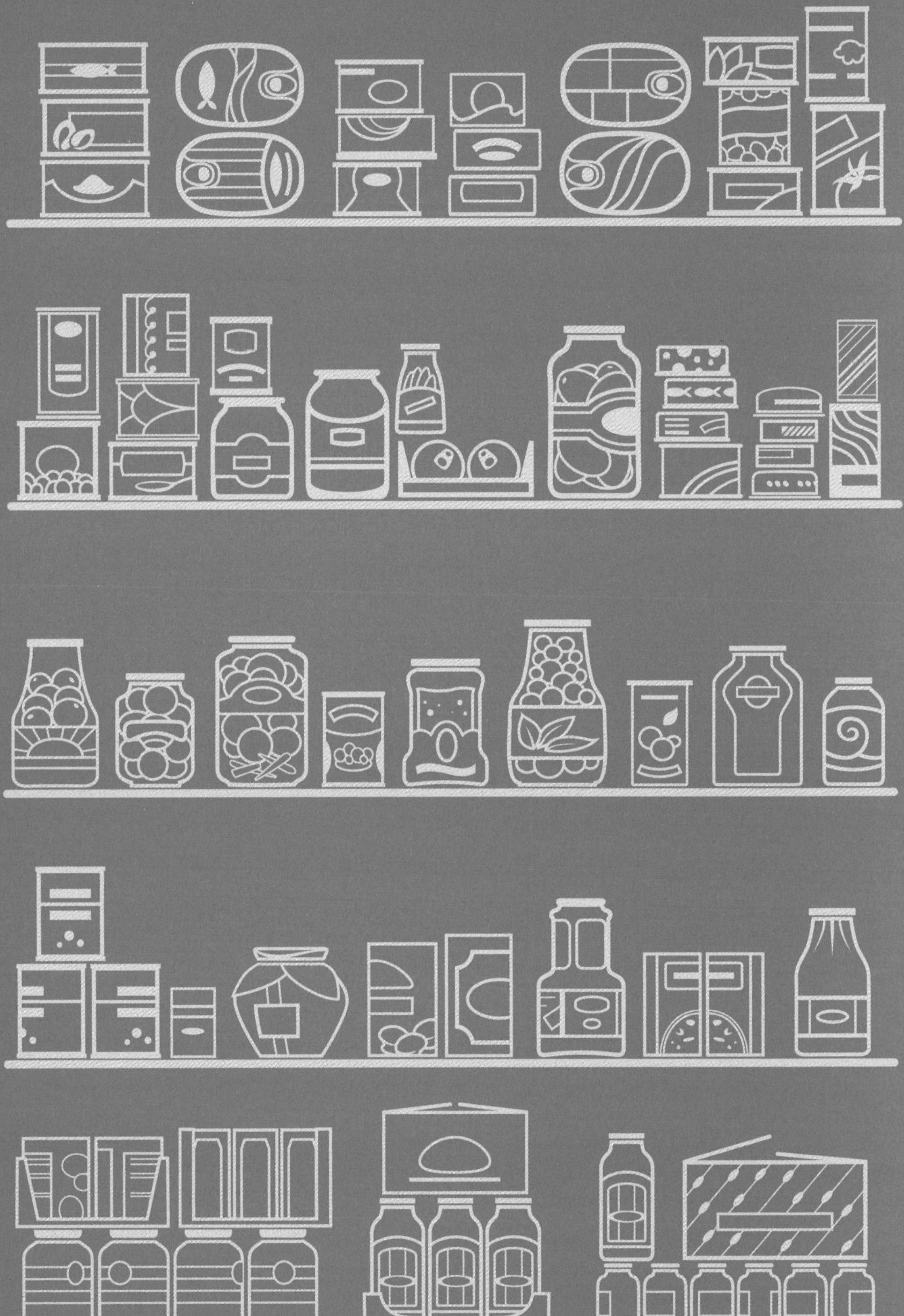

05
중금속

:: 가공식품의 중금속 포비아

코로나 시대 건강한 먹거리에 대한 관심이 높아지면서 식품의 중금속 이슈도 해마다 끊이지 않고 있다. 국내에서는 대표적으로 낙지 머리 카드뮴 사건, 톳과 다시마환의 카드뮴, 비소 검출, 참치캔의 비소, 참치 수은 등 굵직한 중금속 검출 사례가 있었다. 최근에는 미국 연방 하원 경제소위원회에서 유명 업체들의 영유아용 식품에서 높은 수준의 독성 중금속이 발견되었다는 보고서를 발표하면서 식품의 중금속 이슈가 또 다시 떠오르고 있다.

중금속(重金屬)이란 지구상에 존재하는 금속 중 비중이 4.0 이상의 무거운 금속, 즉 heavy metal을 말한다. 공장이나 자동차 매연, 폐수, 폐건전지 등을 적절하게 처리하지 않은 채 배출하면 토양이나 공기, 물이 오염되고, 이런 환경에서 생산된 식품의 원료인 농축수산물은 중금속에 오염된다. 또한, 중금속은 오염된 식품을 통한 섭취뿐 아니라 생활환경, 황사, 미세먼지 등 다양한 경로를 통해 우리 몸속으로 들어오게 된다. 우리나라 정부에서 규제하고 있는 대표적인 유해 중금속에는 납, 카드뮴, 수은, 비소 등이 있다.

유해 중금속이 몸속에 축적되면 신경 손상은 물론, 발암성, 불임, 실명, 뇌 손상, 사망 등 치명적인 결과를 일으킬 수가 있어 주의가 필요한데, 일단 우리 몸에 흡수돼 축적되면 제거할 방법이 없다. 당연히 시중에 난립하는 디톡스(解毒) 식품은 근거 없는 환상에 불과하다.

결국 중금속의 피해로부터 자유롭기 위해서는 섭취하지 않는 것이 최선의 방법이다. 그렇다면 평소 우리가 섭취하는 식품에서 중금속을 완전히 제거하는 것이 현실적으로 가능할까? 사실 중금속은 광물이라 식품 원료인 농축수산물이 자라는 토양이나 물, 공기 등에 자연적으로 항상 존재한다. 따라서 쌀, 과일, 채소 등의 식재료는 물론 가정에서 조리하는 음식에도 미량의 중금속이 존재할 수밖에 없고, 이것을 완전히 제거하는 일은 현실적으로 불가능하다.

다만, 중금속 노출을 최소화할 수는 있다. 이를 위해 각 국가별로 정부는 모든 식품에 대해 중금속 안전관리 기준을 정해 식품을 통한 중금속의 섭취를 철저히 규제하고 있다. 특히, 우리 식약처는 국제식품규격위원회(CODEX), 미국 식품의약국(FDA), 유럽연합(EU) 등 제 외국 기준과 비교해 볼 때 세상에서 가장 엄격한 중금속 기준을 설정해 관리하고 있다.

농축수산물 원재료의 경우, 제 외국 기준보다 더 세분화해 재료별로 납, 카드뮴, 비소, 수은 기준을 각각 설정하고 있는데, 허용 기준 역시 제 외국보다 낮아 전 세계에서 가장 안전하게 관리한다. 가공식품 역시 원료로 사용된 농축수산물과 동일한 수준으로 관리되고 있다. 특히, 우리나라는 「어린이식생활안전관리특별법」을 시행하는 등 어린이나 영유아의 식품안전을 최우선으로 해 이들이 주로 섭취하는 분유, 이유식의 안전성은 전 세계 최고라 해도 과언이 아니다.

따라서 이런 엄격한 안전기준을 통과해 국내에서 유통, 판매되고 있는 영유아용 식품은 가정에서 농산물을 구매해 직접 조리해 만든 이유식과 비교해도 중금속에 관한한 걱정할 필요가 없다고 보면 된다.

소중한 우리 아이와 자손들에게 먹이는 음식에 대한 안전관리의 중요성은 재론의 여지가 없다. 그러나 중금속의 오염이나 이로 인한 건강 문제는 당연히 경계해야겠지만, 인간의 힘으로 제어할 수 없는 자연스러운 극미량의 오염까지도 잘못된 논리로 '마녀사냥'하는 것은 무의미하다고 본다. 사실상 모든 천연 식재료가 사용된 음식에는 미량의 중금속 오염을 피할 수 없다는 사실을 고려할 때 객관적 안전기준을 충족하는 극미량의 중금속이 함유된 식품까지도 과도하게 걱정하는 것은 대안 없는 고민일 뿐이다.

소비자들이 해야 할 최선의 실천은 안전한 청정 환경에서 자란 식재료를 구매해 영양이 풍부한 맛난 음식을 집에서 만들어 먹거나 시판되는 가공제품을 구매할 때 원료 단계부터 체계적으로 관리되고 안전기준을 충족하는 제품인지 식품표시를 꼼꼼하게 확인한 후 선택하는 것이라 생각한다.

:: 중금속의 위해성과 해독식품

얼마 전 화장품 립스틱에 중금속이 다량 함유돼 소비자를 불안에 떨게 한 보도가 있었다. 또 낙지 머리 카드뮴 사건, 수입 꽃게 납 혼입, 참치 수은 검출, 비소 농산물 등 중금속에 오염된 음식도 자주 언론에 오르내린다. 중금속은 몸에 한 번 들어오면 잘 빠져나가지 않고 독성이 매우 강한데, 이전에 공장폐수, 농약 등으로부터 많은 사람들을 고통받게 한 적이 있었다. 그래서 소비자들은 '몸에 쌓인 중금속을 제거한다.'고 하는 건강식품에 현혹될 수밖에 없는 것이 현실이다.

중금속에 중독되면 신경 손상은 물론, 발암성, 불임, 실명 등 치명적인 증상을 보인다. 여러 중금속 중에서도 일본 공업화 시대에 이타이이타이병, 미나마타병을 유발한 카드뮴과 수은, 납, 크롬이 가장 무섭다. 이는 체내에 흡수되면 거의 배출되지 않고 차곡차곡 쌓여 일정량에 도달할 때 체내에서 독으로 작용하기 시작한다. 뼈 조직에 흡수돼 칼슘을 무력화시키고 혈액으로 이동해 각종 중독 증상을 만들어 낸다. 구토, 설사 등 가벼운 증상부터 신장장애, 세뇨관장애, 행동장애, 뇌손상, 사망에 이를 정도로 치명적이다.

사실 중금속 문제는 전 세계적으로 산업혁명에 의한 공업화 시대 이후부터 본격적으로 이슈화되었지만 그 훨씬 이전부터 납과 수은 등에 의한 중독 사건은 계속 있었다. 나폴레옹은 비소중독으로 사망하였고 중종도 비소가 든 타락죽을 먹고 호혹병(狐惑病)에 걸렸다. 중세 서양에서도 귀족들은 납으로 만든 맥주잔을 많이 사용하였고, 신도시를 건설할 때 수도관을 납으로 만들어 사용하면서 많은 사람이 납중독에 시달린 적도 있었다. 우리나라에서도 도자기에 무늬와 그림을 넣을 때 중금속인 유약을 사용하였는데, 술이나 김치 등 산성식품에 의해 중금속이 용출되는 일이 허다하였다. 또한 조선시대 기생들이 사용하던 맑고 화려한 색을 가진 화장품도 대부분 중금속이라 기생들은 늙어서 중독으로 고생했다는 이야기도 있다.

요즘 과일과 채소를 갈아서 만든 '해독주스(디톡스주스)'가 인기를 끌고 있다. 몸에 쌓인 독소를 배출해 준다고 해 먹기도 하고 다이어트 목적으로도 찾는다. 해독주스의 가격은 일반 주스 대비 2~3배 비싸 소비자들의 기대와 믿음이 대단해 보인다. 하지만 이런 주장과는 달리 거의 모든 해독주스는 실제 해독 능력이 없거나 인체 내에서 영향을 줄 정도가 아니라는 것이 문제다.

해독(解毒, detoxification)의 사전적 의미는 "몸 안에 들어간 독성물질의 작용을 없앰"이다. 즉, 이미 몸 안에 흡수되어 체내 축적된 독성물질을 제거하거나 작용을 없애 주는 식품이라야 해독식품이라 할 수가 있다. 불행히도 이미 축적되고 흡수된 독성물질을 빼낼 수 있는 음식은 없다고 보면 된다. 그런 효능을 가진 약도 없다. 물론 미세하게나마 제거하는 기능이 있고 시험관에서 그런 작용을 보일 수는 있지만 실제 인체에서 영향을 줄 정도로 강력한 음식은 없다.

식품이나 환경에 의한 중금속, 환경 유래 오염물질에 대한 노출은 흡착제, 석회석 등을 이용해 부착, 제거함으로써 체내에 흡수되는 것을 줄일 수는 있다. 삼겹살과 미역, 다시마와 같은 해조류가 중금속 제거에 효과가 있다고 알려진 속설은 사실상 중금속이나 환경 유래 독성물질에 오염된 식품과 함께 섭취하였을 때 중금속의 인체 흡수율을 줄여준다는 것이지 체내에 이미 축적된 중금속이나 독성물질을 배출시켜 주는 것은 아니다. 과일이나 채소의 식이섬유도 마찬가지 효과라고 보면 된다.

시중에 나와 있는 해독주스란 과채류에 들어 있는 미량의 농약, 중금속, 자연독 등의 흡수를 줄여 독성물질에 노출되는 정도를 줄여 주는 예방적 성격이기 때문에 엄밀히 이야기하면 해독주스라 해서는 안 된다. 중금속은 우리 몸에 전혀 도움이 되지 않으며, 이익을 위해 어쩔 수 없이 먹어야 하는 첨가물도 아니다. 섭취를 안 할 수만 있다면 안 하는 게 최선이다. 사람의 몸에 축적된 중금속을 효과적으로 제거하는 방법이 아직 없기 때문에 평소 조심하고, 체내에 축적되지 않도록 예방하는 것이 최선이다. 시중에 팔리고 있는 해독식품은 모두 근거 없는 환상이라고 보면 된다.

:: 중금속과 식품안전

카드뮴(Cd)

수년 전 낙지와 문어의 머리에서 기준치를 초과한 카드뮴이 검출되었다는 뉴스에 회나 연포탕을 좋아하는 애호가들이 화들짝 놀란 사건이 있었다. 소비자는 중금속 카드뮴을 조금이라도 먹으면 몸에 해롭다 생각하는데, 식약처는 위해성 평가 결과 안전하다고 발표해 논란을 일으켰던 일이 있었다.

공장이나 자동차 매연, 폐수, 폐건전지 등을 적절하게 처리하지 않은 채 배출하면 토양이나 공기, 물이 오염되고, 이런 환경에서 생산된 식품의 원료인 농축수산물은 중금속에 오염된다. 또한, 중금속은 오염된 식품을 통한 섭취뿐 아니라 생활환경, 황사, 미세먼지 등 다양한 경로를 통해 우리 몸속으로 들어오게 된다. 우리나라 정부가 규제하고 있는 대표적인 유해 중금속은 납, 카드뮴, 수은, 비소 등이다.

이 중 카드뮴(Cd)은 납, 수은과 함께 위험한 중금속으로 분류되는데, 부드러운 연성의 금속으로 암석의 풍화 작용, 산불, 화산활동 등을 통해 토양, 강, 대기로 방출되어 동식물의 체내에 축적된다. 또한 도금, 염색, 건전지 제조 등의 산업과 농약, 인산비료의 사용 등 농업을 통해서도 발생한다. 사람은 대부분 식품을 통해 카드뮴에 노출되는데, 흡연, 물, 생활용품, 공기 등에 의해 중독되기도 한다. 카드뮴과 같은 중금속은 생물 농축의 특성을 가지며 먹이사슬을 따라 피라미드의 최상단에 위치한 인간에게 가장 큰 피해를 일으킨다. 특히, 물에 유입된 중금속이 식물성 플랑크톤이나 물풀로부터 조금씩 더 큰 생물로 축적되는 수산물의 경우 그 피해가 커지기 때문에 수산식품 섭취 시 더욱 주의할 필요가 있다.

카드뮴 중독은 과거 일본에서 일어났던 '이타이이타이병'으로 큰 관심을 끌었다. 이는 일본 도야마현의 진슈강 상류에 있는 금속광업소에서 배출하는 카드뮴 폐수가 원인이 되어 1947년부터 20년간 수십 명이 중독되어 사망한 사건이다. 강 하류 주민들의 허리와 관절에 심한 통증을 유발하였고, 심한 경우 팔, 늑골, 골반, 대퇴골 등에 골절을 일으켰으며, 뼈의 위축으로 키가 20 cm 이상 감소한 사람도 있었던 사건이다. '이타이'는 일본말로 '아프다'라는 뜻인데 카드뮴이 뼈를 연하게 만들어 통증을 유발시키고 약해진 뼈가 골절되기 때문이다.

카드뮴은 지각의 구성 성분(150~500 ppb)으로 토양에서 경작되는 곡류나 채소류에 자연스레 존재한다. 일본에서는 오염된 쌀 섭취로 대규모 중독이 발생한 적이 있었다. 체내 카드뮴 축적은 주로 간과 신장에서 이루어지므로 동물성 식품의 간, 신장, 우유 등에 다량 존재한다. 식약처에 따르면 우리 국민이 섭취하는 전체 카드뮴의 41.4%는 김, 미역 등 해조류로부터 섭취하고 그 다음이 어패류(33.4%), 채소(14%) 순이라고 한다.

카드뮴에 심각하게 오염된 식품이나 음료를 먹은 경우에는 급성 위장 증상이 일어나는데, 카드뮴의 1회 경구 투여량의 최대 무작용용량(NOEL)은 3 mg이다. 국제암연구소(IARC)에서는 동물 및 인간 대상 연구 결과를 기반으로 1군 발암물질(Group 1)로 분류하고 있다. 유럽식품안전청(EFSA)은 카드뮴의 인체 내 반감기를 고려해 인체노출안전기준으로 잠정주간섭취허용량 2.5 μg/kg bw/week를 제시하고 있다. 한편, 국제 FAO/WHO 합동 식품첨가물전문가위원회(JECFA)는 카드뮴의 인체 내 긴 반감기와 체내 축적성을 고려하여 인체노출안전기준을 잠정월간섭취한계량 25 μg/kg bw/month로 정하였고, 우리나라도 같은 기준을 사용하고 있다. 위해성 평가 결과, 식품을 정상적으로 섭취하는 경우에는 안전하지만 내장, 머리 등 비식용 부위를 습관적으로 다량, 자주 섭취하는 극단 섭취자는 위험할 수 있다고 한다.

유해 중금속이 몸속에 축적되면 신경 손상은 물론, 발암성, 불임, 실명, 뇌 손상, 사망 등 치명적인 결과를 일으킬 수가 있어 주의가 필요한데, 일단 우리 몸에 흡수돼 축적되면 제거할 방법이 없다. 당연히 시중에 난립하는 디톡스(해독) 식품은 근거 없는 환상에 불과하다. 사람의 몸에 축적된 중금속을 효과적으로 제거하는 의학적 방법은 아직 없기 때문에 평소 식품 섭취에 주의를 기울여 중금속이 체내에 들어오지 않도록 하는 것이 중요하다.

다량의 극단 섭취자 또는 머리나 내장 등 특정 부위를 선호하는 사람의 경우, 카드뮴의 위험성을 알리고 가능한 근육 부위만 섭취할 것을 권고해야 한다. 또한 금연, 폐건전지 분리배출 등 생활 습관의 개선도 필요하다. 그리고 음식 궁합을 잘 맞춰 섭취하는 것도 중금속의 흡수량을 줄일 수 있는 방법이다. 식이섬유나 돼지고기 등 지방은 중금속과 함께 섭취 시 중금속을 일부 흡착시켜 체외로 배설하므로 흡수율을 줄이는 데 도움이 된다.

납(Pb)

2021년 11월 10일 미국 미시간주 동부연방지방법원은 "납 성분이 함유된 수돗물로 피해를 본 미시간주 플린트시 주민들에게 6억 2,600만 달러(한화 약 7,394억 원)를 지급하라"고 중재하였다. 디트로이트 북서부에 있는 인구 10만의 쇠락한 공업도시 플린트시는 휴런호를 상수원으로 하는 디트로이트시에서 수돗물을 공급받아 왔다. 그러나 릭 스나이더 주지사(63·공화) 재임 당시인 2014~2015년 휴런호 대신 플린트강을 상수원으로 쓰면서 문제가 발생하였다. 산성화 등 오염된 강물이 상수도관을 부식시켰고 주민들의 납 중독으로 이어졌다. 5세 이하 영유아의 혈중 납수치가 1년여 만에 2배 가까이 증가한 사실이 확인되며 사태가 표면화되었다.

작년 미연방 하원 경제소위원회에서 유명 업체들의 영유아용 식품에서 높은 수준의 중금속이 발견됐다는 보고서가 발표되면서 식품의 중금속 이슈가 다시 떠오르기도 하였다. 과거 국내외에서는 대표적으로 낙지 머리 카드뮴 사건, 톳과 다시마환의 카드뮴, 쌀 가공식품 비소 검출, 참치 수은 등 중금속 검출 사례가 있었다.

'납(lead, Pb)'은 라틴어로 '무른 금속'이라는 plumbum에서 유래되었는데, 방사성동위원소의 붕괴 생성물 중 최종 산물이며, 실온에서 청백색의 광택을 내는 금속이다. 납은 가공하기가 쉽고 마찰계수가 낮으며 내식성이 뛰어난 특성을 살려 연판(鉛板), 연관(鉛管) 등으로 널리 사용되고 있다. 이밖에 합금 재료, 축전지의 전극, 방사선 방호재(防護材)로 사용되는데, 유독한 단점이 있다.

납은 BC 1500년경부터 인류가 사용해 온 원소로 구약성서의 『출애굽기』에서도 언급되며, 중세 로마 시대에는 납으로 만든 상수도관에 의한 집단 중독, 납으로 만든 맥주잔, 와인잔에 의한 중독 사건이 많았다. 서기 1세기에는 비트루비우스가, 2세기에는 갈렌이 로마의 상수도의 납에 대해서 언급하였고 로마 시민의 납중독을 시사하는 증상에 대한 기록들도 많이 남아 있다. 당시 짙고 개운하지 않은 변비, 흑변, 복통, 빈혈, 혈색 악화, 수척, 입 안의 금속 맛, 관절 통증 등의 증상이 많이 보고되었는데, 모두 만성납중독 증상을 시사한다. 또한 백색 안료인 연백(鉛白)을 사용한 화장품에 의한 납중독이 배우들에게 나타나 화제가 되기도 하였다.

경구 섭취에 의한 급성납중독은 구토, 위경련 등의 증상을 보이고 뇌와 신경계통에 지장을 초래해 정신이상, 신체마비, 빈혈 등을 야기한다. 어린이의 경우 비록 소량일지라도 지능지수 및 주의력 저하, 읽기 및 배우기 장애, 청각장애, 비정상적인 과민증, 성장 지연, 성격 포악 등을 유발할 가능성이 높아 위험하다. 납은 일반적으로 체내에 축적되어 오랜 시간이 지난 후 그 독성이 만성적으로 나타나므로 발병했을 때는 이미 치명적인 상태이다. 심한 경우 1~2일 내에 사망할 수 있으며, 발암성이 있어 국제암연구센터(IARC)에서 2군 발암물질로 분류하고 있다. 뼈, 머리카락, 치아 중 납 존재량은 체내의 납 축적을 암시하는데, 독성이 강해 국제적으로 사용을 철저히 규제하는 중금속이다.

2000년 8월 21일 납을 넣은 중국산 꽃게를 수입 판매한 수입업자가 「식품위생법」 위반 혐의로 검찰에 구속된 사건이 언론에 보도된 적이 있었다. 증량 목적으로 납을 투입한 전형적인 후진국형 식품 사건으로 지탄을 받았다. 그 후 2005년 9월 한 국회의원이 중국산 김치에서 납이 검출되었다고 폭로해 난리가 난 적도 있었다. 당시 식약처는 김치 중 납 오염 수준은 인체 위해성이 낮아 안심해도 된다고 발표하였으나 이후 김치에 납 허용 기준을 마련하였다.

채소, 곡물 등 토양으로부터 재배되는 모든 농산물에는 납이 어느 정도 들어 있다. 그래서 일본에서도 채소류 중 잔류 납 허용치를 1 ppm으로 설정하고 있다. 미국에서는 식품 캔에 납땜 금지, 과일음료 중 납 함유량 기준을 0.08 ppm, 기타 모든 식품 중 0.25 ppm, 칼슘보충제에 대해 5 ppm, 음용수 중 5 ppb 이하로 설정해 관리하고 있다. 또한 미국 FDA는 영유아 보호를 위해 도자기제 식기로부터의 납 용출 한도를 강화하였고, 포도주병 마개 호일캡슐의 납 사용을 금지하였다.

납은 세계보건기구(WHO)에서 '주간섭취허용량(PTWI)'을 사람 체중 1 kg당 25 μg으로 설정해 철저히 관리하고 있다. 즉, 몸무게 60 kg인 성인이 매주 1.5 μg까지는 섭취해도 괜찮다는 뜻이다. 우리나라 국민의 납 섭취량 모니터링 및 위해성 평가 결과, 안전한 것으로 판정됐지만 납은 먹어서 우리 몸에 좋을 것이 전혀 없는 물질이라 섭취를 안 할수록 좋다. 납은 우리에게 이익을 주는 첨가물도 아니고 소량 섭취 시 급성독성은 없을지라도 우리 몸에 차곡차곡 싸여 일정량에 도달하면 만성적으로 부작용을 일으키는 축적성(蓄積性) 독(毒)이다. 소량의 납이라도 식품을 통해 소비자에게 노출되지 않도록 생산자, 산업계, 정부 모두 최선의 노력을 다해야 한다.

수은(Hg)

작년 10월 중국 베이징대학 연구팀은 "한·중·일 등 동아시아 지역에서 강을 통해 바다로 흘러드는 유해 중금속 수은(Hg)의 양이 전 세계 해양 유입량의 10%를 차지한다."는 연구 결과를 발표하였다. 이 논문에서는 공기를 통해 바다로 들어오는 양보다 강을 통해 바다로 들어오는 수은의 양이 3배나 되고, 동아시아 강에서 바다로 유입되는 수은의 양은 연간 95톤에 이른다고 밝혔다. 이로 인해 동아시아 연안 해수 속 메틸수은 농도가 전 세계 평균의 22배에 달해 수은 오염의 '고위험 지역(hot spot)'으로 지목되었다.

최근 심혈관질환을 예방하는 데 생선이 좋다고 소문이 나 열풍이 불고 있다. 특히, 참치는 맛도 좋지만 혈관 건강에 이로운 오메가-3 지방, 비타민, 셀레늄 등 미네랄 함량이 높아 어린이 두뇌 발달, 성장 발달, 면역력 증강에 도움을 준다고 알려져 있다. 게다가 지난 2017년 1월 미국 식품의약국(FDA)이 "임산부와 어린이의 어류 섭취는 성장과 발달에 유익해 생선을 일주일에 2~3회 나누어 8~12온스(227~340 g)씩 먹는 것이 좋다."고 권고하기도 해 인기를 더해 가고 있다.

이런 좋은 분위기에 찬물을 끼얹은 나쁜 소식이 있었다. 최근 미국 소비자단체가 어린이와 임산부는 아예 황새치 등 참치를 포함한 상어, 동갈삼치, 옥돔 등 4종류의 생선을 삼가도록 권고하였기 때문이다. 게다가 과거 스위스에서 한국산 참치를 원료로 제조·판매한 영국 Frisch-Fisch-Mercato사(社)의 냉동 참치 스테이크인 Thunfisch Steak를 수은 기준 초과(1.16 ppm)로 판매 중지한 적도 있었다.

수은(水銀, Hg)은 상온에서 유일하게 액체 상태로 있는 은백색의 중금속(重金屬) 원소이다. 이는 어떤 금속과도 쉽게 합금을 만들어 아말감이 되는 성질이 있어 정련하거나, 의약, 화약, 살충제, 온도계, 기압계 등을 만드는 데 쓰인다. 그러나 독성이 매우 강해 신장, 간 조직 등에 손상을 준다. 주로 화석연료로 전기를 생산하는 발전소에서 발생하는데, 하천이나 강으로 흘러들어 가 해양생물의 몸속에 축적된다. 먹이사슬을 따라 농축되는 특성이 있어 상위에 있는 참치처럼 몸집이 큰 어종에 더 많이 쌓인다.

연어나 참치에 오메가-3 지방이 많아 좋은 생선으로 추천되고 있었는데, 최근의 수은 검출 뉴스가 참치 열풍에 찬물을 끼얹은 꼴이 되었다. 미국 환경청(EPA)은 메틸수은에 대한 참고치(reference dose, RfD), 즉 유해한 건강 영향 없이 개인이 매일 노출되는 메틸수은 양을 하루 0.1 mg/kg으로 정하기도 하였다.

우리나라의 경우 '해산 어패류(연체류 포함)와 담수어의 중금속 잔류허용기준'이 총수은 0.5 mg/kg 이하(심해성어류, 다랑어류 및 새치류 제외), 메틸수은 1.0 mg/kg 이하(심해성어류, 다랑어류 및 새치류에 한함)로 규정되어 있다. 우리가 자주 섭취하는 어류 내 총수은을 모니터링한 연구 결과에 따르면, 백조기(0.15 mg/kg), 꽁치(0.06 mg/kg), 동태(0.05 mg/kg), 갈치(0.15 mg/kg), 고등어(0.05 mg/kg) 등은 기준치보다 낮아 안전했지만, 참치회로 주로 쓰이는 눈다랑어(1.37 mg/kg), 황새치(2.42 mg/kg)는 기준치(1.0 mg/kg)보다 높은 수준으로 검출돼 섭취 시 주의가 필요하다고 경고한다.

과거 전 세계적으로 수은의 독성과 안전성에 대한 경각심을 불러일으킨 대표적인 사건은 1950년 일본의 미나마타시에서 발생했던 집단 수은중독이다. 이 미나마타병(minamata disease)은 수은에 의한 신경장애로 사망에까지 이르게 된다. 미나마타만 상류의 화학공장에서 촉매로 사용하였던 염화제2수은($HgCl_2$)이 폐수에 섞여 방출되면서 메틸수은으로 전환되어 그 지역 어패류의 체내에 축적되었고, 이를 먹은 주민들 체내에 다시 농축되면서 집단 발병을 일으킨 것으로 입증되었다.

어패류 섭취 시 가장 문제가 되는 것이 바로 '메틸수은'이다. 이는 지용성으로 소화관과 폐에 흡수가 잘되며, 중추신경계와 태아 조직에 농축돼 독성을 나타낸다. 주요 중독 증상은 보행장애, 수족마비, 중추신경계 이상 등이고 사망에 이를 수도 있다. 또한 산모를 통해 태아에게 전달되어 뇌 발달에 지장을 주며, 신경장애와 IQ 저하, 동작 이상 등을 발생시킨다.

이 때문에 미국 뉴욕시는 이미 수년 전부터 임신부나 수유 중인 엄마들, 또는 어린이들이 참치회나 농어, 황새치 등을 섭취하지 않도록 경고해 왔고 가능한 한 수은 축적량이 적은 작은 생선 섭취를 권장하고 있다. 참치 등 큰 생선을 자주 섭취하는 사람은 수은에 노출될 가능성이 커 소비자 스스로 섭취량을 적절히 조절하는 지혜가 필요하다.

비소(As)

식약처는 2017년 12월 28일 "쌀, 톳 또는 모자반이 함유된 영유아 식품 등에 무기비소 규격"을 신설하였다. 쌀, 톳 또는 모자반이 함유된 특수용도식품(이유식 등)과 영유아용 식품, 과자, 시리얼류, 면류에 대해서는 무기비소 기준을 0.1 mg/kg 이하로, 그 외 톳·모자반 함유 가공식품에 대해서는 1 mg/kg 이하로 신설하였다. 무기비소는 비소 중 산소, 염소, 황 등과 화합물을 이룬 비소로 유기비소에 비하여 독성이 강하며, 일부 벼(쌀), 수산물 등에 존재한다.

2012년 9월 미국 남부산 쌀에서 무기비소가 최대 8.7 μg(1회 섭취기준) 검출되었다는 미국 『컨슈머 리포트』의 발표로 쌀을 주식(主食)으로 하는 전 세계 절반을 차지하는 소비자들의 걱정이 이만저만이 아니다. 엎친 데 덮친 격으로 쌀과 비소 관련 부정적인 논문도 여럿 나왔다. 2011년 "쌀을 주식으로 하는 임산부의 소변 중 비소 농도가 1.6배나 되었다!", "현미 시럽을 사용한 이유식 2종에서 식수 기준의 6배를 초과한 비소가 검출되었다."는 내용이었다.

미국 『컨슈머 리포트』는 이어 2014년에도 쌀에 포함된 무기비소의 위험성을 들어 제한적으로 섭취할 것을 권고하였는데, "어린이에게는 쌀로 만든 시리얼과 파스타를 한 달에 두 번 이상 섭취하지 말 것과 공복에 쌀로 만든 시리얼을 먹이지 말라"는 구체적인 지침을 제시하였다. 이에 우리 식약처는 유통 쌀의 무기비소 허용기준치를 국제식품규격위원회(CODEX)와 같은 0.2 mg/kg(200 ppb)으로 마련한 바 있다. 쌀을 주식으로 하는 인도와 방글라데시와 같은 저개발국은 쌀뿐 아니라 지하수를 통한 오염에도 노출되어 있어 비소가 심각한 문제가 되고 있다. 특히, 물에서 자라는 벼는 다른 작물보다 비소를 10배나 잘 흡수하는 성질이 있기 때문이다.

비소(砒素, Arsenic)는 과거 전쟁과 독살에 자주 사용되던 독성이 강한 중금속이다. 회색의 고체이며, 주로 황화광물로 발견되는데, 특히 무기비소는 비소의 무기화합물질로 농약 살포, 채광, 제련, 화석연료 연소, 목재 처리 등의 과정에서 땅에 스며든다. 비산납, 비산 석회, 비산 석회분제 등이 있다.

비소라는 말은 노란 분말인 '웅황(orpiment)'을 의미하는 그리스어 'arsenikon'에서 유래하였다. 화합물인 계관석(鷄冠石)이나 웅황(雄黃), 석황(石黃)이라고도 하는데, BC 4세기경 아리스토텔레스와 그의 제자가 그 존재를 기록에 남겼으며, 중세의 연금술사들도 황(黃, sulfur)처럼 금속의 원 성분으로 간주하였다. 13세기 독일의 연금술사 알베르트투스 마그누스에 의하여 처음으로 석출되었으며, 파라셀수스(Paracelsus) 등도 아비산 무수물의 독성을 알고 독과 약으로 사용하였다고 한다.

프랑스의 영웅 나폴레옹도 비소에 의해 독살된 것으로 추정되고 있고, 로마의 네로 황제 어머니인 아그리피나가 아들을 황제로 만들기 위해 클라우디우스를 비소로 살해하였다는 기록도 있다. 비소화합물은 장기간 노출 시 피부, 폐, 간, 신장, 방광 등에 암을 유발한다. 홑원소물질 비소에는 독성이 없는 것으로 알려져 있으나, 아비산이나 비산 등의 화합물은 독성이 강해 주의해야 한다. 특히, 방부제, 살충제, 살서제(殺鼠劑) 등으로 사용되고 있어 주의가 요구된다.

금번 식약처의 무기비소 규격 강화 시책은 쌀을 주식으로 하고 있고 자급률 100%인 우리나라 현실에서 쉽지 않은 안전관리 정책이었으나 소비자의 건강을 최우선으로 고려한 적절한 판단이라 생각된다. 소비자들은 무기비소 기준이 설정된 쌀과 쌀가공품처럼 모든 음식은 좋고 나쁜 양면을 갖고 있으며, 그 어떤 식품도 완벽하게 안전하지 않다는 것을 인정했으면 한다.

:: 노니 쇳가루

작년 다양한 효능·효과를 내세우며 판매 중인 노니 분말 및 환 제품에서 쇳가루인 금속성 이물이 다수 검출되자 2019년 3월 식약처는 이를 국민청원 안전검사 대상으로 선정해 유통 중인 412개 제품을 점검하였다. 노니 분말은 원료 및 제조 공정에 따라 과채가공품, 기타 농산가공품, 기타 가공품 등 다양한 유형으로 수입 또는 제조·판매되는데, 금속성 이물, 오염지표 미생물, 의약품 성분 23종의 불법 혼입 여부, 건강기능식품 오인, 질병 예방·치료 효과를 표방하는 등의 허위·과대광고 행위를 점검하였다고 한다.

최근 방송된 채널A '나는 몸신이다'에서 '염증 개선의 왕'이라는 제목으로 노니를 소개하였다. 남태평양 지역에서는 노니를 신이 준 선물, 진통제 열매라 부르며 민간 치료에 다양하게 이용한다고 한다. 또한 노니는 비타민, 미네랄이 풍부해 항암 효과가 뛰어나며 강력한 항산화 작용으로 염증관리에도 도움을 준다고도 한다. 또한 MBN '천기

누설'에서도 노니 분말을 차세대 슈퍼푸드, 다이어트 식품으로 소개하였다. 노니가 체중 감량, 피부노화방지, 해독 작용, 콜레스테롤 수치 완화에 효능이 있다고 하며, 분말로 우유나 요구르트에 타 먹거나 원액을 물에 타서 주스로 마시도록 소개하였다. 그러나 과다 섭취 시 구토와 설사, 간부전 등의 부작용이 있을 수 있고 신장질환자는 섭취를 삼가는 것이 좋다고 경고하였다.

이런 방송의 영향으로 노니는 홈쇼핑 등에서 건강식품으로 폭발적으로 판매되고 있다. 2016년 수입량은 7톤에 그쳤지만, 2018년 280톤으로 급증한 것만 봐도 그 인기를 알 수 있다.

노니(noni)는 꼭두서니과에 속하는 상록관목으로 인도에서는 인도뽕나무, 중국에서는 바지티안, 카리브 해안에서는 진통제나무, 호주에서는 치즈과일, 타히티섬에서는 노노라고도 한다. 대개 화산 토양에 뿌리를 내리고 자라는데 인도, 호주, 중국, 남동아시아 등지가 원산지이다. 노니의 열매는 약 10 cm 크기로 감자처럼 생겼으며, 표면이 울퉁불퉁하고 여러 개의 작은 갈색 씨가 들어 있고, 익으면 역한 냄새가 난다. 노니의 열매는 약용으로 많이 이용되는데, 식품으로는 주스, 분말, 차 등으로 가공된다.

실제 노니는 트라퀴논, 세로토닌 등의 성분이 있어 소화 작용을 돕고 통증을 줄여주며 고혈압과 암 등에도 효과가 있다고 한다. 당뇨병, 심혈관질환, 두통, 관절염 등에도 도움이 되고 항산화 물질이 풍부해 노화 예방에도 도움이 되며, 해독 작용도 있다고 일부 과학자들이 이야기하고 있으나 사실상 이를 뒷받침할 근거는 없으며, 부작용도 만만찮다는 것이 중론이다.

노니 복용 시 설사나 변비에 걸릴 수 있고 안트라퀴논 성분 때문에 과다 복용 시 간과 신장에 좋지 않다고 한다. 2004년 8월 미국 식품의약국(FDA)은 「연방식품·의약품·화장품법(FD&C Act)」 위반 혐의로 플로라(Flora)사에 경고장을 보낸 적이 있었다. 이 회사는 노니를 의약품으로 소개하였으나 노니주스에 대해 안전성과 임상적으로 효능이 검증되지 않은 건강 효과를 주장하였기 때문이다. 유럽연합(EU)의 경우 타히티안 노니주스의 안전성 검증을 실시한 후, 2002년 이를 신(新)식품(novel food)으로 승인하였으나 노니주스의 건강 효과를 인증한 것은 아니었다.

작년 수입 노니 분말제품에서 쇳가루가 검출되면서부터 국민의 안전성 우려가 커졌다. 식약처는 지난해 12월부터 베트남, 인도, 미국, 인도네시아, 페루 등 5개국에서 노니를 50% 이상 함유하는 분말제품을 수입할 때 반드시 금속성 이물을 검사토록 '검사명령'을 시행하였다. 또한 식약처는 올 3월 이를 국민청원 안전검사 대상으로 정해 노니 분말과 환 제품 총 88개를 수거 검사한 결과, 22개 제품이 금속성 이물 기준(10 mg/kg)을 초과(16.5~1,602 mg/kg)해 판매 중단 및 회수 조치하였다고 한다. 작년에 실시하였던 검사명령제 덕분인지 수입식품은 1개 품목만 위반하였고 21개가 국내 제품이었다. 또한 정제수를 섞어 100% 노니주스라고 속여 판 36개 온라인 쇼핑몰도 적발하였으며, 노니에 콜레스테롤 분해와 항암 효과가 있다며 만병통치약처럼 과대 광고한 인터넷 사이트 196개에 대해서도 방송통신심의위원회에 차단을 요청하였다고 한다. 고시도 개정해 분말, 가루, 환 제품 제조 시 분쇄 후 자력을 이용해 쇳가루를 제거토록 '제조·가공기준'도 신설하였다.

식약처의 발 빠른 대처로 노니의 안전성을 확보한 것은 시의적절하였다. 그러나 이 식품은 쇳가루 등 금속성 이물 기준이 이미 마련돼 있어 제조·판매자들은 당연히 법을 지키기 위해 쇳가루 제거 공정을 활용해야만 한다. 해당 기업이 고가의 첨단 제거 장치를 도입하든 경제적 여력이 안 되어 손으로 자석을 사용하든, 물에 담가 비중으로 제거하든 새로운 방법을 개발하든, 기준치를 지키면 그만이다. 그 방법과 과정은 기업에 맡겨야 할 부분인데, 1만 가우스 이상의 자석을 사용해 금속성 이물(쇳가루)을 제거토록 제거 장치를 의무화(2019.4.30. 행정 예고)한 조치는 기업에 큰 부담을 주는 과도한 규제라 생각된다.

그리고 TV 방송의 영향은 정말로 대단하다. '고지방 다이어트 열풍'으로 한때 버터까지 마트에서 독나게 하고, 렌틸콩을 띄워 '슈퍼곡물' 광풍을 일으키기도 하였다. 앞으로는 TV 방송의 식품에 대한 기능은 반드시 근거가 뒷받침되도록 제도적 장치를 마련해야 하며, 방송에서 엉터리 이야기를 하는 함량 미달의 전문가, 쇼 닥터들도 반드시 말에 대한 책임을 지워야 한다.

:: 유럽발 한국산 참치 수은 검출 사건

2019년 5월 17일 유럽 식품·사료신속경보시스템(RASFF)에 따르면 스위스 당국은 한국산 참치를 원료로 제조·판매한 영국 Frisch-Fisch-Mercato사의 냉동 참치스테이크인 Thunfisch Steak를 '수은 기준 초과(1.16 ppm)'로 판매 중지하였다고 한다. 최근 심혈관질환을 예방하기 위해 생선 섭취가 열풍이었고, 특히나 연어나 참치 등이 오메가-3 지방이 많아 주로 추천되었는데, 최근의 수은 검출 뉴스가 참치 열풍에 찬물을 끼얹은 꼴이 되었다.

참치는 맛도 좋지만 혈관 건강에 이로운 오메가-3 지방, 비타민, 셀레늄 등 미네랄 함량이 높아 어린이 두뇌 발달, 성장 발달, 면역력 증강에 도움을 준다고 난리다. 지난 2017년 1월 미국 식품의약국(FDA)이 '어류 섭취에 관한 최종 권고안'을 발표하였는데, 여기서 임산부와 어린이의 어류 섭취는 성장과 발달에 유익하여 생선을 일주일에 2~3회 나누어 8~12온스(227~340 g)씩 먹는 것이 좋다고 권고하였다. 그러나 최근 미국 소비자단체가 어린이와 임산부는 아예 황새치 등 참치를 포함한 상어, 동갈삼치, 옥돔 등 4종류의 생선을 삼가도록 권고하면서부터 참치 섭취에 대한 우려의 목소리가 커지고 있다.

수은(水銀, Hg)은 인체에 독성이 매우 강한 중금속으로 신장 및 간 조직에 손상을 준다. 주로 화석연료를 사용해 전기를 생산하는 발전소에서 발생하며, 하천이나 강으로 흘러들어가 해양생물의 몸속에 축적된다. 그리고 먹이사슬을 따라 축적되므로 상위에 있는 참치처럼 몸집이 큰 어종에 보다 많이 쌓인다.

미국 환경청(EPA)은 메틸수은에 대한 참고치(reference dose, RfD), 즉 유해한 건강 영향 없이 개인이 매일 노출되는 메틸수은 양을 하루 0.1 mg/kg으로 정하였다. 이러한 참고치는 생선 섭취 권고나 대기 배출 제한 등 위해도 관리나 규제 정책의 근간이 된다. 우리나라의 경우 "해산 어패류(연체류 포함)와 담수어의 중금속 잔류허용기준"이 총 수은 0.5 mg/kg 이하(심해성어류, 다랑어류 및 새치류 제외), 메틸수은 1.0 mg/kg 이하(심해성어류, 다랑어류 및 새치류에 한함)로 규정되어 있다. 다른 나라의 수은 기준치와 비슷한 수준인데, 일본의 경우에는 총 수은 0.4 mg/kg, 메틸수은 0.3 mg/kg으로 우리나라보다 오히려 낮다. 아마 우리보다 섭취량이 훨씬 많아서 그럴 것이다.

우리나라에서 자주 섭취하는 어류 내 총 수은을 모니터링하였던 한 연구 결과에 따르면, 백조기(0.15 mg/kg), 꽁치(0.06 mg/kg), 동태(0.05 mg/kg), 갈치(0.15 mg/kg), 고등어(0.05 mg/kg) 등은 기준치보다 낮아 안전하였지만, 참치회로 주로 쓰이는 눈다랑어(1.37 mg/kg), 황새치(2.42 mg/kg)는 기준치(1.0 mg/kg)보다 높은 수준으로 검출되어 섭취 시 주의가 필요함을 경고하기도 하였다.

전 세계적으로 수은의 독성과 안전성에 대한 경각심을 불러일으킨 대표적인 사건은 1950년 일본의 구마모토현 미나마타시에서 발생하였던 집단 '수은 중독'이다. 이 미나마타병(Minamata disease)은 수은에 의한 신경장애로 사망에까지 이르게 된다. 사건 발생 후 역학조사 결과, 미나마타만 상류의 화학공장에서 촉매로 사용하였던 염화제2수은($HgCl_2$)이 폐수에 섞여 방출되어 메틸수은으로 전환된 것이 원인이었다고 한다. 이 방류된 메틸수은이 그 지역 어패류의 체내에 축적되면서 이를 먹은 주민들에 다시 농축되면서 집단 발병을 일으켜 유명해진 사건이다.

어패류 섭취 시 가장 문제가 되는 것이 바로 '메틸수은'이다. 이는 지용성이 커 소화관과 폐에 흡수가 잘되며, 중추신경계와 태아 조직에 농축되어 독성을 나타내기 때문이다. 주요 중독 증상은 보행장애, 수족마비, 중추신경계 이상 등이고 사망에 이를 수도 있다. 수은은 산모를 통해 태아에게 전달되어 뇌 발달에 지장을 주며, 또한 신경장애와 IQ 저하, 동작 이상 등이 발생해 선천적인 미나마타병으로 태어날 수도 있다. 이 때문에 미국 뉴욕시는 이미 몇 년 전부터 임신부나 수유 중인 엄마들, 혹은 어린이들이 참치회나 농어, 황새치 등을 섭취하지 않도록 경고해 왔고 가능한 수은 축적량이 적은 작은 생선 섭취를 권장하고 있다.

우리나라는 국민 1인당 연간 수산물 소비량에 있어 세계 최고 수준이다. 수산 강국인 노르웨이, 일본인보다도 많이 먹는다. 2019년 기준 유엔식량농업기구(Food and Agriculture Organization of the United Nations, FAO)에 따르면 포르투칼(57.2 kg)과 한국(56.6 kg)이 가장 많이 먹고, 중국(46.6 kg), 스페인(39.5 kg), 일본(37.8 kg)이 뒤를 잇고 있다고 한다. 이는 약 20년 전 2002년도 소비량인 36.8 kg보다 거의 65%나 증가한 수치이다. 우리는 수입 수산물 증가율도 세계 3위를 차지할 정도로 생선을 좋아하고 많이 먹는 나라인데, 특히 횟감 생식(生食)을 좋아해 어패류를 통한 위해 노출 확률이 다른 나라에 비해 월등히 높다. 소비자가 참치 등 큰 생선을 바르게 알고 섭취할 수 있도록 정부와 수산업 관계자들의 적극적인 홍보와 예방 활동이 필요한 시점이다.

:: 수은 광어 파동으로 바라 본 수산물 안전문제

해양수산부는 2018년 6월 29일 부산시와 수산물품질관리원의 조사 결과, 부산 기장군 양식장 3곳에서 국민 횟감인 넙치(광어)가 처음으로 수은 기준치(0.5 mg/kg)를 초과(0.6~0.8 mg/kg)해 판매를 중지하였다. 어쩌면 작년 해외 정보와 농식품부·식약처의 공조로 밝혀져 광풍을 일으켰던 '달걀 살충제 사건'보다 더 심각하고 소비자에게 우려를 끼칠 수 있는 사건임에도 불구하고 크게 부각되지 못한 것 같아 안타깝다. 양식장에서 넙치(광어)에 수은이 검출된 원인 규명과 재발 방지 대책, 문제 발생 양식장에 대한 처벌 등 일련의 조치와 대책이 필요한 데도 말이다.

그동안 유해 중금속인 수은(mercury, Hg)은 먹이사슬의 상위에 위치한 참치, 다랑어, 황새치 등 심해성 어류에만 다량 검출되는 것으로 알려져 안전관리의 대상이었다. 특히, 임신부와 어린이에게는 수은 때문에 참치회 섭취를 주의하라는 경고가 이어져 왔다. 그러나 참치보다 더 많이 먹고 있는 국민 횟감 광어는 수은 기준치를 초과했음에도 불구하고 출하 금지조치만 내린 채 시중 횟집에 이미 공급돼 팔리고 있는 것을 리콜 명령도 내리지 않았다. 게다가 사흘이나 뒤늦게 발표해 해수부의 늑장 대응이 비난의 도마 위에 올랐다.

해수부의 수산물 안전관리에 대한 입장은 과거부터 늘 생산자 위주였다고 생각된다. 안전사고가 발생하면 소비자의 건강 피해보다는 수산업계의 피해를 고려해 숨기거나 발표 시기를 늦춰 왔다. 올해 3월 통영·거제산 굴에서 노로바이러스가 검출되었을 당시에도 해수부는 이를 숨기고 공표하지 않아 논란이 됐었다. 과거 식용 수산물에 사용이 금지된 항균제를 장어 양식 어민에게 사용토록 권고해 문제를 일으켰던 말라카이트 그린(malachite green) 사건도 있었다. 또한 광어에 기생충인 쿠도아가 발견되어 일본 수출이 수년간 중단된 적이 있었으나 일본 국민들도 먹지 않았던 국내산 광어를 우리 소비자들은 지금까지도 계속 먹어 오고 있다.

수산물의 안전을 위협하는 요인으로는 병원성세균, 바이러스, 기생충 등 생물학적 요인과 항생제, 중금속, 잔류화학물질, 자연독 등 화학적 요인이 있다. 이번에 광어에서 나온 기준치 초과 수은은 신장과 간 조직에 손상을 주는 인체에 치명적인 중금속이다. 과거 수은의 독성에 대한 경각심을 불러일으켰던 대표적인 사건은 일본의 '미나마타병'

이다. 1950년 일본의 구마모토현 미나마타만 상류의 화학공장에서 촉매로 사용하였던 염화제2수은이 폐수에 섞여 방출되면서 메틸수은으로 전환되어 그 지역 어패류 체내에 축적되었고, 이를 먹은 주민들이 신경장애를 일으키면서 사망에까지 이르게 된 집단 수은 중독 사건이었다.

전 세계적으로 어패류를 먹을 때 가장 문제가 되는 것이 '메틸수은'인데, 이는 지용성이 커 소화관과 폐에 흡수가 잘되며, 중추신경계와 태아 조직에 농축되어 독성을 나타낸다. 특히, 수은은 산모를 통해 태아에게 전달되어 뇌 발달에 지장을 주며, 또한 신경장애와 지능 저하, 동작 이상 등이 발생해 선천적인 미나마타병으로 태어날 수도 있다. 산업 활동으로 발생하는 수은은 하천이나 강으로 흘러들어 가 해양생물의 몸속에 축적되는데, 먹이사슬에 따라 참치와 같이 몸집이 큰 어종에 보다 많이 쌓인다. 그러나 광어는 양식이라 수은오염이 사료나 물로부터 왔을 것으로 보인다.

식품안전 책임 부처인 식약처에서 양식장 생산 단계의 수산물 안전관리를 여전히 해수부에 위탁 중이라 제대로 관리가 될지 위태위태해 보인다. 아무리 위탁이라지만 진흥부처인 해수부에서 생산·공급자를 제대로 견제하지 못할 수도 있다. 식품안전 문제는 제조나 유통 단계보다는 대부분 생산 단계에서 원료 유래로 발생하기 때문이다.

우리나라는 국민 1인당 연간 수산물 소비량이 세계 1위이며, 수산물 수입증가율도 세계 3위를 차지할 정도로 수산물을 좋아하고 많이 먹는 나라이다. 특히, 횟감 생식을 좋아해 어패류를 통한 수은 노출량이 다른 나라에 비해 높다. 이왕 광어의 수은 위험성이 부각된 마당에 다시는 이런 사건이 재발하지 않도록 정부와 수산업 관계자들의 적극적인 생산관리 및 예방 노력, 소비자를 대상으로 한 섭취 주의에 대한 홍보가 필요한 시점이라 생각된다.

:: 쌀가공식품 비소 기준 설정 논란

> 식약처가 식품안전관리 강화의 일환으로 '쌀과 톳, 모자반을 함유한 영유아용 식품 등에 무기비소 규격'을 신설해 이르면 올 하반기부터 적용하는 것에 대해 식품산업계, 특히 쌀 가공 업계의 반발이 매우 거세다. 이미 작년 12월 식약처가 예고한 내용이었다.
>
> 이에 따라 앞으로 영유아용 조제식, 성장기용 조제식, 영유아용 곡류 조제식, 특수조제식품, 과자, 시리얼, 면류 등은 무기비소 기준 0.1 mg/kg, 기타식품은 1.0 mg/kg이 적용된다.

정부의 '무기비소(砒素) 규격 강화 시책'은 자급자족이 가능한 쌀을 주식으로 하는 우리나라 현실에서 실행하기 쉽지 않은 안전관리 정책이라 소비자를 최우선으로 고려한 판단이라 생각된다.

그러나 식품 원료 쌀에 대한 중금속 기준(0.2 mg/kg 이하)이 이미 설정돼 있는데도 쌀 가공식품에 무기비소 기준(0.1, 1.0 mg/kg 이하)을 신설한 것은 이중 규제라고 볼 수 있다. 해당 식품의 위해성 평가 결과, 심각한 건강상의 위해가 인정되면 이중이 아니라 삼중 규제라도 만들 수가 있다. 그러나 식품의약품안전평가원의 위해성 평가 결과를 보더라도 평균 섭취로 인한 국민 전체 위해도는 인체노출안전기준 대비 2.1%로 안전한 수준이다. 결국 이번 규제 신설은 위해성이 미미하고 원료 쌀의 무기비소가 이미 별도로 관리되고 있어 그 명분이 약해 보인다.

물론 취약 계층인 영유아가 주로 섭취하는 이유식 등에는 이중 규제라도 그 필요성이 인정되나, 일반 쌀가공식품에 원료 쌀보다 5배나 더 높은 무기비소 기준(1.0 mg/kg 이하)을 적용한 것은 이치에도 맞지 않다고 본다. 일반 가공식품의 경우에는 기준치 이하의 쌀을 원료로 사용한다면 당연히 신설된 기준을 넘을 수가 없어 불필요한 기준이라고 본다. 물론 농축제품의 경우 가능할 수도 있으나 원료 쌀보다 5배나 높은 기준을 초과할 정도의 농축제품은 극단적 예외라 봐야 한다. 정책 수립 시 보편타당하지 않고 예외적인 경우를 고려해서는 안 되기 때문이다.

게다가 쌀 가공업체들은 주로 저가의 전통적인 쌀제품을 판매하고 있어 대부분 영세하다고 보면 된다. 최근 최저임금 인상으로 인건비 부담까지 늘어나 가뜩이나 어려운 시기에 엎친 데 덮친 격으로 건당 15만 원 전후의 검사비용 부담까지 가중돼 쌀 가공업체들의 반발이 더욱 크다고 생각된다.

물론 밀가루를 주식으로 하는 미국의 경우, 소비자단체들이 무기비소 등 쌀의 위험성을 자주 제기하고 있다. 특히, 어린이에게는 쌀로 만든 시리얼과 파스타를 한 달에 두 번 이상 섭취하지 말 것과 공복에 쌀로 만든 시리얼을 먹이지 말라는 구체적인 지침과 함께 제한적으로 섭취할 것을 권고하고 있다. 그러나 코덱스(CODEX)에서도 아직까지 쌀의 무기비소 허용기준치(0.2 mg/kg)만을 설정하고 있을 뿐 쌀가공품에 대한 무기비소 기준은 설정하지 않고 있다. 유럽연합(EU)이나 미국도 마찬가지이다.

비소의 안전성 문제가 전 세계적으로 떠들썩한 것은 사실이다. 밀가루를 주식으로 하는 나라는 물론이고, 쌀을 주식으로 하는 인도, 방글라데시와 같은 저개발국의 쌀 비소오염 문제가 특히 심각한 상태라고 한다. 물에서 자라는 벼가 다른 작물보다 비소를 10배나 잘 흡수하는 성질을 갖고 있기 때문이다.

비소는 과거 전쟁과 독살에 자주 사용되던 독성이 강한 중금속이다. 특히, 무기비소는 농약 살포, 채광, 제련, 화석연료 연소, 목재 처리 등의 과정에서 땅에 스며드는데, 비산 납, 비산 석회, 비산 석회분제 등이 대표적이다. 비소화합물은 장기간 노출 시 피부, 폐, 간, 신장, 방광 등에 암을 유발하며, 방부제, 살충제, 살서제(殺鼠劑) 등으로 사용되고 있어 주의가 요구된다.

정부는 모든 쌀 가공식품을 대상으로 할 것이 아니라 영유아식품 등에 한정된 현실적인 쌀가공식품 무기비소 기준·규격 설정을 재검토하길 바란다. 소비자들 또한 쌀(米)에 대한 인식을 바꿔야 한다. 지금까지 쌀을 안전한 완전식으로 맹신해 왔을 것인데, 쌀도 좋은 면과 나쁜 면을 모두 갖고 있는 여러 음식들 중 하나라는 사실을 인정하고, 그 어떤 식품도 안전성에 관한 한 100% 완전할 수 없다는 사실을 알아주길 바란다.

06
포장재

:: 페트병

우리나라에서는 등산객, 버스, 지하철을 탄 사람들 손에 생수 페트병이 하나씩 들려 있는 것을 흔히 볼 수 있다. 이 페트병은 생수, 맥주, 소주, 탁주, 간장, 식용유, 조미료, 화장품, 의약품 등에 다양하게 사용되며, 시중 플라스틱 병의 약 90%를 차지한다. '페트(PET)'는 '폴리에틸렌 테레프탈레이트(poly ethylene terephthalate)'의 약자로 폴리에틸렌을 원료로 한다. 이것은 무게가 가벼우면서도 강도가 우수해 깨지지 않으며, 다른 플라스틱보다 탄산가스나 산소 차단성이 높아 내용물 보존성이 좋고 투명한 장점이 있다.

페트병의 역사는 1974년 미국 듀폰사가 탄산음료용으로 개발하였는데, 국내에서는 1979년 식용유 용기로 처음 소개되었다. 지금은 생활 주변 어디에서나 접할 수 있으며, 없어서는 안 될 중요한 필수품이 되었다. 여름 휴가기간에 버려지는 쓰레기 1위가 바로 종이류나 음식쓰레기가 아니라 일회용 페트병이라고 한다.

페트병의 원료는 쌀알 크기의 페트 칩(chip)인데, 이를 녹여 중간제품인 투명한 시험관 모양의 프리폼(preform)을 만든다. 그 후 변형을 방지하기 위해 병 입구를 열처리하고, 마지막으로 100°C로 가열된 금형 속에 프리폼을 넣고 공기를 불어넣어 페트병을 만든다. 특히, 플라스틱 맥주병은 3중막 구조인데, 양쪽의 페트층 사이에 나일론(폴리아미드)층을 넣어 산소 등 가스를 차단하는 역할을 한다.

이러한 장점과는 달리 소비자들을 걱정스럽게 하는 안전성 논란 또한 거세다. 페트병은 DEHP[di-(2-ethylhexyl)phthalate], 비스페놀 A 등 내분비계 장애물질이 용출되는 위험한 용기라는 우려가 있다. 그러나 페트에는 사실상 DEHP와 같은 PVC를 유연하게 하는 가소제 성분이나 비스페놀 A 원료가 포함돼 있지 않아 용출될 것이 없다고 한다. 또한 페트병에 뜨거운 물을 담으면 하얗게 변하거나 찌그러지는 것 또한 화학물질이 흘러나온 것이 아니라 생수병 제조 시 열처리 과정을 별도로 거치지 않아 55°C 이상에서 발생한 물리적 변형이며, 뜨거운 물을 담으면 찌그러지거나 하얗게 변한다고 한다. 그러나 열처리 과정을 거친 페트병은 90°C 정도의 뜨거운 물을 담아도 병의 변형이 발생하지 않는다.

사람들은 대부분 생수를 마신 후 페트병을 재사용한다. 그러나 이 병은 일회용으로 만들어진 포장재라 가급적 재사용하지 않는 것이 좋다고 한다. 페트병을 재사용한다고

해서 유해물질이 용출되는 것은 아니지만, 입구가 좁아 사용 후 세척하기가 어렵고 내부 물기도 잘 마르지 않아 물이나 내용물에 살고 있던 미생물이 증식해 위생 문제를 일으킬 수 있다고 한다.

병뿐만 아니라 스테인리스 스틸에도 물을 오래 담아 놓을 경우 표면이 미끌미끌해지는 것을 본 적이 있을 것이다. 이것이 물속 수생균이나 자연 미생물이 이들 표면에 바이오 필름을 형성한 것이며, 저항성이 강해 소독에도 잘 죽지 않아 지속적으로 안전 문제를 일으킬 수 있다.

반면, 페트병이 저개발국 빈민가 주민들에게 "희망의 빛"으로 재활용되고 있다는 뉴스도 있다. 2001년 브라질의 한 기계공 모저는 낮에도 어두워 집에서 책을 못 보는 가난한 어린이들을 위해 페트병 전구를 만들었다. 페트병에 물과 표백제를 넣고 지붕에 구멍을 뚫은 뒤 꽂으면 햇빛이 집 안에 퍼져 55W 밝기의 전구 역할을 한다는 것이다. 게다가 필리핀 사회사업가 디아즈는 밤에도 쓸 수 있는 태양열 페트병 전구를 개발하였으며, 코카콜라사가 베트남에서 시작한 페트병 재활용법도 이채롭다. 16종의 다양한 뚜껑을 빈 페트병에 끼우면 분무기, 물총, 연필깎이, 붓과 같은 소중한 생활용품으로 변신한다고 한다.

소비자는 페트병 사용을 두려워하지 말고 안심하고 사용해도 된다. 그러나 페트병을 재사용할 때에는 반드시 식품용이 아닌 생활용품으로 활용해야만 자신의 건강을 지킬 수 있다.

:: 알루미늄 포일

알루미늄 포일에 싸서 음식을 조리하면 '알루미늄이 녹아 나와 몸에 해롭다!', '환경호르몬도 나온다!', '첨가물에도 들어 있다!' 등등 알루미늄 쿠킹포일에 대한 소비자들의 걱정과 우려가 크다. 모두 근거가 있는 말이니 제대로 알고 주의를 기울여야 한다.

양은 냄비는 알루미늄 합금으로 만든다. 순도 99.7%의 하얀 알루미늄 냄비에 노란색 구리와 아연(15~35%), 니켈(16~20%) 등을 섞어 만든 양은(洋銀)을 코팅한 것이다. 반면 쿠킹포일은 알루미늄(Al)을 눌러 만든 것이라 일반적으로는 100% 순도이다.

알루미늄은 산소(oxygen, O)와 규소(silicon, Si) 다음으로 지구상에 많은 원소로 총 원소 질량의 8.2%를 차지할 정도로 매장량이 풍부하다. 하지만 알루미늄은 산화성이 커 주로 산화알루미늄(Al_2O_3)과 같은 산화물 형태로 존재하기 때문에 다른 금속에 비해 정제하기가 어렵다.

이런 연유로 19세기 초까지만 해도 알루미늄은 금(金)보다도 더 귀한 대접을 받아 귀족들의 알루미늄 식기 사용이 유행했다고 한다. 특히, 알루미늄의 은백색 광채가 나폴레옹 3세(1808~1873)의 마음을 사로잡아 알루미늄 단추를 즐겨 사용하였고, 심지어 가벼운 알루미늄 무기로 군(軍)을 무장시키고자 시도하였지만 알루미늄을 쉽게 분리해 낼 수 없어 성공하지는 못하였다. 전기분해 정제기술이 개발된 19세기에 이르러서야 알루미늄이 순수하게 분리돼 대중적 금속이 되었다. 이후 사용이 급증하여 지금은 철강 다음으로 많이 사용된다.

포일(foil)은 금, 은, 납, 알루미늄 등의 금속 박편, 즉 박(箔)을 말하며, 일반적으로 알루미늄을 많이 사용해 만든다. 이 쿠킹포일은 뜨거운 열과 산, 염분에 매우 약하기 때문에 음식을 싸서 가열하거나 조리하면 알루미늄을 먹는 꼴이 된다. 요즘 유행하는 알루미늄 용기에 넣고 끓이는 즉석라면에도 당연히 알루미늄이 용출된다. 그래서 항간에 '가정용 쿠킹포일에 음식을 싸서 먹으면 위험하다.'는 설은 근거가 있는 말이다.

알루미늄은 우리 몸에 전혀 필요 없는 물질이고 과다 노출 시 구토, 설사, 메스꺼움, 치매 등 신경계통 질환을 유발할 수가 있어 섭취하지 않을수록 좋은 물질이다. 그러나 실제 쿠킹포일로 조리된 음식을 통해 섭취한 알루미늄은 그 양이 미미할 뿐 아니라 체내 흡수율이 낮다. 혹시라도 체내에 흡수되었다고 하더라도 대부분 신장에서 체외로 배출되므로 그리 우려할 물질은 아니라고 본다.

게다가 빵을 만드는 데 쓰이는 식품첨가물 베이킹파우더에도 명반(明礬, alum)이라는 물질이 들어가는데 이 또한 알루미늄을 함유하고 있어 소비자들의 걱정이 태산이다. 그러나 명반에 함유된 알루미늄은 쿠킹포일과는 달리 금속 상태가 아니라 음료 같은 이온 상태이기 때문에 섭취로 인한 인체 악영향이나 독성은 무시해도 되므로 전 세계적으로 식품첨가물로 허용되어 있다. 이온 상태로 존재하는 금속들은 물에 매우 잘 녹아 몸에 축적되지 않고 대부분 소변이나 땀을 통해서 배출되기 때문에 인체에 무해하다고 보면 된다.

소비자 입장에서 빵을 만드는 데 쓰이는 식품첨가물에 들어가는 알루미늄은 걱정할 필요가 없지만 쿠킹포일을 깔고 고기나 생선을 구워 먹거나 라면을 끓여 먹는 습관은 삼가는 것이 좋다고 생각한다.

:: 중국산 합성수지 젓가락 발암물질

> 최근 식약청에서 시중 유통 중인 397개 합성수지제 주방용 기구와 식기류(국내산 257개, 수입산 140개)에 대한 비스페놀 A, 중금속 등 유해물질 검사 결과를 발표하였다. 이 중 중국산 ABS(acrylonitrile butadiene styrene, 아크릴로니트릴부타디엔스티렌) 수지 마늘분쇄기에서 아크릴로니트릴, 멜라민수지 젓가락에서 폼알데하이드 용출기준치를 초과해 회수, 폐기 등의 조치가 이뤄졌다.

합성수지제는 2009년 젖병 중 비스페놀 A 검출 사건 이후로 소비자들의 관심이 높은 물질이라 식약청에서 중점관리하고 있는데, 언론에서는 발암 젓가락이 시중이 유통된다고 야단법석이다. 합성수지제(synthetic resin)란 화학공업에서 만들어지는 고분자화합물 중 합성섬유와 합성고무를 제외한 것을 말하는데, 도시락, 랩, 그릇, 젖병 등에 널리 사용되고 국내 생산량도 증가 추세이다. 최초로 공업화된 합성수지는 1909년 페놀과 폼알데하이드로 만든 베이클라이트이다. 플라스틱 시대를 처음 열었던 물질이다. 열가소성수지로는 폴리에틸렌, 폴리염화비닐, 폴리프로필렌, 폴리아미드 등이 있고, 열경화성수지로는 요소수지, 페놀수지, 멜라민수지 등이 있다.

이번에 검출된 아크릴로니트릴, 폼알데하이드는 비스페놀 A와 함께 환경호르몬의 일종이다. 아크릴로니트릴(acrylonitrile)은 특이한 냄새를 가지며 독성이 강하다. 이를 가수분해하면 아크릴아마이드(acryl amide)를 거쳐 아크릴산이 생성된다. 폼알데하이드(formaldehyde)는 자극적인 냄새가 있는 무색의 기체로 약 40% 수용액은 포르말린이라고 한다. 피혁 제조, 사진건판 제조, 페놀수지 제조 등에 사용되며, 다량 오용한 경우 중추신경 억제, 호흡곤란, 신장장해 등 급성독성과 발암성이 있다.

환경호르몬은 "환경에 노출된 화학물질이 생체 내로 유입되어 마치 호르몬처럼 작용한다."는 의미로 1997년 5월 일본 NHK방송에서 처음 사용되었으며, 일반인의 이해가 쉽도록 학자들이 고안한 용어이다. 학술적으로는 내분비 교란물질 또는 내분비계 장애물질로 사용된다.

OECD에서는 이를 내분비계 기능을 변화시켜 2차적으로 개체나 그 자손의 건강상의 유해 영향을 유발할 수 있는 외인성 물질로 정의하고 있으며, 생태계 및 인간의 생식기능 저하, 기형, 성장장애, 암 등을 유발해 전 세계적으로 3대 환경문제로 다뤄지고 있다.

현재 알려진 내분비계 장애와 관련한 대표적 물질로는 식품이나 음료수 캔의 코팅물질 등에 사용되는 비스페놀 A, 과거 농약이나 변압기 절연유로 사용되었던 DDT와 PCB, 소각장에서 주로 발생되는 다이옥신류, 합성세제 원료인 알킬페놀, 플라스틱 가소제로 이용되는 프탈레이트에스테르, 스티로폴의 성분인 스티렌다량체 등이 있다.

캐나다세계야생생물기금(WWF Canada)가 제시하는 내분비계 장애물질 노출을 최소화할 수 있는 10대 행동 강령은 ① 먹이사슬의 초기 단계에 해당하는 음식물 섭취 ② 플라스틱 용기에 담긴 음식물을 전자레인지로 조리하지 않기 ③ 살충제 사용 금지 ④ 금연 ⑤ 폐건전지를 유해폐기물로 별도 처리하기 ⑥ 손을 자주 씻고 마루와 창문턱 등을 자주 청소하기 ⑦ 초강력세제 사용 금지 ⑧ 수은 함유제품 사용 금지 ⑨ 제품설명서를 주의 깊게 읽고, 관련 성분에 대해 문의하기 ⑩ 환경 중 내분비계 장애물질 저감화 정책 시행 등이다.

또한 소비자시민모임에서 제안하는 소비자 스스로의 환경호르몬 예방수칙은 "농약을 사용하지 않은 친환경농산물 섭취, 플라스틱 분유병 사용 억제(모유 수유 권장), 플라스틱 제품 사용 자제, 쓰레기 배출 최소화, 플라스틱 용기의 전자레인지 사용 금지, 표백이 덜 된 제품 사용" 등인데, 무엇보다도 올바른 생활 습관이 가장 중요하다고 강조한다.

:: 일회용 종이컵 등 위생용품 비스페놀 A

최근 미국 의회에서 '비스페놀 A' 금지 법안이 발의되었다. 식품·음료 용기와 캔, 포장재 등 식품과 접촉하는 모든 물질에 BPA 사용과 판매 금지를 요구하는 '2016 유해첨가물 금지 법안'이다. 법안을 발의한 에드워드 마키 상원의원은 "식품 및 음료 용기에서 비스페놀 A를 금지하는 것은 상식적인 일이며, 이 법안이 어린이와 가족이 위험한 물질에 노출되지 않고, 생산 시설의 근로자도 보호할 수 있다."고 주장하였다.

미국과 EU가 '식품 용기에 대한 비스페놀 A 사용 금지 법안'을 논의 중이며, 이는 세계적으로 확산되는 추세다. 물론 기술적으로 비스페놀 A를 대체할 수 없으면 예외로 인정되나 발암 가능성이 있는 물질, 미국 환경청에서 잔류성, 생물축적성, 독성이 있다고 파악한 물질, 생식 및 발달 유독성의 원인이 되는 물질, 환경호르몬(내분비계 장애물질)을 발생시키는 물질 등은 비스페놀 A로 대체하는 것이 금지된다고 한다.

그 여파가 우리나라에도 미치고 있다. 우리 식약처도 세척제, 일회용 컵·숟가락·젓가락·이쑤시개 등 위생용품에 대한 안전관리를 강화한다고 하며, 곧 「위생용품관리법(안)」을 국회에 제출할 예정이라고 한다.

현재 알려진 내분비계 장애와 관련된 대표적 물질로는 식품이나 음료수 캔의 코팅 물질 등에 사용되는 비스페놀 A, 과거 농약이나 변압기 절연유로 사용되었던 DDT와 PCB, 소각장에서 주로 발생되는 다이옥신류, 합성세제의 원료인 알킬페놀, 플라스틱 가소제로 이용되는 프탈레이트에스테르, 스티로폴의 성분인 스티렌다량체 등이 있다.

비스페놀 A는 1891년 러시아 화학자 디아닌(Dianin)에 의해 처음 합성되었다. 이 물질은 2개의 페놀(bis-phenol)과 1개의 아세톤(acetone)이 결합된 복합어로 A는 아세톤의 약어다. 비스페놀 A는 폴리카보네이트나 에폭시레진 등에 이용되는데, 에폭시레진은 내구성이 뛰어나고, 화학물질에 의한 변형이 적어 식품이나 음료 캔의 보호용 코팅제로 주로 이용된다. 폴리카보네이트는 내구성, 투명성이 뛰어나고 열에 강해 장난감, 물병, 젖병, 컵 등 다양한 용도로 사용된다.

이러한 소재로 만들어진 플라스틱은 값이 싸 생활 중 폭넓게 이용되고 있다. 그러나 포장재로부터 용출된 비스페놀 A는 체내에서 호르몬처럼 작용할 수가 있는데, 실제 호르몬이 아니기 때문에 다양한 이상 반응을 일으켜 인체 안전성 문제를 일으킨다. 물론 비스페놀 A는 미량 노출 시 그리 치명적인 독은 아니다. 반수치사량(LD_{50})도 체중 kg당 2~3 g으로 소금(4 g)보다 2배 정도 급성독성이 강한 물질이라 보면 된다. 그러나 다량의 비스페놀 A에 노출되면 급성독성이 문제가 아니라 내분비계 장애인 호르몬 이상을 일으켜 기형아 출산, 태아 사망, 불임, 유방암, 성조숙증, 성기능 장애 등을 야기할 수 있다.

대부분의 비스페놀 A는 4~5시간 내에 소변을 통해 체외로 배출되지만, 매일 반복적으로 노출될 경우 체내에 축적되므로 주의해야 한다. 특히, 최근 영수증에 사용되는 잉크에서 비스페놀 A가 검출돼 일상생활에서의 오염이 매우 심각함을 보여줬나. 또한 중국산 수지 마늘분쇄기에서 아크릴로니트릴, 멜라민수지 젓가락에서 폼알데하이드가 용출기준치를 초과해 회수, 폐기 등의 조치가 이뤄진 적도 있었다. 일상생활 중에는 PC(폴리카보네이트) 소재 플라스틱 용기에 담긴 음식을 전자레인지에 넣고 데울 때 비스페놀 A의 용출 가능성이 가장 높은데, 특히 고온 가열 시 용기의 깨진 부위로 더 많은 양이 용출된다고 한다.

소비자시민모임이 제안한 비스페놀 A의 피해를 줄이기 위한 환경호르몬 예방 수칙은 "농약을 사용하지 않은 친환경농산물 섭취, 플라스틱 분유병 사용 억제(모유 수유 권장), 플라스틱 제품 사용 자제, 쓰레기 배출 최소화, 플라스틱 용기의 전자레인지 사용 금지, 표백이 덜 된 제품 사용" 등인데, 무엇보다도 올바른 생활 습관이 가장 중요하다.

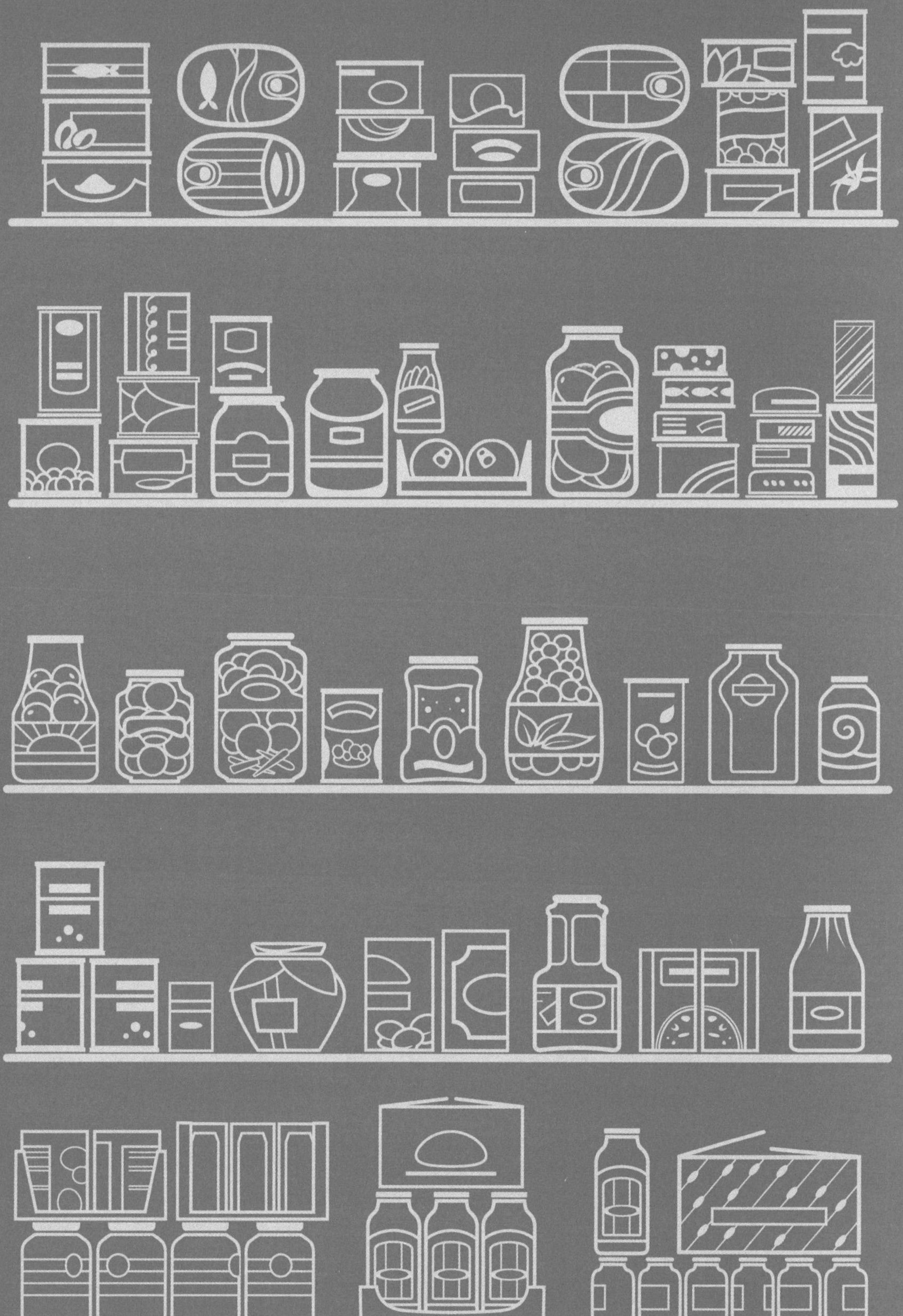

07
기타 독성물질

:: 멜라민 분유

2008년 9월 중국 위생부는 중국 싼루그룹 등에서 공업용 화학물질 멜라민을 섞어 만든 분유를 먹고 신장결석에 걸린 영아가 432명, 그중 6명이 숨지고, 30만 명가량이 신장결석과 배뇨 질환을 앓고 있다고 발표하여 온 세상이 난리가 났었다.

중국 정부 발표 후 우리 농식품부가 조사에 착수해 민물양어용 사료에서 멜라민이 검출되었다. 식품의약품안전청(현재 식품의약품안전처)은 총 428개 품목에 대해 분유를 함유한 중국산 가공식품 통관 시 멜라민 검사를 실시하였는데, 그 결과 중국에서 주문자상표부착 방식(OEM)으로 제조된 H제과의 미사랑 카스타드, 중국산 원료를 쓴 Y사의 베지터블 크림파우더 F25를 비롯한 11건(중국산 10건, 뉴질랜드산 분유 원료 1건)에서 멜라민이 검출되었다. 소비자들은 중국산 과자나 중국산 분유가 들어간 제품을 기피하고 공포가 확산되었다. 국내 과자류와 커피믹스 관련 업체의 피해가 눈덩이처럼 커졌고, 식품공업협회는 자성의 뜻을 담은 성명서를 발표하기도 하였다.

멜라민(melamine, $C_3H_6N_6$)이란 암모니아와 탄산가스로 합성된 요소비료를 가열해 생산된 공업용 화학물질이며, 질량의 66%가 질소이다. 보통 멜라민은 플라스틱, 염료, 잉크, 접착제 등의 원료로 쓰이지만 일부 유가공업체가 고질소화물인 멜라민을 사료나 우유 등에 첨가해 질소함량을 높여 왔다. 이는 질소의 함량을 측정해 단백질 함량을 산출하는 현재의 분석 방법을 교묘히 이용해 품질검사에서 고단백의 높은 등급으로 판정받기 위한 것이었다.

멜라민이 섭취될 경우 요로결석과 급성신부전 등 신장계통 질환을 유발한다. 멜라민 자체의 급성독성은 낮은 편이지만 우유나 분유를 주식으로 하는 영유아처럼 섭취량이 많은 그룹이나, 노약자, 영유아, 어린이, 신장질환자 등 면역이 약한 계층에는 특히 위험하다.

보통 물질의 위해 정도는 그 물질 자체의 독성과 섭취량으로 판단한다. 사실상 멜라민은 플라스틱을 만드는 원료이므로 소비자들은 심리적으로 엄청난 위해성을 느끼는데, 독성은 그리 크지 않은 물질이다. 일반적으로 독성을 비교할 때 반수치사량(LD_{50})으로 평가하는데, 미국 환경보호국(EPA)에서 쥐를 대상으로 얻은 멜라민의 LD_{50} 값은 체중 kg당 3.4 g 정도로, 소금이 약 4 g인 것에 비하면 소금보다 약간 독성이 강한 물질 정도로 보면 된다. 또한 발암성, 유전독성, 생식독성, 피부자극이 없고, 방광과 신장에만 영향을 주며, 몸에 축적되지 않고 대부분 신장을 통해 소변으로 배설된다.

중국에서 발생한 멜라민 유아 사망은 분유를 주식으로 하는 유아가 고농도의 멜라민(2,563 mg/kg food)에 노출, 신장결석에 의해 사망한 것이다. 우리나라에는 고농도의 멜라민 함유 중국산 우유와 분유가 수입되지 않았고, 중국에서 OEM 방식으로 제조된 과자 등에서 멜라민이 검출된 것이다.

본 사건으로 문제시 된 제품 중 최고 검출량을 보인 미사랑 코코넛에서는 271 ppm, 카스타드는 137 ppm의 멜라민이 검출되었고, 커피크림 등에서는 더욱 적은 양이 검출되었다. 이것을 유럽식품안전청(EFSA)의 TDI(내용 1일 섭취허용량)인 체중 kg당 0.5 mg에 적용시켜 본다면, 60 kg 성인은 5.5 g짜리 카스타드 40개를 매일 섭취해도 평생 멜라민에 의한 위해가 나타나지 않는 수준이고, 체중 30 kg의 어린이는 카스타드 20개를 매일 섭취해도 평생 위해가 없다는 것이다. 즉, 섭취량이 미미해 인체 위해 가능성이 매우 낮다는 것을 의미한다.

결론적으로 과학적 위해평가로 따진다면 중국산 우유 함유 과자류 멜라민 사건은 일반적으로 인체에 해를 주는 수준은 아니었다. 그러나 멜라민은 우리 몸에 섭취되어 좋을 게 하나도 없는 물질이다. 법적으로도 사용을 불허하는 물질이기도 하거니와 당연히 먹지 않을수록 좋은 것이다.

당시 우리 식약 당국은 식품의 멜라민 기준을 마련하였는데 분유, 이유식 등 영유아용 식품과 특수의료용식품에 대해서는 '불검출', 나머지 식품은 '2.5 ppm 이하 검출'을 허용하면서 마무리되었다.

:: 양식장 말라카이트그린 검출

2005년 7월 중국으로부터 수입된 장어를 비롯한 붕어, 잉어, 홍민어 등에서 사용이 금지된 말라카이트그린이 검출되었고, 국내산 향어, 송어, 자라에서까지 발견돼 전국이 충격에 빠졌던 사건이 있었다. 그러나 최근 10년 만에 국내 민물메기 양식장에서 말라카이트그린이 또다시 검출되었다. 정부는 민물메기 양식장 42개소 중 검출된 5개소의 민물메기를 전량 폐기 조치하였고, 해당 양식장 관계자는 관련법에 따라 징역 또는 벌금형과 함께 6개월 동안 특별관리 대상으로 지정, 관리된다고 한다.

그동안 양식업자들이 말라카이트그린을 계속 사용해 왔는데, 이제야 뒤늦게 발견한 것이 아닌지 걱정된다. 이런 사건이 크게 알려지면 문제시된 어종인 메기뿐 아니라 다른 민물고기, 크게는 수산물 전체의 소비가 위축될 수도 있기 때문이다.

말라카이트그린(malachite green)은 청록색 광물질인 공작석(malachite)과 비슷해 붙여진 이름이며, 아닐린그린, 벤즈알데히드그린, 빅토리아그린 B, 차이나그린 등으로도 알려진 합성염료이다. 이는 주로 섬유, 목재, 종이 등을 염색하는 데 사용되었으며, 수산물을 양식할 때 세균, 물곰팡이를 억제하는 미생물살균제로 사용되었다. 특히, 연어와 송어의 수정란에 기생하는 수생균 치료에 효과가 탁월하고 값이 싸 1949년부터 전 세계 양식장에서 주로 사용돼 왔다.

그러나 소화기계통, 유전독성 등 인체 유해성이 알려지면서 식품 중 사용이 금지되었다. 이 물질은 1991년 전 세계에서 가장 먼저 미국 식품의약국(FDA)이 발암성 물질로 규정해 수산물 생산 시 사용을 금지하였다. 이후 유럽연합(EU), 영국, 노르웨이, 중국에서도 칠레산 양식 연어에서 말라카이트그린이 검출된 사실이 알려지자 2002년부터 사용을 금지하였다. 일본에서도 오랫동안 물고기 알 등에 사용했었으나, 2003년부터 모든 수산 동물에 사용을 금지하였다. 현재 이 물질은 금지된 성분이라 어느 나라에도 허용기준치가 없다.

우리나라의 경우에도 과거 모기향 염료 등에 사용해 왔으나, 2005년 중국산 장어 말라카이트그린 검출 사건 이후 사용이 금지되었다. 그러나 열대어나 금붕어 같은 관상용 어류의 곰팡이질환 치료제로는 아직 일부 사용되고 있는 실정이다.

사건 발생 직후 한국과 중국 정부는 수입 시 말라카이트그린 검사 위생증명서 첨부

약정을 체결하였고, 해양수산부는 수산물품질검사원 검사 인력과 장비 확대, 양식장 HACCP 확대, 활어 원산지표시제 조기 정착, 활어 품질인증 확대, 생산이력제 도입 등을 추진한다고 공언했었다. 그러나 또다시 재발한 것으로 보아 이러한 안전관리시스템이 제대로 가동되지 못한 것으로 생각된다.

생산자들은 금지된 약품인 말라카이트그린을 사용하였다. 이는 알면서 고의적으로 저지른 불법행위이므로 생산·판매자가 부당이익의 유혹을 이겨낼 수 있도록 변하게 할 강력한 단속과 처벌만이 최선이라 생각된다. 우리나라도 하루 빨리 개정된 「식품위생법」상의 최저형량제, 이익몰수제, 블랙리스트제 등을 단호하게 적용해야 한다. 또한 정부는 생산자 책임을 강화하는 글로벌 식품안전 트랜드에 따라 예외 없이 농수축산생산자, 제조자, 판매자, 소비자 모두에게 엄격하고 공평하고 일관된 법과 제도의 집행을 보여줘야 한다.

:: 구미 불산 가스 누출 사건

2012년 9월 27일 경북 구미 4공단 화학공장 폭발 사건으로 유독성 불산 가스 누출 사고가 발생하였다. 20톤 탱크가 폭발해 약 2/3인 13톤이 누출되었다고 한다. 소방 당국의 초기 대응 미숙으로 불산에 물을 뿌려 불화수소로 전환되어 공기 중 수증기와 만나면서 인체에 매우 유독한 불화수소산으로 변해 위험을 자초한 것이다. 국립환경과학원이 수차례에 걸쳐 중화제 살포를 요청하였지만 경북도와 구미시에서 무시해 발생한 사건이라 한다. 결국 10월 8일에는 특별재난구역으로 지정되었고 지금은 농축산물 반출금지구역이 되었다.

1차적으로 농작물과 가축의 피해가 심각하였다. 감, 모과, 대추, 포도 등 과일나무 잎과 벼가 누렇게 말라 죽는 황화현상이 심각하였다. 소 800여 마리와 개 500여 마리 등 가축이 기도 손상으로 기침하고 콧물을 흘리며 사료 섭취를 거부하는 이상 증상을 보였다. 게다가 불산 가스 사고로 병원에서 치료를 받은 사람은 누출 사고 현장에 출동한 소방관, 경찰관, 공무원, 주민 등 500명을 넘었고, 지금은 모두 대피해 구미 산동면 일대는 인적을 찾아볼 수가 없다고 한다.

불산은 불화수소산(hydrofluoric acid, HF, 플루오린화수소)의 수용액으로 녹물을 제거하거나 반도체를 만드는 데 이용되며, 금속과 유리병을 녹일 정도로 강력한 부식성(산성)이다. 무색의 자극성 액체로 공기 중에서 발연하며, 피부나 점막에 강하게 침투한다. 불산은 표면장력이 작아 일반적인 산보다 빠르게 체내 흡수된다고 한다. 불산이 피부에 닿을 경우에는 신체의 수분과 수소결합을 하면서 순식간에 뼛속까지 침투해 화상을 입을 수 있다. 또한 호흡 등으로 인체에 유입될 경우 신경계 교란을 일으킨다.

불산은 반응성이 풍부해 금, 백금을 제외한 거의 모든 금속을 침투한다. 또한 유리, 규소화합물을 침투하기 때문에 합성수지제(폴리에틸렌) 용기에 담아 밀봉해 저장한다. 사건 현장 부근의 사람들이 불산의 위험성을 제대로 인지하지 못해 보호 장구를 갖추지 않은 채 현장에 접근하였다가 2차 피해를 본 것이다. 피부 발진, 기침, 호흡곤란, 콧물, 눈 따가움 등의 증상이 나타났으며, 산소로 호흡기를 정화하거나 눈을 씻는 등 치료를 받았다. 또한 목 따가움, 목마름 증상, 두통이 심해 하소연하는 사람들이 많았다고 한다.

불산 가스의 위험성은 크게 3가지인데, 불소의 강력한 부식력, 불산 가스가 칼슘이나 마그네슘과 반응할 경우 체내 저칼슘혈증과 저마그네슘혈증 발생 가능성, 고칼륨혈증과 저나트륨혈증 발생 가능성 등이다. 이로 인해 구토와 복통, 근육통, 근육 잔떨림, 경련, 불완전 마비, 청색증, 저혈압, 심실성 부정맥 등의 증상이 나타나고, 심한 경우 심실세동을 일으켜 갑작스레 심장이 정지할 수 있다고 한다.

일단 불산 가스에 노출된 경우 즉시 오염 지역에서 대피하는 것이 최우선이다. 100% 가습 산소를 공급하고, 간헐적으로 2.5~3% 칼슘 글루코네이트를 흡입하며 합병증 유무를 관찰한다. 미량의 불산 가스에 노출된 사람이 감기 증상을 보이면 반드시 병원을 찾아 진단을 받아야 한다.

특히, 사고 발생 직후 현장이 뿌옇게 변한 것은 불산이 공기 중 수분과 반응한 것이며, 이것은 시간이 지나도 자연 소멸되지 않는다고 한다. 사고 초기에 소석회(수산화칼슘)나, 중탄산나트륨을 활용한 중화 방제를 실시했었다면 피해를 최소화할 수 있었을 것이다.

:: 독일발 달걀 다이옥신 사건

전 세계가 축산물 안전문제로 난리법석이다. 우리나라가 구제역과 조류인플루엔자(AI)로 몸살을 앓고 있는 사이 유럽은 다이옥신이 기준치보다 최대 77배나 검출된 시료로 생산한 달걀, 닭고기, 돼지고기 등으로 축산물 충격에 빠졌다.

이번 사건은 독일에서 다이옥신에 오염된 달걀과 닭이 발견되면서 시작됐는데, 다이옥신 달걀이 네덜란드, 영국에 수출된 사실이 확인되면서 유럽 전체로 확대되었다. 슬로바키아가 독일산 가금류와 달걀 판매를 중단시켰고 러시아는 수입 금지 전 단계인 수입 통제를 강화하였다. 아시아에서는 한국이 가장 먼저 독일산 돼지고기 수입을 금지하는 바람에 중국도 금지하는 등 사건의 여파가 전 세계로 번지고 있다.

유럽에서는 과거 이미 수차례 다이옥신 오염 축산물 파문이 발생했었다. 지난 1999년 벨기에에서 사료가 원인인 다이옥신 함유 달걀이 전 유럽에 유통되자 대규모 리콜 소동이 벌어졌다. 2008년에는 허용치의 80~200배나 많은 다이옥신 함유 아일랜드산 돼지고기가 한국 등 25개국에 수출되었고 이탈리아산 모차렐라 치즈에서도 다이옥신이 다량 검출된 사건이 있었다.

다이옥신(dioxin)은 두 개의 벤젠고리에 염소 여러 개가 붙어 있는 독성물질이며, 인간이 만든 합성물질 중 가장 독성이 강한 물질 중 하나이다. 75가지의 다른 형태가 있고, 이 중 가장 독성이 강한 것이 2,3,7,8-사염화디벤조-파라-다이옥신(일명 TCDD)이다. 산업공정에서 제초제 등 화학적인 오염물로부터 생성되거나, 도시쓰레기를 태울 때 많이 발생한다. 강력한 발암물질로 폐암, 간암, 임파선암, 혈액암 등을 유발하며, 면역계 장애, 발달장애, 불임, 당뇨 및 갑상선 질환 등을 초래한다. 1997년 『잃어버린 미래(The stolen future)』라는 책이 발간된 이후 선진국을 중심으로 다이옥신 등 환경호르몬(내분비 교란물질)에 대한 관심이 높아지고 있다.

이번 사건의 발단은 다이옥신이 함유된 동물 사료이다. 독일의 한 사료업체가 다이옥신 함유 공업용 지방산을 매입해 동물 사료에 섞었다고 한다. 또한 이 사료를 먹고 낳은 달걀이 수출되어 마요네즈, 케이크, 과자 등 식품 제조에 이용됐다는 것이다. 다이옥신에 오염된 달걀이 발견되자 독일 정부는 문제의 사료 회사와 4,700여 개의 양계장, 농장을 패쇄하였고, 시중에 풀린 10만 개의 달걀을 폐기하거나 회수 중이라고 한다.

우리나라에서 이슈가 되기 시작한 것은 베트남 전쟁 때 미국이 밀림에 뿌린 다이옥신 함유 고엽제(제초제)가 참전 군인과 그 2세들에게 건강장애를 일으키면서부터였다. 최근에는 쓰레기 소작장의 다이옥신 유출로 관심을 끌게 되었다.

인간은 음식물을 통하여 97~98%의 다이옥신을 섭취하고 있으며, 호흡을 통해 나머지 2~3%를 섭취한다. 우유, 닭고기, 돼지고기, 쇠고기 등 축산물을 통해 섭취하는 것이 대부분이다. 이번 사건도 역시 축산물이 원인이다. 독일 정부는 닭에 들어 있는 다이옥신이 인체에 해를 줄 정도 수준은 아니라고 주장하지만, 다이옥신은 인체에 도움이 전혀 안 되는 독물로 섭취를 안 할수록 좋은 소소익선의 물질이다.

독일발 다이옥신 오염 축산물 사건은 동물사료업계의 부도덕성과 정부의 부실한 감시시스템이 만들어 낸 합작품이라 한다. 이러한 고의적 유형의 사건은 최근에는 주로 후진국에서 발생하고 있는데, 선진국에서 발생한 것으로 보아 양심보다는 이익을 추구하는 인간의 본질은 인류의 영원한 숙제인 것 같다.

사실상 EU, 미국 등 식품 선진국은 제조물책임(PL)법이 오랫동안 자리를 잡고 있어 식품안전관리의 책임과 권한을 상당 부분 이양하여 자율권을 부여하고 있다. 즉, 다이옥신 등 유해물질의 감시를 업체의 자율에 맡겨두고 있다는 것이다.

이번 사건을 계기로 아직은 선진국도 시장의 양심과 신뢰가 굳건하지는 않다는 것을 엿볼 수 있다. 즉, PL법만 믿고 시장을 지나치게 방임하기보다는 예방 차원의 적절한 단속과 사후관리 등 시장의 질서를 확인해 보는 검증(validation) 과정이 필요한 때인 것 같다.

:: 미세먼지와 식품안전

2022년 11월 10일 오전 7시 기준 서울의 초미세먼지(PM 2.5) 농도는 m^3당 57 μg(1 μg=100만분의 1 g)으로 '나쁨(36~75 μg/m^3)' 수준을 기록하였고 경기도 여주에서는 초미세먼지 농도가 오전 3시 114 μg/m^3를 기록해 이날 전국에서 가장 높은 농도를 보였다고 한다. 코로나19가 끝나가는 2022년 가을, 고농도의 미세먼지가 기승을 부리면서 서울시에 올 가을 처음으로 '초미세먼지 주의보'가 발령되었다고 한다. 미세먼지 농도는 11월 초 중순까지 수도권을 중심으로 계속 높을 것이라고 한다. 게다가 미역, 삼겹살, 건강기능식품 등이 몸에 싸인 미세먼지를 배출한다는 기사도 많은데 이는 사실이 아니니 주의가 필요하다.

지난 코로나 3년간 미세먼지가 잠잠하더니 다시 시작되었다. 최근 기상청은 늦가을이 되면서 오전 시간 가시거리 200 m 미만의 짙은 안개가 끼는 곳이 있다는 보도를 많이 한다. 특히, 낮 동안에도 엷은 안개(박무)나 먼지 안개(연무)가 끼는 곳에서는 운전과 건강관리에 유의하도록 주의를 촉구한다. 낮에도 뿌연 것이 꼭 안개뿐 아니라 미세먼지도 한몫하는 것 같다. 이전에도 환절기인 봄이나 가을만 되면 늘 한파가 물러가고 중국발 스모그가 한반도로 접근하면서 미세먼지 주의보가 주로 내려졌었다.

'미세(微細)먼지'는 공기 중에 떠돌아다니는 액체나 고체 형태의 작은 입자를 뜻하며, 지름 10 μm 이하인 것을 말한다. 100 μg/m^3라는 초미세먼지 농도는 하루 5개비 정도의 담배를 피우는 것과 맞먹는 오염 수준이며, 담배 1개비를 피우는 것은 22 μg/m^3의 초미세먼지에 하루 노출된 것과 같다고 한다.

특히, 이번에 주의보가 내려진 '초미세먼지'는 2.5 μm 크기로 미세먼지보다 4배 이상 작은 입자를 말하는데, 건강에는 미세먼지보다 더 나쁘다. 사람이 흡입하면 폐에 쌓여 문제를 일으키는데, 대기 중 초미세먼지 농도가 1 m^3당 50 μg 증가할 때마다 사망률이 1~8%씩 증가한다고 한다. 게다가 음식에 오염돼 우리 몸에 들어오게 되면 침, 위액, 소화액 등으로 희석되기는 하지만 결국에는 위나 장 점막에서 흡수돼 혈액을 따라 온몸을 타고 돌기 때문에 위해인자가 될 수가 있다.

초미세먼지로 인한 국내 조기 사망자 수는 연간 1만 명을 넘는다고 한다. 미세먼지로 인한 질병은 심질환 및 뇌졸중이 58%로 가장 많고, 급성호흡기 감염과 만성폐질환이 각각 18%, 폐암이 6%였다고 밝혔다. 특히, 초미세먼지는 흡입 시 코의 점막이나 기도에서 걸러지지 않아 소비자들의 주의가 요구된다고 한다.

이 초미세먼지는 절반 이상 인공적으로 만들어진다. 자연에서 생긴 미세먼지인 황사, 꽃가루 등은 비교적 크기가 큰 편이지만 버스·트럭의 배기가스, 공장의 굴뚝 등에서 나오는 이산화황이나 질소화합물, 동물이 배출하는 암모니아 등은 입자 크기가 아주 작아 초미세먼지가 된다. 우리나라의 경우, 초미세먼지는 화력발전소 등 공장에서 23%, 노후 경유차 등 자동차에서 21%, 사람이나 가축이 14%를 만든다고 한다. 그러나 날씨가 추워지면서 난방을 많이 하여 미세먼지 배출량이 늘어났고, 특히 석탄, 나무 등 화력발전을 많이 하는 중국발 고농도 미세먼지, 스모그가 유입된 것도 원인일 것이다.

시중에 몸에 쌓인 미세먼지를 제거한다고 하는 건강식품들은 모두 이론적인 것이지 실제 인체 효과는 거의 없다고 보면 된다. 그리고 미역, 삼겹살이 해독 작용을 해 몸에 쌓인 미세먼지를 배출한다는 기사도 많은데 이 또한 사실이 아니다. 이미 우리 몸에 흡수되어 축적된 미세먼지 물질들을 다시 흡착, 배출하는 것은 불가능하고 호흡기로 들어오는 미세먼지는 당연히 소화기로 들어오는 음식과는 만나지도 못한다. 코로 마신 미세먼지는 폐를 통해 체내 혈관으로 바로 흡수되므로 소화기를 통해 먹는 음식들로는 미세먼지의 흡수율을 줄여줄 수도 없고 제거할 수도 없다고 보면 된다. 음식과 함께 우리 몸에 들어오는 미세먼지의 경우 삼겹살이나 미역이 흡착하는 것은 사실이나 이마저도 장에서 소화, 흡수가 안 되고 배변으로 빠져나가야만 제거가 되니 그 효과는 너무나 미미하다.

식약처도 국내 허가된 건강기능식품 중에는 미세먼지나 황사로 인한 호흡기 질환에 효과가 있거나 이를 예방하는 것은 없으므로 구입 시 허위·과대 광고에도 각별히 주의할 것을 당부하였다. 식약처가 제시한 '미세먼지·황사에 대비한 식품 보관 및 섭취 시 주의사항'은 "포장되지 않은 식재료 등을 보관할 때에는 플라스틱 봉투 혹은 덮개가 있는 위생용기에 밀봉해 보관하며", "야외 저장·보관을 피할 것", "식품 조리 시 창문을 닫아 미세먼지가 들어오지 못하게 할 것", "과일이나 채소를 깨끗이 씻어서 사용할 것", "손 세척 등 개인위생관리를 철저히 할 것", "조리 기구 등을 세척·살균 소독해 잔존 먼지 등을 제거한 후 사용할 것" 등이다.

:: 미세플라스틱과 식품안전

2022년 3월 11일 식약처가 발표한 인체 노출량과 위해성 조사 결과에 따르면 국내 유통 식품 중 오염된 미세플라스틱은 우려할 수준은 아니라고 한다. 식약처는 해조류, 젓갈류 그리고 외국에서 미세플라스틱 오염이 보고된 식품 11종 등 총 102품목을 대상으로 미세플라스틱의 오염도와 인체 노출량을 분석하였다. 그 결과, 우리 국민은 1인당 하루 평균 16.3개의 미세플라스틱을 섭취하고 있어 지금까지 알려진 독성 정보를 종합했을 때 우려할 수준은 아니라고 한다.

요즘 인류는 마이크로(micro)보다도 작은 나노(nano) 크기인 코로나 바이러스 시대에 살면서 미세먼지, 미세플라스틱 등 눈에 보이지 않는 것들로 공포에 떨고 있다. '미세(微細)'라는 말은 크기 단위인 마이크로(micro)를 접두어로 붙여 표현하는데 사전적으로는 '분간하기 어려울 정도로 아주 작음'이라는 뜻이다. 눈에 보이는 큰 이물질들은 웬만큼 인간이 제어하고 있어 이제는 눈에 보이지 않는 작은 것들에 대한 불안감과 두려움으로 넘어 가는 상황인 것 같다.

죽음의 알갱이, 바다의 암세포라 불리는 '미세플라스틱(micro-plastics)'은 플라스틱 해양쓰레기가 미세하게 분해되거나 인위적으로 제조된 5 mm(5,000 μm) 이하 크기의 플라스틱 입자를 말한다. 금번 식약처의 모니터링 결과 검출된 미세플라스틱은 주로 폴리에틸렌(PE)과 폴리프로필렌(PP) 재질로, 45 μm 이상 100 μm 미만의 크기의 입자가 가장 많았다고 한다. 미세플라스틱이 가장 많이 검출된 식품은 젓갈로 1 g당 6.6개였으며, 가장 적게 검출된 식품은 액상차로 1 mL당 0.0003개였다. 이외에도 맥주 0.01개/mL, 간장 0.04개/g, 벌꿀 0.3개/g, 식염(천일염 제외) 0.5개/g, 액젓 0.9개/g, 해조류(미역·다시마·김) 4.5개/g, 티백 4.6개/티백 순으로 검출되었다.

지난 2016년 해양수산부가 실시한 전국 20개 연안의 평균 미세플라스틱 모니터링 결과에서도 1 m^2당 6,670개 수준으로 검출됐었다. 이 수치가 의미하는 오염 정도와 건강 영향을 정확히 알 수는 없으나 일단 우리 바다도 미세플라스틱에 상당히 오염되어 있고 더 이상 안전지대가 아니라는 것은 틀림이 없어 보인다.

플라스틱이 발명된 지 50여 년간 일상생활에 보급되면서부터 사용량이 급증해 미세플라스틱이 해양 환경오염의 주범으로 지목받고 있다. 플라스틱은 대부분 일회용 포장 제품으로 쓰이는데 사용 후에는 재활용되거나 매립 또는 소각되며, 일부는 바다로 유입된다. 양식장에서 사용되는 스티로폼 부표도 시간이 지나면서 마모되고 쪼개지면서 미세플라스틱이 된다. 이들은 비스페놀 A를 함유하고 바다 속 독성물질들을 흡착, 축적하고 해양동물에 섭취됨으로써 최종적으로 인간에게까지 피해를 준다.

미세플라스틱은 환경 중 바다에서 가장 큰 문제가 되고 있는데, 지난 2015년 중국 식료품점에서 구입한 15개의 소금 샘플에서 미세플라스틱 입자가 나오면서 이슈가 되기 시작하였다. 이후 스페인에서 실시한 모니터링에서도 21개 식용소금 모두에서 미세플라스틱이 발견되기도 하였다. 이는 대부분 '폴리에틸렌 테레프탈레이트'로 플라스틱 생수병 제조에 사용되는 성분들이다. 미국 뉴욕주립대의 메이슨 교수도 미국 내 소금, 맥주, 음용수에 포함된 미세플라스틱 연구를 진행한 결과, "미국인이 하루 권장량(2.3 g)의 소금을 먹을 때 매년 660개의 플라스틱 조각을 섭취할 가능성이 있다."고 할 정도로 문제시되고 있다.

우리가 미세플라스틱을 걱정하는 이유는 인체에 미치는 독성 때문이다. 물론 2019년 식약처의 동물실험 결과, 하루 6만개의 미세플라스틱을 28일간 경구 투여했을 때 독성학적 변화가 관찰되지 않아 급성독성은 그리 크지 않은 것 같으나 만성독성이 문제다. 미세플라스틱은 환경 파괴뿐만 아니라, 표면에 흡착, 침출된 독성 화학물질과 부착된 인체 유해균들을 전이하고 확산시킬 가능성이 있다. 또한 인간의 체세포 및 조직에 직접적으로 작용해 장폐색을 유발하며 에너지 할당 감소, 성장 등에도 악영향을 미칠 수 있다고 한다. 동물플랑크톤에 대한 미세플라스틱의 만성독성을 평가한 한 연구에서 생존율 감소, 성장 지연에 미치는 악영향이 보고됐었다. 그리고 미세플라스틱에 노출된 어류는 체내 축적으로 활동성이 감소되어 이동거리와 속도도 감소했다고도 한다.

이번에 식약처는 수산물 섭취 시 내장을 제거하고, 조리해 먹으면 미세플라스틱의 피해를 줄일 수 있다는 저감화 요령을 제시하였다. 조리 전 2회 이상 세척하면 다시마는 4.85개에서 0.75개로, 미역은 4.2개에서 1.2개로 미세플라스틱의 상당 부분이 제거된다고 한다. 갯벌에서 서식하는 바지락도 소금물에 30분 이상 해감하면 미세플라스틱이 90% 이상 제거된다고 밝혔다.

세계보건기구(WHO)는 미세플라스틱 위해 가능성에 대한 신뢰성 있는 증거는 없으며, 현재 음용수 중 미세플라스틱에 따른 인체 위해 우려도 낮은 것으로 판단하고 있다. 또한 유엔식량농업기구(FAO)도 조개류로 하루에 섭취하는 미세플라스틱이 1~30개

정도로 유해한 영향은 없는 것으로 봤다. 그래서 아직은 전 세계적으로 해수의 미세플라스틱 기준이 없는 상태이다. 그러나 앞으로 지속적으로 위해성 평가를 진행해 추후 위험성이 확인된다면 해수 중 미세플라스틱 기준을 마련해야 하고, 오염 수준에 따라 해역의 안전 등급도 표시했으면 한다.

:: 황사와 식품안전

지난 주 2월 말로 접어들며, 올해 처음으로 서울, 경기, 인천, 강원 일부 지역에 '황사경보'가 내려졌고, 그 외 전국 대부분 지역에도 '황사주의보'가 내려졌다. 이런 가운데 서울과 경기도 전역에는 초미세먼지 주의보도 내려졌었다. 따스한 봄날이 돌아와 반갑기는 한데 해마다 이맘때면 황사 공기를 마실 일이 걱정이다. 황사에는 미세먼지, 중금속에 세균, 곰팡이 등 위해 미생물, 방사성 물질까지 포함돼 있다고 하니 걱정이 이만저만이 아니다.

기상청이 주관하는 '황사특보제'는 황사의 정도에 따라 황사정보, 황사주의보, 황사경보로 나누어 발령하는 제도로 2002년 4월 12일 처음 시행되었다. 황사로 인한 1시간 평균 미세먼지 농도가 300 $\mu g/m^3$ 이상(단, 300 $\mu g/m^3$ 이하나 황사에 대한 정보를 알려 대비할 필요가 있을 때)일 때 황사정보가, 400 $\mu g/m^3$ 이상일 때 황사주의보가, 800 $\mu g/m^3$ 이상으로 2시간 이상 지속될 것으로 예상될 때 황사경보가 내려진다. 특히, 황사경보 발령 시에는 노약자, 어린이, 호흡기 질환자의 외출 금지, 유치원과 초등학교의 실외 활동 금지 및 수업 단축, 휴교 등 학생 보호조치 강구, 일반인(중고생 포함)의 실외 활동 금지 및 외출 자제, 실외 운동경기 중지 및 연기를 권고하고 있다.

이와 함께 황사의 강도를 나타내는 예보로 황사로 인한 1시간 평균 미세먼지 농도가 400 $\mu g/m^3$ 미만으로 예상될 때 '약한 황사', 400~800 $\mu g/m^3$ 정도 예상될 때 '강한 황사', 800 $\mu g/m^3$ 이상 예상될 때 '매우 강한 황사'로 발표된다.

황사(黃沙)란 중국이나 몽골 등 아시아 대륙의 중심부에 있는 사막이나 황토지대의 작은 모래나 황토, 먼지 등이 하늘에 떠다니다가 상층 바람을 타고 멀리까지 날아가 떨어지는 현상을 말한다. 특히, 황사는 중국의 서북부나 몽골의 건조한 지역인 고비사막, 타클라마칸 사막 등에서 주로 발생한다. 겨울 동안 얼어 있던 건조한 땅이 봄이 되어 녹으면서 20 μm 이하의 뜨기 쉬운 작은 먼지로 변해 저기압의 강한 상승기류에 의해 3,000~5,000 m 상공으로 올라간 뒤 초속 30 m의 편서풍과 제트류를 타고 이동한다. 이후 풍속이 느려지는 한국과 일본에서 하강하고 간혹 미국까지도 이동하는 일종의 흙먼지이다.

황사는 사람이나 가축의 눈, 코, 입 등으로 들어가 호흡기 질환이나 눈병, 알레르기 등을 일으킨다. 또한 태양 빛을 차단하여 작물의 광합성을 방해하기도 하며, 식물의 기공(氣孔)을 막거나 생장장애를 일으키는 등 생명체에 악영향을 준다. 반도체 등 정밀기계에 손상을 주거나 오작동을 일으키는 등 황사는 우리에게 백해무익한 먼지이다.

중국의 급속한 사막화로 인해 '98년 이후부터 황사 발생과 그 피해가 급격히 증가하고 있으며, 황사 발생 시 미세먼지 농도는 평상시보다 10배 이상 증가한다. 최근에는 중국의 산업화로 납, 카드뮴 등 중금속과 발암물질, 유해 오염물질까지 포함돼 있다고 한다.

황사 발생 시 오염이 우려되는 식품은 야외에 노출되는 진열 식품이나 길거리 식품, 밀봉·포장하지 않고 판매되는 과채류 및 건조수산물, 종사자의 피복, 손 등과 접촉해 2차적으로 오염되는 식품 등이다.

따라서 식품제조업소나 음식점에서 황사 발생 시 식품안전을 확보하는 대처법으로는 조리된 음식물 및 미포장 식품은 반드시 덮개를 씌워 황사와의 접촉을 차단하고, 제조·가공·조리 시설 및 보관 시설의 밀폐, 공기정화장치의 가동, 기계·기구류의 철저한 세척, 포장제품의 포장 상태 재확인, 종사자의 위생복 및 손 세척을 철저히하여 이차 오염을 방지해야 한다.

또한 가정에서의 황사의 피해 예방 대책으로는 노출된 채소, 과일 등은 철저히 세척한 후 섭취하고, 식품 조리 시 손 씻기 등 개인 위생 관리를 철저히 해야 한다. 최근 황사가 빈발하므로 마스크와 공기청정기의 활용, 식품의 철저한 안전관리 등 소비자 스스로가 재난 예방 대책에 적극 참여해야 한다.

:: 사드(THAAD) 전자파

고고도미사일방어(THAAD, 사드) 체계가 경북 성주군에 배치된다고 2016년 7월 13일 공식 발표되자 이 지역 특산물인 참외가 '전자파'에 영향을 받고 사람 건강을 해칠 것이라는 괴담이 떠돌고 있다. 사드 레이더에서 나오는 '전자파' 논란이 촉발되면서 전자파에 대한 각종 루머와 소문이 수면 위로 떠오르고 있다. '사드 레이더에서 내뿜는 전자파가 불임과 암을 유발한다.', '전자파가 원전 오작동을 일으킨다.'는 말부터 '전자파 참외' 우려까지 나온다. 특히, 온라인에는 전자파 참외를 비꼬는 '전자파 먹고 자란 참외 사세요', '이제 사드 참외 먹는 건가?' 등의 글이 게시되었다.

경상북도 성주군은 전국 유통 참외의 70%를 생산할 정도로 군 전체가 참외로 먹고 산다고 볼 수 있고, 실제 군민의 절반가량이 참외산업에 종사해 황당한 괴담으로 지역 전체가 술렁이는 상황이다.

전자파(電磁波, electromagnetic waves)는 전기자기파의 줄임말로 전기와 자기 흐름에서 발생하는 일종의 전자기 에너지이다. 주방의 전자레인지도 전자파가 식품 내 물 분자를 진동시키면서 음식을 익힌다. 이때 전자파는 물 분자를 부딪치게 할 뿐 물 자체의 특성이나 안전성에는 어떤 영향도 미치지 않는다.

특히, 사드(THAAD)를 배치할 방공기지가 해발 400 m 고지대에 있는데다 레이더 빔이 북쪽 상공을 향해 위치함으로써 그 아래 지표면에 있는 참외가 전자파에 직접 맞을 가능성은 거의 없다고 본다. 또한 미 육군 항공미사일방어사령부와 전략사령부가 2015년 6월 발표한 괌에 배치된 '북한의 탄도미사일 발사 대응 사드포대'에 대한 환경평가 보고서에 따르면 "사드 배치가 인체와 주변 자연환경에 별다른 영향을 주지 않는다."고 결론 내리고 있다. 보고서는 사드 레이더가 5도 이상의 각도로 공중으로 향하기 때문에 전방 90도 축으로 안전거리 100 m를 유지할 경우 전자파가 안전거리 밖의 사람과 주변 자연환경에 미치는 영향은 없다고 한다.

미국 등 선진국에서는 고기와 과일 등 식품을 안전하고 오래 보관하기 위해 감마선이나 전자선 조사(照射)를 허용하고 있다. 우리나라도 살균과 살충 등의 목적으로 감자와 양파, 마늘 같은 식품 26종에 이를 허용해 사드 참외는 설득력이 떨어진다. 실제 면역력이 떨어진 환자들이 먹는 환자식에도 안전성 확보 차원에서 전자선보다 훨씬 강력하고 위험할 수 있는 감마선이나 전자선을 조사하고 있다.

또한 일상생활에서 전자파를 쬐더라도 진단 목적으로 병원을 찾아 X레이를 찍는 것보다 인체에 미치는 영향이 훨씬 적다고 본다. 전자파는 휴대폰에서도 나오고 평소 햇빛 등을 통한 자연방사능으로도 인체에 노출된다. 사드 전자파에 노출된 참외를 먹은 사람이 건강에 영향을 받을 것이라는 우려는 가능성이 없다고 생각한다.

사드 참외 이외에도 전자파 유해성 논란은 우리 일상생활에 밀접한 관련이 있어 각종 풍문이 파다하다. "전자파에 많이 노출되면 딸을 낳는다, 전자레인지로 조리된 음식을 먹으면 암에 걸린다, 휴대폰을 오래 쓰면 암이나 백혈병에 걸린다, 숯과 선인장이 전자파를 차단한다." 등이 떠돌아다니는 소문인데, 이는 모두 과학적 근거가 없는 속설에 불과하다.

그러나 전자기파의 위험성이 약하다 하더라도 평소 조심할 필요는 있다. 가까이서 장기간 자주 노출되면 위험할 수도 있고 우리 몸에 전혀 도움이 되지 않는 소소익선의 물질이라 더더욱 신경 써야 한다. 가정에서는 사용하지 않는 전자기기의 플러그를 뽑아 놓고, 기기가 동작 중일 때에는 50 cm 이상 떨어져 있는 게 좋다고 한다. 또한 휴대폰 사용 시에도 직접 통화보다 이어폰, 스피커폰, 블루투스 등을 사용해 인체로부터 멀리 할 것을 권고하고 있다.

이번 괴담은 "전자파에 노출된 참외가 잘못 자라 지역 경제에 타격을 줄 수 있고 식용으로도 적합하지 않을 수 있다."는 내용인데, 이는 과학자의 견해로 보면 현실적으로 걱정할 필요가 없는 기우라 생각한다. 사드 레이더 전자파와 식품 안전성의 연관성을 연구한 결과는 없으나, 오히려 핸드폰을 지나치게 많이 쓰는 사람이나 햇빛에 자주 노출되는 노동자보다도 인체 영향이 적을 것이라 추측한다.

:: 방사능 오염과 방사선조사(이온화살균) 식품

우리 정부가 작년 2020년 12월 7일 후쿠시마 제1원전 부지에 보관 중인 오염수를 무단 방출하는 일본 정부에 대해 「UN해양법」 협약에 따른 안전성 판단 정보 요구권을 주장하였다. 그 이유는 현재 일본의 오염수 방출 계획의 안전성을 판단하기에는 제공된 정보가 너무 적다고 보기 때문이다. 이는 지난 11월 20일 주한 일본대사관 당국자가 "발생한 오염수의 해양 방출에 대한 결정은 주권 국가로서 일본 정부의 고유 권한이라 한국 정부와 협의할 사항이 아니다."라고 못 박은 데 따른 대응이다.

현재 일본 정부는 다핵종제거설비(ALPS)를 통해 방사성 물질을 정화한 후 오염수를 보관하고 있는데, 처리 이후에도 삼중수소(트리튬)와 방사성탄소(C^{14})는 여전히 남는다고 한다. 일본 정부는 이 처리수를 국제방사선방호위원회(ICRP)가 권고하는 연간 허용 방사선 피폭량인 1밀리시버트(mSv) 이하로 낮춰 방출하겠다는 계획이지만 실제 어떻게 이행될지는 아무도 모른다.

이런 상황에서도 최인접국인 우리나라를 제외한 대부분의 국제사회는 일본 후쿠시마원전 오염수 방출 결정에 크게 관심을 두지 않는 것 같다. 특히, 미국 FDA는 "후쿠시마 사태에서 기인한 방사성 핵종이 미국식품에서 공중보건 문제를 제기할만한 수준이라는 증거가 없다."는 입장이다.

최근 일본 방사능 오염수 방출 사건이 재점화되고 있어 식품의 '방사선조사(이온화살균) 기술'이 소비자들에게 걱정거리로 다가 와 애꿎은 피해를 보고 있다. 이 살균법은 강력하며 온도가 올라가지 않는 냉(冷)살균이라 가열할 수 없는 신선 및 천연 식품들을 대상으로 하는데, 농산물의 경우 해충 구제와 곰팡이 박멸, 독소 생산 억제, 발아·발근 억제 등에 사용된다. 축산물은 식육에 오염된 병원균 및 부패균을 죽여 안전성과 저장성을 보장하며, 수산식품에서도 장염비브리오균이나 콜레라균을 없앨 수 있다. 이 기술은 안전성이 완벽히 보장돼야 하는 우주식품 개발이나 국제 식량 위기 대처에도 널리 활용되고 있다. 게다가 폐기물이 발생하지 않고 에너지가 적게 드는 친환경 기술이라 지구 온난화 방지와 탄소 저감화에 도움이 되는 차세대 살균 기술이다.

방사선을 이용한 살균 연구는 1895년 X-ray의 발견으로부터 시작되었다. 이어 1921년 미국에서 육류 오염 기생충 살균법으로 특허를 내고 실용화되기 시작하였는데, 제2

차 세계대전 이후부터 본격적인 식품 적용을 위한 유효성, 안전성, 경제성에 관한 검토가 이루어졌다. 감자의 발아 억제를 시작으로 러시아(1958년), 캐나다(1960년), 미국(1964년)이 법적으로 허가하기 시작하였다. 현재는 세계 53개국 234기의 시설에서 향신료, 건조채소류, 근채류, 가금류 등 약 250여 종의 식품군이 승인되어 있는데, 우리나라도 1987년부터 지금까지 26개 품목을 허용하고 있다.

그러나 우리나라는 유독 전통에 대한 집착이 강한 나라라 과학기술의 산물인 신기술이 맥을 못 추는데, 방사선도 마찬가지다. 방사능(放射能)과 방사선(放射線)을 동일시하는 소비자의 눈치를 심하게 보는 기업들이 이 기술의 사용을 꺼려 현재 식품산업 실용화에는 제동이 걸린 상태이다. 이온화살균 식품은 허용된 선량으로만 조사되면 발암물질 등 독성물질이 만들어지지 않아 안전한 것으로 결론이 나 있다. 그러나 일부 단체들은 이온화살균이 식품의 영양소를 파괴하고 인체 유전적 변화를 초래한다는 일부 연구를 언급하며, 안전성 우려와 함께 반대 입장을 보인다고 한다.

이 기술이 소비자로부터 인정받아 식품산업에 적극 활용되기 위해서는 산·학·관·소 모두의 노력이 절실하다. 특히, 소비자를 설득시키고 감동시키기 위해서는 기업이 먼저 다가가야 하는데, 현재 우리 식품기업들이 매우 소극적인 것은 사실이다. 기업조차 이 기술에 대해 불안해하고 소비자의 반응만 살핀다면 영원히 소비자에게 받아들여질 리가 없다. 기업은 용기를 내 장점 많은 신기술을 적극 사용해야 한다.

정부의 확실한 안전성 보증 또한 필요하다. 방사선조사 규격의 사전관리와 처리선량에 대한 검증, 안전성 보증 그리고 단속과 처벌이 가능한 검지법 마련 등 사후관리를 철저히 해 소비자에게 믿음을 줘야 한다. 정부는 국제 방사선조사 마크를 사용하고, 민간에서는 품질·안전인증 마크를 도입하는 것도 생각해 볼 만하다. 이온화살균 마크가 빨간 신호등이 아니라 우수식품에 활용된 것처럼 품질과 안전을 보장하는 초록 신호등이라는 인식이 만들어졌으면 한다.

그리고 이온화살균법 허가 품목을 확대해야 하고 표시의 유연성도 확보해야 한다. 주요 원재료에 사용될 경우에는 당연히 표시되어야 한다. 그러나 검지법의 검출 한계를 고려, 극미량 함유돼 검지가 어렵고 검출 여부에 논란의 소지가 있는 부원료나 복합향신료 등 식품첨가물의 경우에는 '한시적 표시 예외'로 운영하는 방안도 있다.

학계와 연구기관의 신기술에 대한 적극적 입장 표명도 필수적이다. 소비자는 전문가를 가장 신뢰한다고 한다. 그리고 소비자도 과거의 선입견에서 벗어나 오픈 마인드로 변해야 한다. 100% 안전한 식품은 이 세상 어디에도 없기 때문이다. 인체 영향이 미미하다면 환경이나 경제적으로 장점 많은 공법을 받아들이자는 것이 식품안전의 기본 개념이다. 이제 곧 2021년이다. 코로나 시대에 세균, 바이러스 등 병원체를 효과적으로 제어하는 이온화살균 기술이 시판 식품에 적극 활용되도록 정부가 보증하고 소비자도 그 가치를 인정하고 받아들였으면 한다.

참고문헌

김현정, 식품안전관리를 위한 미생물 위해평가, **식품과학과 산업 46권**, 한국식품과학회, 2013

국립독성연구원, **알기 쉬운 독성학의 이해**, 국립독성연구원, 2007

모든 물질은 독이다? 생활속 과학이야기, 2021

박영철 외 2인, **독성학의 기본적 개념 및 한약의 LD_{50}**, 1999

서울대학교의과대학, **소화기학원론**, 서울대학교출판부, 1997

송시환, 급성, 아급성경구(13주), 급성경피 독성시험 및 유해성평가(1) - 시험물질: 1, 사이언스올, 암죽관(chyle duct)의 뜻, 과학백과사전

식품 등의 독성시험법 가이드라인-반복투여독성(설치류 90일 반복투여독성시험), 2020

식품위해평가부 식품위해평가과, 식품첨가물의 인체노출안전기준 설정을 위한 재평가 연구, 식품의약품안전처, 2016

식품의약품안전처 식품의약품안전평가원, 2019 식품첨가물 위해평가, 식품의약품안전처, 2019

식품의약품안전처, 손종렬&이철민, 화학물질의 위해성평가. **대한환경공학회지**, 29(5), 477-488, 2007

식품의약품안전처, 식품 및 식품첨가물공전, 2022

식품의약품안전청 의약품안전국 기관계용의약품과, 용량-반응 시험의 설계 및 평가를 위한 가이드라인, 2009

식품의약품안전청, 위해분석 용어해설집 제2판, 2011

식품의약품안전평가원, 국내 인체노출안전기준, 식품의약품안전처, 2021

식품의약품안전평가원, 미생물 위해성평가 가이드라인', 식품의약품안전처, 2019

식품의약품안전평가원, 식품 등의 독성시험법 가이드라인 -단회투여독성시험, 식품의약품안전처, 2021

식품의약품안전평가원, 위해평가보고서 작성 가이드라인, 식품의약품안전처, 2015

식품의약품안전평가원, 위해평가-위해평정보방-인체노출안전기준, 식품의약품안전처, 2021

식품의약품안전평가원, 유해물질의 용량반응 평가를 통한 인체노출안전기준 설정 연구, 식품의약품안전처, 2017

신동화 외, **식품위생안전성학(제2판)**, 한미의학, 2014

율반원경소 외, 장준식 외 옮김, **식품의 안전성 평가**, 한림원, 1993

임경택, **화학물질 관리에 대한 이해** 76, 대한산업보건협회, 2018

조명행, **기초독성학**, 영지문화사, 1998

질병관리청 국가건강정보포털, 식중독, 2021

최근형, 독의 재해석 - 복잡다단한 현대 독 해설, 농촌진흥청, 2014

하상도, 식품안전 길라잡이, 식품음료신문, 2016

하상도, **식품산업 키워드로 본 착한 제도 나쁜 규제**, 좋은땅, 2020

허인회 외, **독성학**, 신일상사, 1993

YH Jeong et al,. 급성독성시험법에 대한 고찰, 산업보건, 2018

Crump, K. S., Hoel, D. G., Langley, C. H., & Peto, R..Fundamental carcinogenic processes and their implications for low dose risk assessment. *Cancer research*, *36*(9 Part 1), 2973-2979, 1976

FAO/WHO, Risk Analysis Framework for Food Safety, 1999

Fry AM, Braden CR, Griffin PM, Hughes JM. Foodborne diseases. In: Mandell GL, Bennett JE, Dolin R, editors. *Principles and practice of infectious diseases. 6th ed.*. Philadelphia: Elsevier, 2005

Lee, S. W., Kim, H. S., Kim, Y. K., Baek, H. H., & Park, H. J. Application of HPMC (hydroxypropyl methylcellulose) for the food industry. *Food Science and Industry*, *43*(4), 76-84., 2010

Morris JG Jr. Cholera and other types of vibriosis: a story of human pandemics and oysters on the half shell. *Clin. Infect. Dis. 37*:272-280, 2003

Murray PR, Rosenthal KS, Kobayashi GS, Pfaller MA. *Medical microbiology. 4th ed.* St. Louis: Mosby; 2002

Qadri F, Svennerholm AM, Faruque AS, Sack RB. Enterotoxigenic *Escherichia coli* in developing countries: epidemiology, microbiology, clinical features, treatment, and prevention. *Clin. Microbiol. Rev. 18*:465-483, 2005

찾아보기

영문

저자 소개

하 상 도

현재 중앙대학교 식품공학부 교수이다. 중앙대학교 식품공학과에서 학사, 석사 학위 취득 후 미국으로 건너가 Texas A&M University에서 식품 안전성 전공으로 1994년 12월 이학박사를 취득하였다.

그 후 1995년 1월부터 정부출연기관인 한국보건의료관리연구원과 한국보건산업진흥원에서 수석연구원으로 활동하였으며, (사)한국식품위생안전성학회 부회장을 역임하였다. 현재는 (사)한국식품안전연구원 원장, (사)한국식품안전협회 부회장, (사)소비자시민모임 부회장, 농산물위생연구회 회장, 국무총리실 식품안전정책위원회 전문위원, 식품의약품안전처 식품위생심의위원회 전체 부위원장, 농촌진흥청 현장명예연구관, 서울특별시/안성시 규제개혁위원 등의 활동을 하고 있으면서 식품산업 및 식품안전관리 정책 발전을 위해 힘쓰고 있다.

저서로 『식품위생안전성학』, 『밀가루의 누명』, 『음식의 발견』, 『식품안전 길라잡이』, 『진짜 식품 이야기』, 『식품산업 키워드로 본 착한 제도 나쁜 규제』 등이 있으며, 「문화일보」에 '하상도 교수의 식품 오디세이', 식품종합전문지 「식품음료신문」에 '하상도의 식품 바로보기'를 연재하는 등 활발한 언론 활동을 펴고 있다.

인지
생략

사례로 본 식품독성학

2023년 8월 25일 초판 인쇄
2023년 8월 30일 초판 발행

지은이 하 상 도
발행인 이 영 호
발행처 **수 학 사**
10881 경기도 파주시 회동길 56 기한재 1층
출판등록 1953년 7월 23일 제2020-000143호
전화번호 031) 946-4642(代) 팩스 031) 944-1457
http://www.soohaksa.co.kr
디자인 북큐브

정가 25,000원

ISBN 978-89-7140-744-8 (93570)